Kleine Baustatik

Horst Herrmann · Wolfgang Krings

Kleine Baustatik

Grundlagen der Statik und Berechnung von Bauteilen

19., berichtigte und korrigierte Auflage

Horst Herrmann
Köln, Deutschland

Wolfgang Krings
Kürten, Deutschland

ISBN 978-3-658-30218-4 ISBN 978-3-658-30219-1 (eBook)
https://doi.org/10.1007/978-3-658-30219-1

Die Deutsche Nationalbibliothek verzeichnet diese Publikation in der Deutschen Nationalbibliografie; detaillierte bibliografische Daten sind im Internet über http://dnb.d-nb.de abrufbar.

Lektorat: Dipl.-Ing. Ralf Harms
Springer Vieweg ist ein Imprint der eingetragenen Gesellschaft Springer Fachmedien Wiesbaden GmbH und ist ein Teil von Springer Nature.
Die Anschrift der Gesellschaft ist: Abraham-Lincoln-Str. 46, 65189 Wiesbaden, Germany

Vorwort

Es ist eine weitverbreitete Ansicht, dass man „Statik“ nur verstehen kann, wenn man die Mathematik weitestgehend beherrscht. Dies ist zweifellos richtig. Für einfache statische Berechnungen sind aber durchaus nur mathematische Grundkenntnisse erforderlich. Jeder Baupraktiker, aber auch jeder Heimwerker, sollte imstande sein, einfache Problemstellungen selbst zu lösen. Dieses Buch will die Wege hierzu aufzeigen.

Die Grundlagen der Statik und die Berechnung von Bauteilen werden dem Leser und der Leserin im Wesentlichen anhand praktischer Beispiele und durch Hinweise auf praktische Erfahrungen nahegebracht. Soweit möglich, werden die Gesetze der Statik aus der Anschauung und aus bekannten Erscheinungen auf der Baustelle abgeleitet. Der Praktiker wird dabei erfahren, dass die oft so gefürchtete Statik nicht ein fremdes Gebiet ist, sondern dass man sich im beruflichen Alltag fast ständig damit beschäftigt, ohne sich dessen bewusst zu werden.

An über 75 Beispielen werden die einzelnen Berechnungsgänge erläutert, und über 90 Übungen sollen dazu dienen, die erlernten Stoffinhalte zu vertiefen und zum selbstständigen Lösen von Aufgaben anzuhalten. Die hierzu erforderlichen Zahlenwerte und Auszüge aus den aktuellen Eurocodes sind im Anhang, Kapitel 12 in 45 Tabellen enthalten.

In Kapitel 11 ist für ein einfach konzipiertes, kleines Wochenendhaus eine statische Berechnung nur der wichtigsten Bauteile angefügt. Hierbei sollen viele Erkenntnisse, die man beim Durcharbeiten des vorliegenden Buches erworben hat, im Rahmen einer praxisnahen Anwendung noch einmal wiederholt und vertieft werden.

Ich bedanke mich bei Prof. Dr.-Ing. Wolfgang Krings und dem Springer Vieweg Verlag und hier besonders bei Herrn Harms für das in mich gesetzte Vertrauen, dass ich als Nachfolger von Herrn Dr. Krings die „Kleine Baustatik“ als Autor übernehmen durfte.

Köln im Sommer 2020 Dipl.-Ing. Horst Herrmann

Inhaltsverzeichnis

Einleitung

Die „Kleine Baustatik" soll die Grundlagen der Statik und darauf basierend die Berechnung von Bauteilen vermitteln.

Mit Rücksicht hierauf ist das Buch in viele Abschnitte und Unterabschnitte eingeteilt, deren Umfang möglichst klein gehalten wurde. Der Leser, dem das Gebiet der Statik neu ist, sollte an einem Tage möglichst nur einen Unterabschnitt durcharbeiten. Hierzu gehört aber nicht nur das Durchlesen. Die Beispiele, die den Rechnungsgang angeben, müssen unter gleichzeitigem Nachschlagen der eingesetzten Tabellenwerte durchgerechnet und detailliert nachvollzogen werden, um dann die Übungen selbstständig und sorgfältig zu lösen. Die gefundenen Ergebnisse sind mit den Ergebnissen der Übungen zum Schluss zu vergleichen. Hierbei sind kleine Abweichungen belanglos, große Unterschiede jedoch lassen auf eine fehlerhafte Lösung schließen.

Die Statik ist ein Gebiet, das in jeder Beziehung strukturiert aufgebaut ist und in das man sich, sinnvoll vom Einfachen zum Schwierigen fortschreitend, einarbeitet. Der Leser sollte nicht einzelne Beispiele oder gar Kapitel überspringen. Jedes Beispiel und jede Übung zeigt eine neue Anwendung, auf der sich häufig spätere Berechnungen aufbauen. Auch sollte man nicht einen beliebigen Abschnitt des Buches, für den man sich gerade interessiert, aus dem Buch herausgreifen. Zu dessen Verständnis würden dann die vorhergehenden Ausführungen fehlen.

Die „Kleine Baustatik" kann in der Zielsetzung nicht allen Leserwünschen gerecht werden. Autor und Verlag möchten den Stil vorheriger Auflagen des vorliegenden Buches und damit die Beschränkung auf die nach unserer Auffassung wichtigsten Gebiete der Elementarstatik beibehalten.

Grundlage des Buches sind die nachfolgend aufgeführten Normen der aktuellen Eurocode-Reihe, die jeweils aus mehreren Teilen bestehen:

- DIN EN 1990, Eurocode (kurz: EC oder auch EC 0), Grundlagen der Tragwerksplanung;
- DIN EN 1991, Eurocode 1 (kurz: EC 1), Einwirkungen auf Tragwerke;
- DIN EN 1992, Eurocode 2 (kurz: EC 2), Berechnung und Bemessung von Stahlbetonbauten;
- DIN EN 1993, Eurocode 3 (kurz: EC 3), Berechnung und Bemessung von Stahlbauten;
- DIN EN 1995, Eurocode 5 (kurz: EC 5), Berechnung und Bemessung von Holzbauten;
- DIN EN 1996, Eurocode 6 (kurz: EC 6), Berechnung und Bemessung von Mauerwerksbauten und
- DIN EN 1997, Eurocode 7 (kurz: EC 7), Berechnung und Bemessung in der Geotechnik.

H. Herrmann und W. Krings, *Kleine Baustatik*,
https://doi.org/10.1007/978-3-658-30219-1_1

1 Kräfte am Bauwerk

1.1 Bauen und Berechnen

Bewundernd stehen wir heute noch vor alten Bauten, die die Jahrhunderte überdauert haben. Die Treppe in Bild **1**.1 scheint sich fast schwerelos empor zu winden. Schön sind ihre Formen, und harmonisch ausgeglichen erweckt sie den Eindruck, dass sie allen Belastungen gewachsen ist. Solche und andere Bauwerke haben die alten Handwerksmeister errichtet ohne genaue Kenntnisse der Gesetze der „Statik" und der „Festigkeitslehre" und ohne vorherige Berechnung. Sie hatten ein Gefühl für die richtigen und zweckmäßigen Abmessungen. Wegen geringer Lohnkosten und Abgaben konnten sie es sich auch leisten, mit dem Baustoff verschwenderischer umzugehen, als wir es heute können.

Eine neuzeitliche Stahlbetontreppe (Bild **1**.2) darf heute nicht ohne statische Berechnung gebaut werden. Wir dürfen uns nicht mehr auf unser „Gefühl" verlassen, zumal uns dies im Laufe der Zeit mehr und mehr verloren geht. Neue Baustoffe und Bauarten (z. B. der Stahlbeton, der Ingenieur-Holzbau, der Stahlbau) erfordern sichere Beherrschung der Gesetze und Regeln, nach denen die einzelnen Bauteile wie auch das Gesamtbauwerk zu bemessen sind.

Bild 1.1 Alte Treppe im Kloster Melk (Österreich)

Bild 1.2 Neuzeitliche Stahlbetontreppe im Kölner Rathaus

Neuzeitliche Bauwerke werden nach festen Regeln und Gesetzen bemessen, deren wichtigste auch der Bauhandwerker kennen sollte.

H. Herrmann und W. Krings, *Kleine Baustatik*,
https://doi.org/10.1007/978-3-658-30219-1_2

Je mehr wir mit den Grundgedanken der Statik und Festigkeitslehre vertraut werden, desto mehr werden wir erkennen, dass das, was die Praxis täglich lehrt, von der Statik und Festigkeitslehre bestätigt wird. Und wir werden finden, dass wir viele unserer Arbeiten sachkundiger ausführen können.

Übung 1 Vergleichen Sie alte und neue Bauwerke hinsichtlich der verwendeten Baustoffe und Bauarten sowie hinsichtlich ihrer Abmessungen.

1.2 Kräfte im Gleichgewicht

Gleichgewicht. Wenn sich ein Wagen auf einer Straße bewegen soll, muss er durch einen oder zwei Mann angeschoben werden, d. h., es muss auf ihn eine Kraft ausgeübt werden (Bild **1**.3). Soll er trotzdem in Ruhe bleiben, muss man auf der anderen Seite mit gleichgroßer Kraft dagegendrücken. Die von beiden Seiten wirkenden Kräfte müssen sich also gegenseitig aufheben, sich das *Gleichgewicht* halten oder – wie man auch sagt – im Gleichgewicht stehen.

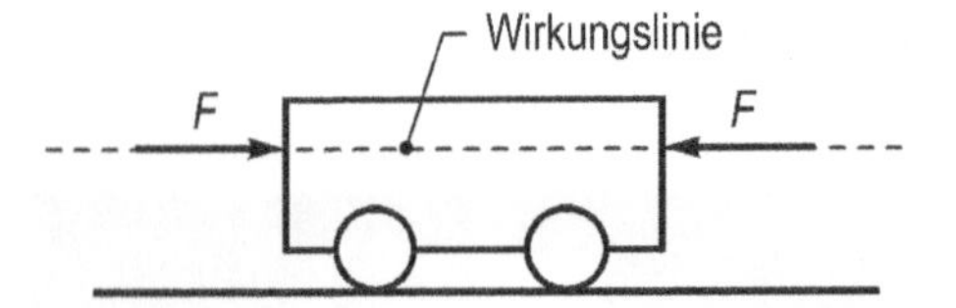

Bild 1.3
Der Wagen bleibt nur dann in Ruhe, wenn die auf ihn wirkenden Kräfte F gleich groß sind.

Wirken auf einen Körper zwei gleich große, entgegengesetzt wirkende Kräfte und wirken diese auf der selben Wirkungslinie, so befindet sich dieser Körper im Gleichgewicht. Die Summe (die Resultierende) aller Kräfte ist Null.

Bauwerke können außer der eigenen Gewichtskraft verschiedenen anderen Kräften ausgesetzt sein. Wind bewirkt z. B. Druck- und Sogkräfte an Dächern und Wänden, schwere Fahrzeuge belasten Brücken, Personen und Einrichtungsgegenstände lasten auf den Decken von Gebäuden. Stets sind gleichgroße Gegenkräfte erforderlich, damit das Bauwerk insgesamt in seiner Ruhelage verharrt.

Die Lehre vom Gleichgewicht der Kräfte, die an einem Bauteil wirken, nennt man „*Statik*". Ihre Aufgabe ist es, alle Kräfte zu erfassen und über Fundamente sicher auf tragfähigen Baugrund zu übertragen.

Statik kommt von dem lateinischen Wort „stare“, das „stehen“, „in Ruhe sein“ bedeutet. Es kommt also darauf an,

1. die auf einen Bauteil wirkenden Kräfte *zu ermitteln*,
2. die notwendigen Gleichgewichtskräfte (Reaktionskräfte) festzustellen, damit die drei folgenden Gleichgewichtsbedingungen erfüllt sind.

1. Gleichgewichtsbedingung: Summe (Σ) aller horizontal wirkenden Kräfte = 0	$\Sigma F_H = 0$
2. Gleichgewichtsbedingung: Summe aller vertikal wirkenden Kräfte = 0	$\Sigma F_V = 0$
3. Gleichgewichtsbedingung: Summe aller Momente = 0 (s. Kapitel 5)	$\Sigma M = 0$

Eine Kraft bezeichnen wir mit dem Buchstaben „F“ vom englischen Wort „force“ für „Kraft“.

Beispiel 1

Am Ende des auskragenden Kranträgers zieht die Gewichtskraft F_1 der am Zugseil hängenden Last. Gleichgewicht entsteht durch die stützende Auflagerkraft des Krans F_2 und durch die auf dem hinteren Teil des Krans aufliegenden Gegengewichte und der daraus resultierenden Kraft F_3. Damit der Kran im Gleichgewicht bleibt und nicht nach vorne umkippt, muss auch die Gleichgewichtsbedingung „Summe aller Momente = 0“ erfüllt sein:

$$F_3 \cdot b = F_1 \cdot a$$

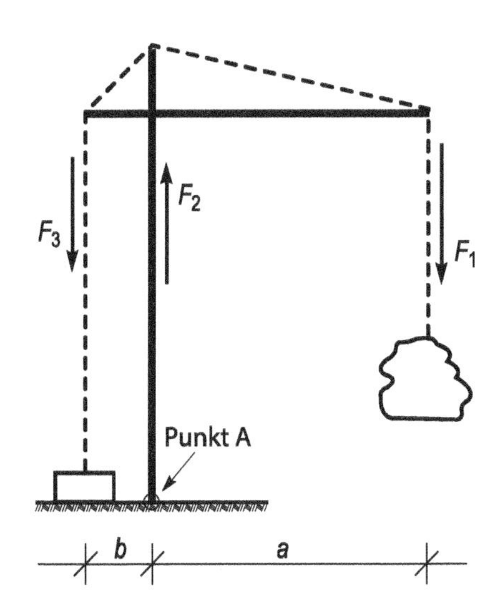

Hinweis zu Vorzeichen:

Kräfte → Wirkungsrichtung,
↑ nach oben → positiv

Momente → Drehsinn um einen Punkt
↷ im Uhrzeigersinn
→ positiv

$\Sigma F_V = 0 = -F_1 + F_2 - F_3$
$\Sigma M_A = 0 = F_1 \cdot a - F_3 \cdot b$

Bild 1.4
Kran – Turmdrehkran

Festigkeit. Es genügt aber nicht, dass der Kran im Gleichgewicht ist, sondern er darf sich unter der Last auch nicht wesentlich durchbiegen oder gar zerbrechen. Erst die Widerstandsfähigkeit des Materials z. B. gegen Druck-, Zug- und Biegebeanspruchung (= Festigkeit) ermöglicht den belasteten Bauteilen die Aufnahme der angreifenden äußeren Kräfte. Die Regeln der *Festigkeitslehre* ermöglichen es, ausreichende Querschnittsabmessungen festzustellen. Die Tragfähigkeit wird wesentlich von der gewählten Querschnittsform und der Eigenfestigkeit des Materials bestimmt.

Nach den Regeln der Festigkeitslehre werden die Abmessungen (Querschnitte) der tragenden Bauteile ermittelt.

Auch hier kommt es wieder darauf an, dass die Kräfte an einem Bauteil im Gleichgewicht sind, denn die von außen wirkenden Kräfte lösen im Innern des Bauteils entgegengesetzt wirkende Reaktionskräfte aus. Dies sind die Festigkeitskräfte (Zusammenhangskräfte) des Materials, die dem Zerreißen, Zerdrücken oder unzulässigen Verformen der Bauteile entgegenwirken.

Die Reaktionskräfte erzeugen Spannungen σ im belasteten Material (z. B. Druck, Zug-, Biegespannungen; σ = griech. sigma).

Ihre natürliche Grenze liegt in der Eigenfestigkeit des Materials. Die Spannungen werden schließlich so groß, dass das Material versagt und bricht.

Spannungen, die zum Bruch eines Materials führen, heißen *Festigkeit* (= Bruchspannung). Unterschiedliche Stoffe erreichen unterschiedliche (materialtypische) Festigkeitswerte.

Übung 2 Beobachten Sie an verschiedenen Bauteilen (z. B. Wände, Stützen, Fundamente, Deckenbalken), welche äußeren Kräfte auf sie wirken und wie diese Kräfte die Bauteile beanspruchen. Auf welche Weise wird das Gleichgewicht der Kräfte erzielt?

1.3 Lasten

Lasten nennen wir alle von außen auf die Teile eines Bauwerks wirkenden Kräfte. Nach der Wirkungsdauer unterscheiden wir zwei Gruppen:

- **ständig wirkende Lasten** wie die Eigenlasten des Tragwerks sowie die fest mit dem Tragwerk verbundenen Bau- und Ausbaulasten (z. B. Mauerwerk, Fußbodenbelag);
- **nicht ständig wirkende Lasten** wie Nutz- und Betriebslasten (Verkehrslasten), leichte Trennwände, Wind und Schnee, Erd- und Wasserdruck.

Beispiel 2

a) Zur Belastung einer Holzbalkendecke zählen außer der Balkeneigenlast der Fußbodenbelag, die untere Verkleidung sowie oft noch Materialschichten zur Schall- und Wärmedämmung.

b) Der Träger über einer Maueröffnung muss die vergleichsweise geringe Eigenlast aufnehmen und auch die Mauerwerkslasten und Lasten aus Deckenauflagern (Bild **1**.5).

c) Stütz- und Kellerwände müssen dem Erddruck widerstehen, Behälter und Staumauern dem erheblichen Wasserdruck (Bild **1**.6).

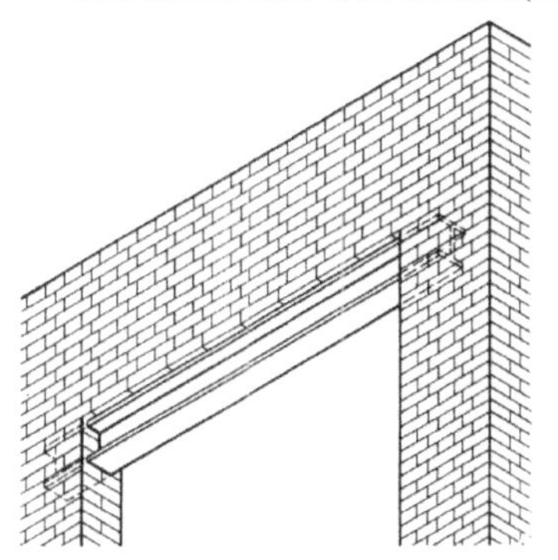

Bild 1.5 Abfangträger sind durch die Last der Mauer und ihre eigene Last belastet, oft auch noch durch Deckenauflagerlasten.

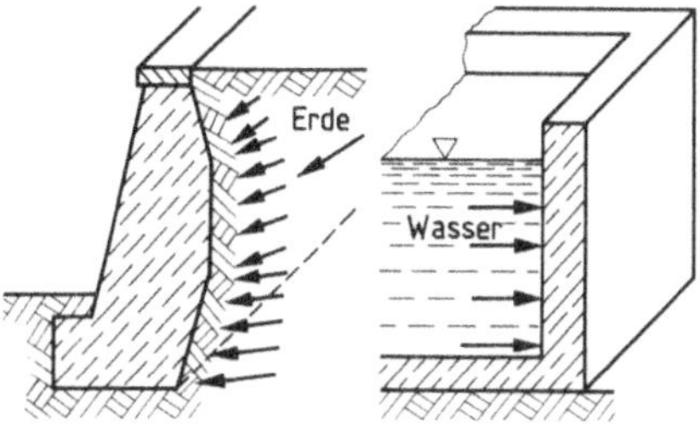

Bild 1.6 Die Stützmauer wird durch Erddruck, die Behälterwand durch Wasserdruck belastet.

d) Personen, Einrichtungsgegenstände, Geräte und Maschinen, auch leichte unbelastete Trennwände sind als Nutzlasten der Decke zuzuordnen (Bild **1**.7)

e) Wind und Schnee sind wesentliche Dachlasten (Bild **1**.8). Außenwände mit aussteifenden Querwänden sind dagegen durch Windlast in der Regel nicht gefährdet.

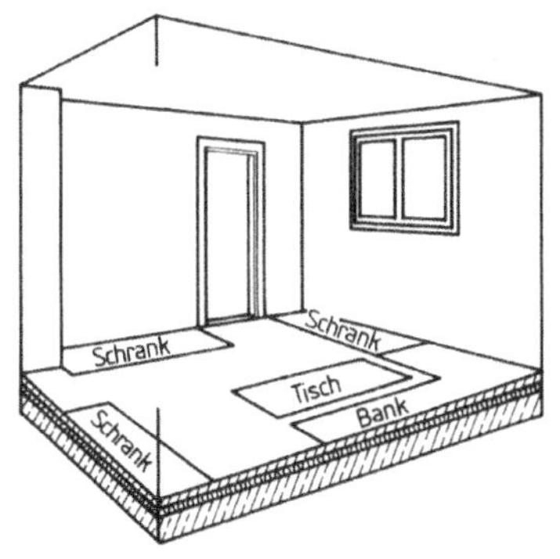

Bild 1.7 Nutzlast auf einer Wohnhausdecke

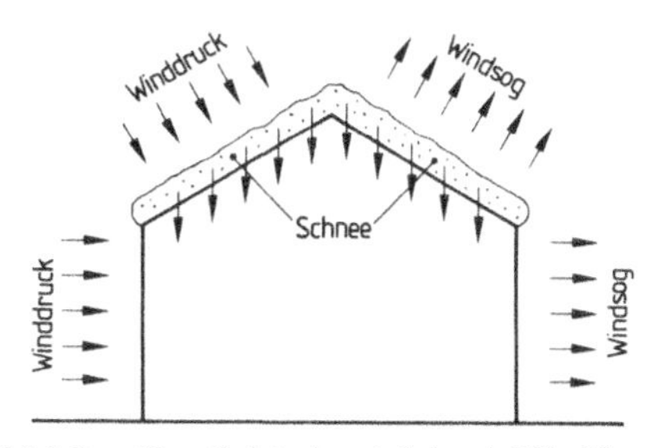

Bild 1.8 Das Gebäude wird durch Winddruck und -sog belastet, das Dach zusätzlich durch Schnee

f) Eigenlasten können bei Flächentragwerken einen wesentlichen Teil der Gesamtlast ausmachen (z. B. Massivdecken). Bei Stabtragwerken (Stützen und Balken) und Fundamenten ist ihr Anteil dagegen meist gering.

Tragwerke müssen für den ungünstigsten Belastungsfall bemessen werden. Er entspricht der Summe aller Lasten, die gleichzeitig auftreten können. An den gewählten Querschnitten geeigneter Baustoffe ist nachzuweisen, dass die zulässigen Materialspannungen nicht überschritten werden.

Lastannahmen enthalten die vorgeschriebenen Rechenwerte für die statische Berechnung, z. B. im Eurocode.

Einzellasten berechnen wir z. B. aus den Materialangaben zur Baukonstruktion in kN (Bild **1**.9), 1 kN = 1000 N.

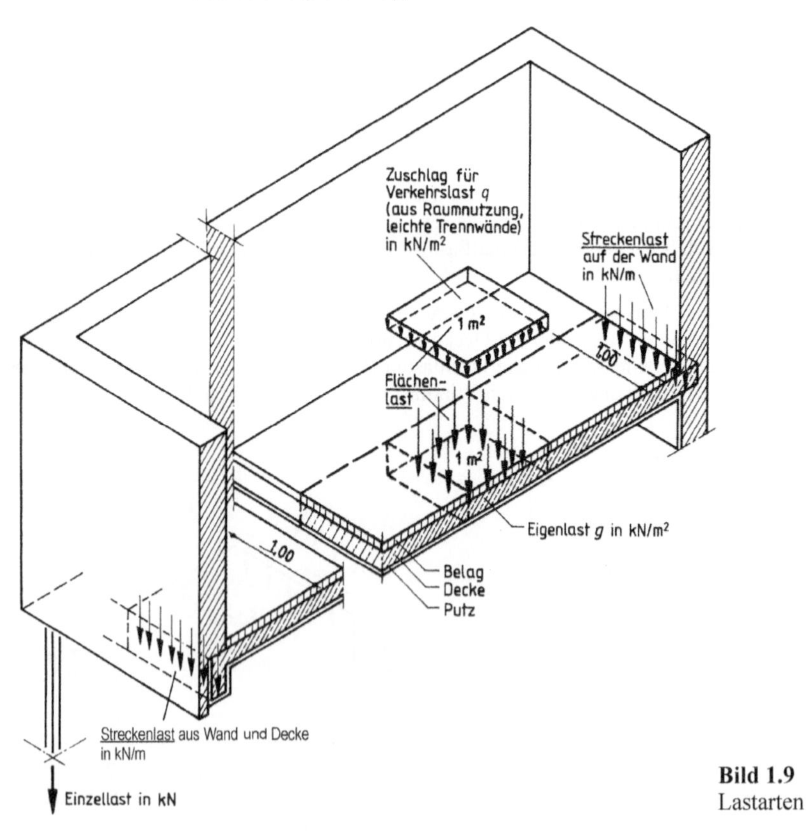

Bild 1.9
Lastarten

Flächenlasten berechnen wir überwiegend für Dächer und Decken in kN/m² (Kilonewton je Quadratmeter).

Streckenlasten ermitteln wir je m Tragwerk (z. B. Balken, Fundament) in kN/m (Kilonewton je Meter).

Punktlasten werden von Stützen und Balkenauflagern übertragen. Wir ermitteln sie in kN (Kilonewton).

Die Gesamtlast für Decken berechnen wir aus der Eigenlast g und den Verkehrslasten q.

	Eigenlast aus der Gesamtkonstruktion (einschl. der Ausbaulasten)	$= g$
+	Verkehrslast aus Raumnutzung	$= q$
+	gegebenenfalls Trennwandzuschlag (leichte Trennwände)	$= q'$
=	Gesamtlast in kN/m²	

Beispiel 3

Für die Stahlbetondecke eines Krankenzimmers im Krankenhaus ist die Belastung zu berechnen (Bild **1.10**).

a) **Eigenlast** (s. Tabelle **12.1**, Anhang)

für Bodenfliesen	$0{,}50 \cdot 0{,}22$ kN/m²	$= 0{,}11$ kN/m² [1)]
für Zementestrich	$4{,}50 \cdot 0{,}22$ kN/m²	$= 0{,}99$ kN/m²
für Faserdämmstoff	$4{,}00 \cdot 0{,}01$ kN/m²	$= 0{,}04$ kN/m²
für Stahlbetonplatte	$0{,}16 \cdot 25{,}00$ kN/m³	$= 4{,}00$ kN/m²
für Kalkzementputz	$0{,}015 \cdot 20{,}00$ kN/m³	$= 0{,}30$ kN/m²
Summe der Eigen- und Ausbaulasten	g	$= 5{,}44$ kN/m²

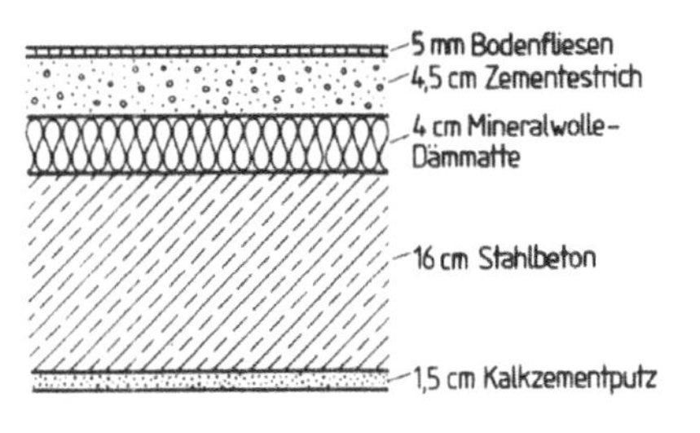

Bild 1.10
Stahlbetondecke in einem Krankenzimmer

[1)] Mathematisch genau: $0{,}50\text{ cm} \cdot 0{,}22\text{ kN/(m}^2 \cdot \text{cm)} = \dfrac{0{,}50\, \cancel{\text{cm}} \cdot 0{,}22\text{ kN}}{\text{m}^2 \cdot \cancel{\text{cm}}}$.

Wir bleiben jedoch bei der vereinfachten und praxisüblichen Schreibweise.

b)	**Nutzlast**	(Tabelle **12**.2, Anhang)	q = 1,50 kN/m²
c)	**Gesamtlast**	$g + q$	**= 6,94 kN/m²**

Die Stahlbetondecke muss also für eine maximale Flächenlast von 6,94 kN/m² berechnet werden.

Beispiel 4

Welche Streckenlast ist für 1 lfd. m Deckenbalken anzusetzen (Bild **1**.11)?

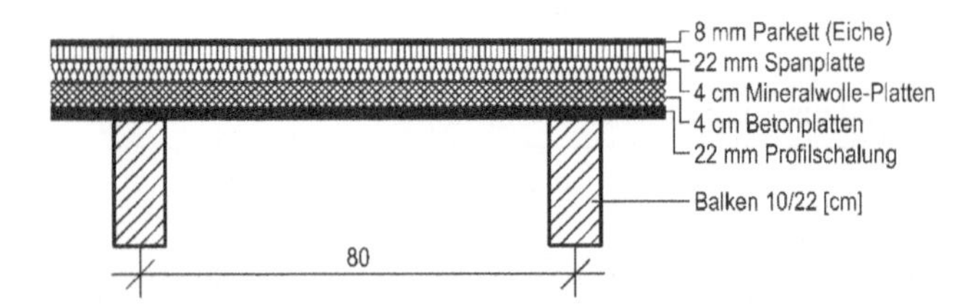

Bild 1.11
Kellerdecke in einem Altbau

Es wird zunächst die Belastung für 1 m² Decke (Flächenlast) ohne Berücksichtigung der Balkenlast berechnet. Diese wird erst nach Berechnung der Deckenlast je lfd. m Träger hinzugeschlagen. Vereinfachend dürfte die Balkenlast auch mit etwa 0,15 bis 0,20 kN/m² Deckenfläche zur Flächeneigenlast g aufgeschlagen werden.

a) **Eigenlast** (Tabelle **12**.1 und **12**.22)

für Parkett (Eiche)	0,008 · 8,00 kN/m³ = 0,06 kN/m²
für Spanplatten	0,022 · 7,50 kN/m³ = 0,17 kN/m²
für Faserdämmstoff in Platten	4,00 · 0,02 kN/m² = 0,08 kN/m²
für Betonplatten (Normalbeton)	0,04 · 24,00 kN/m³ = 0,96 kN/m²
für Sichtschaltung	0,02 · 5,00 kN/m³ = 0,10 kN/m²
für Balkeneigenlast = $\dfrac{0{,}110 \text{ kN/m}}{0{,}8 \text{ m}}$	= 0,14 kN/m²
	g = 1,51 kN/m²

b) **Nutzlast** (Tabelle **12**.2) q = 2,00 kN/m²

c) **Gesamtlast** **= 3,51 kN/m²**

d) **Streckenlast**

Die Last jedes Balkenfelds verteilt sich zur Hälfte auf den rechten, zur Hälfte auf den linken Balken. Also hat jeder Balken ein $2 \cdot \dfrac{80 \text{ cm}}{2} = 80$ cm breites Stück der Decke als Streckenlast zu tragen.

Die Belastungsbreite der Balken ist also hier 80 cm.

1 lfd. m Balken wird demnach belastet

– durch die Streckenlast mit 0,80 m · 3,51 kN/m² = 2,81 kN/m

Die Balkeneigenlast ist bereits in der Deckenlast (a) berücksichtigt.

Beispiel 5

Welche Last hat der Baugrund Bild **1.**12 aufzunehmen?

Wird die Last von Bauteilen mit Hilfe der Wichte ermittelt, ist der Rauminhalt stets in m³ zu berechnen, weil die Wichte in den Normen in kN/m³ angegeben ist (s. Tabelle **12.**1). Die Gewichtskraft G (auch mit F_g bezeichnet) ergibt sich dann aus Volumen mal Wichte.

$$F_g = V \cdot \gamma \quad \left[m^3 \cdot \frac{kN}{m^3} = kN \right]$$

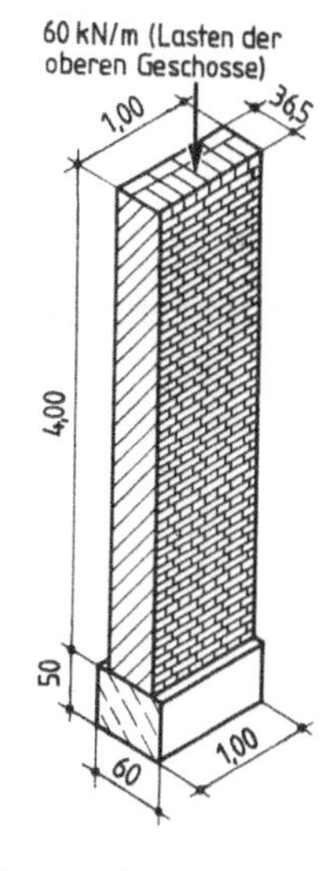

Bild 1.12
Hausmauer mit Betonfundament

Beachten Sie: Die Belastung von Streifenfundamenten berechnen wir stets in Längenabschnitten von 1 m, also als Streckenlast. Somit betrachten wir auch das zugehörige Volumen immer je 1 m und setzen deshalb für V die Einheit m³/m.

Betrachten wir so die Einheiten der Formel, ergibt sich im Ansatz m³/m · kN/m³. Durch Kürzen entfällt die Streckenlänge 1 m. Es verbleibt m² · kN/m³.

Der Formelansatz für Streckenlasten ist dann $G = A \cdot \gamma$ und die Einheit kN/m.

Lasten der oberen Geschosse	= 60,00 kN/m
Mauerwerk aus Vollziegeln mit der Rohdichte 1,8 ≙ 18 kN/m³	
0,365 m · 4,00 m · 18 kN/m³	= 26,28 kN/m
Fundament in Normalbeton	
0,50 m · 0,60 m · 24 kN/m³	= 7,20 kN/m
Fundamentbelastung	**93,48 kN/m**

> Streifenfundamente übertragen Streckenlasten auf den Baugrund. Deshalb ermittelt man die Lasten eines Gebäudestreifens von 1 m Länge.

Übung 3 Welche Last je m^2 hat das waagerechte Stahlbetondach aufzunehmen, das eine Nutzlast von 4,00 kN/m^2 (Balkon, Tabelle 12.2) aufnehmen soll (Bild **1**.13; Tabelle **12**.1)? Schneelast kann entfallen.

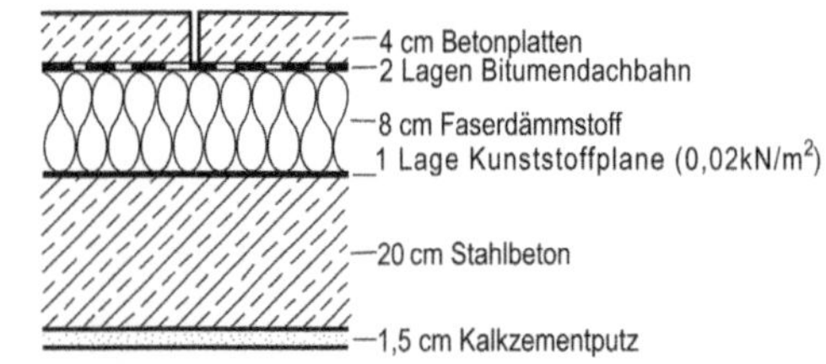

Bild 1.13
Stahlbetondach mit Nutzung als Dachterrasse

Übung 4 Welche Streckenlast haben die Balken der Holzbalkendecke eines Wohnhauses aufzunehmen (Bild **1**.14; Tabelle **12**.1 und Tabelle **12**.2)?

Hinweis: Für den Dämmstoff ist die Belastungsbreite der Balken 0,80 m – 0,12 m = 0,68 m.

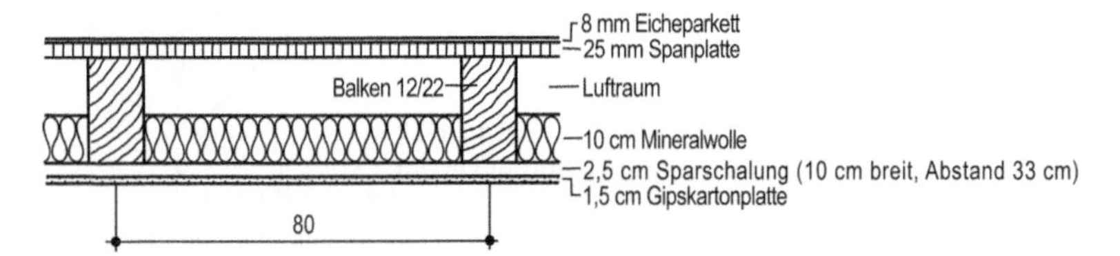

Bild 1.14 Holzbalkendecke

Streckenlasten von Stahlträgern. Im Stahlbau ist es üblich, das eigene „Gewicht“ eines Trägers in den Stahlbauprofiltabellen (s. Tabellen **12**.24 bis **12**.32) in kg/m anzugeben. Das ist aber die Masse pro Meter Länge und nicht das Gewicht pro Meter Länge.

Wir erhalten aber das von uns benötigte Gewicht in N pro Meter Länge, indem wir den Tabellenwert mit 10 multiplizieren!

$$\text{Gewicht [N/m]} = 10 \cdot \text{Masse [kg/m]}$$

Beispielsweise ist für einen Stahlträger I400 (s. Tabelle **12**.24) die Tabellenablesung

$$G = 92,4 \text{ kg/m}.$$

Daraus ergibt sich dann das Gewicht pro Längeneinheit zu:

$$10 \cdot 92,4 = 924 \text{ N/m} = 0,924 \text{ kN/m} \quad (\text{mit } 1000 \text{ N} = 1 \text{ kN}).$$

2 Sicherheitskonzept

Die Aufgabe bei der Tragwerksplanung besteht darin, das Tragwerk so zu planen, dass es während der vorgesehenen Nutzungsdauer, im Normalfall statistisch betrachtet ca. 50 Jahre, mit einer ausreichend großen Zuverlässigkeit, unter Beachtung wirtschaftlicher Gesichtspunkte bei der Herstellung und Unterhaltung, den möglichen Einflüssen und Einwirkungen standhält sowie die geforderten Anforderungen an die Gebrauchstauglichkeit erfüllt.

Demzufolge sind bei der Tragswerksplanung grundsätzlich die drei folgenden Aspekte zu beachten: Tragfähigkeit, Gebrauchstauglichkeit und Dauerhaftigkeit.

Grenzzustände der Tragfähigkeit (GZT) sind Zustände, bei deren Überschreitung die Standsicherheit des Tragwerkes sowie die Sicherheit von Personen nicht mehr gewährleistet sind.

Grenzzustände der Gebrauchstauglichkeit (GZG) sind Zustände, bei deren Überschreitung die Funktion des Tragwerks oder eines seiner Teile unter normalen Gebrauchsbedingungen, das Wohlbefinden der Nutzer oder ein angemessenes optisches Erscheinungsbild des Bauwerks nicht mehr gewährleistet sind.

Die im Laufe der Nutzungsdauer auftretenden Umwelteinflüsse dürfen unter Berücksichtigung der vorgesehenen Instandhaltungsmaßnahmen die Eigenschaften des Tragwerks nicht negativ beeinflussen. Die Sicherstellung der Dauerhaftigkeit erfolgt z. B. im Stahlbetonbau durch die Festlegung einer geeigneten Betonfestigkeitsklasse und einer ausreichenden Betondeckung im Hinblick auf die am Bauteil vorherrschenden Umwelteinflüsse durch Festlegung einer zugehörigen Expositionklasse (Tabellen **12.**42 und **12.**43).

Grundsätzlich ist in einer statischen Berechnung nachzuweisen, dass der Bemessungswert der Auswirkung der Einwirkung (Beanspruchung) kleiner als der Bemessungswert des Tragwiderstandes im Grenzzustand der Tragfähigkeit bzw. kleiner als der Grenzwert des Gebrauchstauglichkeitskriteriums im Grenzzustand der Gebrauchstauglichkeit ist.

Sowohl die Beanspruchungen als auch die Widerstände sind Streuungen unterworfen. Auf der Beanspruchungsseite resultieren diese Streuungen u. a. aus Ungenauigkeiten bei den Belastungsannahmen, Vereinfachungen und Ungenauigkeiten bei der Modellbildung, nicht erfassten Bauzuständen sowie Ungenauigkeiten bei der Berechnung (z. B. Auf- oder Abrunden). Auf der Widerstandsseite resultieren die Streuungen u. a. aus natürlichen Streuungen der Materialeigenschaften bzw. Materialkennwerten, vereinfachten Annahmen für die Baustoffe sowie Ungenauigkeiten bei der Bauausführung.

Durch eine rechnerische Erhöhung der Beanspruchung sowie eine Verringerung der Beanspruchbarkeit durch Teilsicherheitsbeiwerte im Rahmen der Nachweisführung

H. Herrmann und W. Krings, *Kleine Baustatik*,
https://doi.org/10.1007/978-3-658-30219-1_3

wird die Versagenswahrscheinlichkeit verringert bzw. das Zuverlässigkeitsniveau erhöht.

Da im Grenzzustand der Tragfähigkeit die Sicherheit von Personen gefährdet ist, ist eine deutlich geringere Versagenswahrscheinlichkeit p_f einzuhalten als im Grenzzustand der Gebrauchstauglichkeit. Im Grenzzustand der Tragfähigkeit liegt die Versagenswahrscheinlichkeit bei 1 von 1.000.000 ($p_f \approx 10^{-6}$) und im Grenzzustand der Gebrauchstauglichkeit bei 1 von 1.000 ($p_f \approx 10^{-3}$). Eine vollständige Sicherheit kann somit nicht erreicht werden.

Die charakteristischen Werte F_k der Einwirkungen/Belastungen sind den entsprechenden Normen der Reihe DIN EN 1991 zu entnehmen. Im vorliegenden Buch „Kleine Baustatik“ sind im Anhang, Abschnitt 12.2 Lastannahmen/Einwirkungen, in den Tabellen **12.**1 bis **12.**11 auszugsweise entsprechende Werte angegeben.

Die Wahrscheinlichkeit, dass die Maximalwerte mehrerer veränderlicher Einwirkungen (z. B. Schnee und Wind) zeitgleich auftreten, ist sehr gering. Eine Bemessung für die Summe der Maximalwerte ist demzufolge nicht notwendig. Aus diesem Grund werden repräsentative Werte veränderlicher Einwirkungen definiert, die der Bildung von Einwirkungskombinationen dienen.

Ein Dachsparren wird u. a. nicht unbedingt für die Summe aus voller Schneebelastung und voller Windbelastung bemessen. Diese Lasten werden miteinander kombiniert, indem man zuerst den Schnee voll und den Wind anteilig durch die Multiplikation mit einem Kombinationsbeiwert ψ berücksichtigt. In einem weiteren Schritt kombiniert man den Wind voll mit dem Schnee anteilig. Der Maximalwert der untersuchten Lastkombinationen wird für die Bemessung des Dachsparrens maßgebend.

Der Kombinationswert ψ_0 wird üblicherweise im GZT und der Kombinationswert ψ_2 üblicherweise im GZG bei der Bildung von Lastkombinationen verwendet.

In Kapitel 11, Statische Berechnung eines Wochenendhauses, Position 1 Sparren, wird die Kombination der verschiedenen Einwirkungen für die Feststellung der maßgebenden Bemessungssituation beispielhaft gezeigt. In anderen Beispielen des Buches wird auf eine genaue Betrachtung der Lastkombinationen weitestgehend verzichtet.

Zahlenwerte für Kombinationen im Hochbau (nach DIN EN 1991):

Einwirkung	ψ_0	ψ_1	ψ_2
Nutzlasten im Hochbau (Kategorien s. EN 1991-1-1)			
– Kategorie A: Wohn- und Aufenthaltsräume	0,7	0,5	0,3
– Kategorie B: Büros	0,7	0,5	0,3
– Kategorie C: Versammlungsräume	0,7	0,7	0,6
– Kategorie D: Verkaufsräume	0,7	0,7	0,6
– Kategorie E: Lagerräume	1,0	0,9	0,8
– Kategorie F: Verkehrsflächen, Fahrzeuglast ≤ 30 kN	0,7	0,7	0,6
– Kategorie G: Verkehrsflächen, 30 kN ≤ Fahrzeuglast ≤ 160 kN	0,7	0,5	0,3
– Kategorie H: Dächer	0	0	0
Schnee- und Eislasten, s. DIN EN 1991-1-3			
– Orte bis zu NN + 1000 m	0,5	0,2	0
– Orte über NN + 1000 m	0,7	0,5	0,2
Windlasten, s. DIN EN 1991-1-4	0,6	0,2	0
Sonstige Einwirkungen	0,8	0,7	0,5

Die anzusetzenden Lasten werden als „charakteristische" Lasten G_k und Q_k bezeichnet und die Festigkeit des Baustoffs als charakteristischer Fetsigkeitswert f_k. Mit diesen charakteristischen Werten und der Berücksichtigung von Teilsicherheitsbeiwerten werden die Bemessungsbeiwerte F_d und f_d berechnet und mit diesen dann der Nachweis geführt. Die charakteristischen Einwirkungen/Belastungen (Index k) werden durch Multiplikation mit entsprechenden Teilsicherheitsbeiwerten auf ein Bemessungsniveau (Index d) erhöht und die charakteristischen Festigkeiten durch Division durch entsprechende Teilsicherheitsbeiwerte auf ein Bemessungsniveau (Index d) abgemindert. Bei der Berechnung der Bemessungsfestigkeit f_d müssen je nach Baustoff weitere Abminderungsfaktoren berücksichtigt werden (s. hierzu nachfolgende Tabelle).

Berechnung der Bemessungsfestigkeiten f_d aus den charakteristischen Festigkeiten f_k:

Baustoff	**Charakteristische Festigkeit f_k**	**Bemessungsfestigkeit f_d**
Mauerwerk	s. Tabelle **12.**12 und Tabelle **12.**13	$f_d = 0,85 \cdot \frac{f_k}{1,50 \cdot k_0} = \frac{f_k}{1,76 \cdot k_0}$ $k_0 = 1,25$ bei Pfeilern mit $A < 1000$ cm^2, sonst $k_0 = 1,00$

Baustoff	**Charakteristische Festigkeit f_k**	**Bemessungsfestigkeit f_d**
Bauholz (beheizt, nicht beheizt und überdachte Räume bei ständiger Lasteinwirkungsdauer)	s. Tabelle **12.**17 oder Tabelle **12.**18	$f_d = 0,60 \cdot \frac{f_k}{1,30} = \frac{f_k}{2,17}$
Baustahl	S235 $\frac{f_k}{f_u} = \frac{235}{360} \frac{N}{mm^2}$	$f_d = f_k$ (Biegung, Zug) $f_d = f_k / 1,10$ (Knicken) $f_d = f_u / 1,39$ (Zug, mit A_{net})
	S355 $\frac{f_k}{f_u} = \frac{355}{490} \frac{N}{mm^2}$	$f_d = f_k$ (Biegung, Zug) $f_d = f_k / 1,10$ (Knicken) $f_d = f_u / 1,39$ (Zug, mit A_{net})
Betonstahl	B500 $f_k = 500 \frac{N}{mm^2}$	$f_d = \frac{f_k}{1,15} = 435 \frac{N}{mm^2}$
Beton für Stahlbeton	wie 1. Wert der Betonbezeichnung, z. B. für C20/25 $f_k = 20$ N/mm²	$f_d = 0,85 \cdot \frac{f_k}{1,50} = \frac{f_k}{1,76}$
Beton, unbewehrt	wie 1. Wert der Betonbezeichnung, z. B. für C20/25 $f_k = 20$ N/mm²	$f_d = 0,70 \cdot \frac{f_k}{1,50} = \frac{f_k}{2,14}$

Die Bemessungswerte für Bodenpressungen – auch Sohlwiderstand genannt – finden sich in den Tabellen **12.**14 und **12.**15.

Die Berechnung der Bemessungslast im Grenzzustand der Tragfähigkeit aus einer ständigen Last G_k und einer veränderlichen Last Q_k erfolgt dann durch Multiplikation mit den Teilsicherheitsbeiwerten $\gamma_G = 1,35$ für den ständigen und $\gamma_Q = 1,50$ für den veränderlichen Lastanteil:

$$\text{Bemessungslast} = \gamma_G \cdot G_k + \gamma_Q \cdot Q_k$$

$$\text{Bemessungslast} = (G+Q)_d = 1,35 \cdot G_k + 1,50 \cdot Q_k$$

Oder näherungsweise:

$$\text{Bemessungslast} = (G+Q)_d \approx 1{,}40 \cdot (G_k + Q_k)$$

Die Berechnung der Bemessungslast im Grenzzustand der Gebrauchstauglichkeit erfolgt im Hinblick auf Versagenswahrscheinlichkeiten und dem damit verbundenen Gefährdungspotenzial unter Berücksichtigung eines Teilsicherheitsbeiwertes von $\gamma = 1{,}0$.

Zahlenbeispiel (GZT):

Es ist die Bemessungslast (als Streckenlast) für einen Stahlträger IPB400, der mit einer Betondecke von 26 kN/m (ständige Last) und einer veränderlichen Last aus Personen, Möbeln usw. (auch Verkehrslast genannt) von 20 kN/m beansprucht wird, zu berechnen.

Ständige Lasten

Eigengewicht des Stahlträgers (s. Tabelle **12.**26) $G = 155$ kg/m.

Das entspricht dann $10 \cdot 155 = 1550$ N/m $= 1{,}55$ kN/m.

Charakteristische ständige Last (Stahlträger + Betondecke)

$$G_k = 1{,}55 \text{ kN/m} + 26{,}00 \text{ kN/m} = 27{,}55 \text{ kN/m}$$

Charakteristische veränderliche Last (häufig auch Verkehrslast genannt)

$$Q_k = 20{,}00 \text{ kN/m}$$

Bemessungslast

$$= 1{,}35 \cdot G_k + 1{,}50 \cdot Q_k = 1{,}35 \cdot 27{,}55 + 1{,}50 \cdot 20{,}00 = 67{,}2 \text{ kN/m}$$

Oder näherungsweise ist die Bemessungslast

$$= 1{,}40 \cdot (G_k + Q_k) = 1{,}40 \cdot (27{,}55 + 20{,}00) = 66{,}6 \text{ kN/m}.$$

3 Druckkräfte und Zugkräfte

3.1 Der Baugrund nimmt Druckkräfte auf

Alle Lasten eines Bauwerks (Eigen- und Verkehrslasten) werden durch die einzelnen Bauteile zu den Fundamenten hin und von dort in den Baugrund geleitet. So drücken die Verkehrslast und die Eigenlast der Brücke in Bild **3.**1 durch die Schwellen und Streben auf den Pfeiler, der diese Druckkräfte und seine Eigenlast einschließlich Fundament auf den Baugrund überträgt. Der Baugrund muss also diese Belastung aushalten. Er darf sich weder unzulässig senken noch seitlich ausweichen.

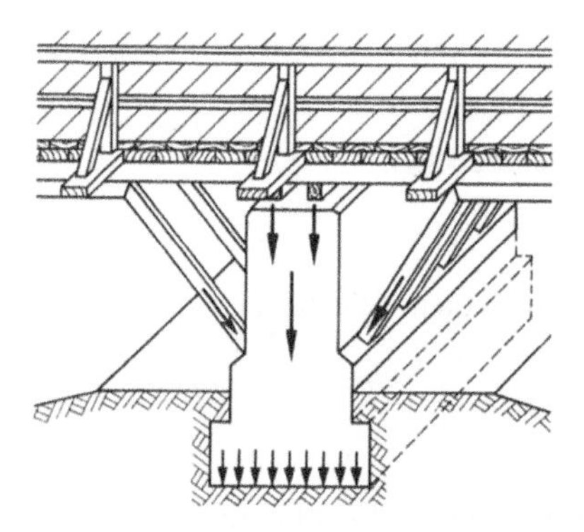

Bild 3.1
Der Baugrund nimmt alle Lasten auf.

> Der Baugrund muss alle Bauwerkslasten sicher aufnehmen können. Seine Tragfähigkeit bestimmt Art und Abmessungen der Gründungskonstruktion.

Es sind also zu bestimmen:

- alle in den Baugrund führende Lasten aufgeteilt nach ständigen Lasten und nach veränderlichen Lasten.
  Bemessungslast =1,35 · ständige Last + 1,50 · veränderliche Last
- der Bemessungswert des Sohlwiderstandes nach Tabellen **12.**14 bzw. **12.**15.

Fundamentgröße. Aus Erfahrung wissen wir: Verteilt man Lasten auf größere Auflagerflächen, verringern sich die Auflagerpressungen. Skier tragen uns sicher auf Neuschnee, denn wir verteilen unsere Gewichtskraft auf eine mehrfach größere Standfläche. Fundamente sind deshalb auf die zulässige Tragfähigkeit des Bodens zu bemessen. Sandiger Baugrund erfordert darum breitere Fundamente als felsiger.

H. Herrmann und W. Krings, *Kleine Baustatik*,
https://doi.org/10.1007/978-3-658-30219-1_4

Der statische Nachweis für Fundamente gilt als erbracht, wenn die berechneten Lasten auf der gewählten Fundamentgrundfläche geringere Sohlpressungen ergeben als die zulässigen Sohlpressungen.

Beispiel 6

Wie groß ist die Sohlpressung unter dem Fundament nach Bild **1.**12 ohne Berücksichtigung von Teilsicherheitsbeiwerten?

Die Gesamtbelastung des Fundaments ist bei 1 m Länge $F = 93{,}48$ kN.

Die Grundfläche des Fundaments ist $A = 0{,}60 \text{ m} \cdot 1{,}00 \text{ m} = 0{,}60 \text{ m}^2$.

Also entfallen auf 1 m² des Baugrunds $\frac{93{,}48 \text{ kN}}{0{,}60 \text{ m}^2} = \mathbf{155{,}8\ kN/m^2}$.

Sohlpressung (-Spannung). Diese Zahl gibt an, mit welcher Kraft 1 m² des Baugrunds belastet ist, d. h., wie hoch er beansprucht wird. Man sagt: Die vorhandene Sohlpressung oder Spannung σ des Baugrunds ist 155,8 kN/m².

Drückt man die eben ausgeführte Rechnung in Buchstaben aus, ergibt sich die allgemein gültige Formel zum Berechnen der Materialspannung an zug- und druckbeanspruchten Bauteilen.

$$\text{vorh } \sigma = \frac{\text{vorh } F}{\text{vorh } A} \quad \text{oder allgemein} \quad \sigma = \frac{F}{A}$$

Spannung ist die auf eine Flächeneinheit bezogene Kraft. Der Bezug auf die vereinbarte Flächeneinheit 1 m² ermöglicht den Vergleich der Boden- bzw. Materialbeanspruchung mit den zulässigen genormten Werten (s. Tabellen **12.**12 bis **12.**18).

Die zulässige Spannung zul σ ist ein materialabhängiger zulässiger Höchstwert. Er ist genormt und darf von der berechneten vorhandenen Spannung **vorh σ** nicht überschritten werden.

$$\textbf{Stets gilt} \quad \text{vorh } \sigma \leqq \text{zul } \sigma \quad \text{oder} \quad \frac{\text{vorh } \sigma}{\text{zul } \sigma} \leq 1$$

Bemessung. Um die erforderliche Fläche oder den erforderlichen Querschnitt erf A eines Bauteils zu berechnen, wird die Gleichung nach A umgeformt:

$$\text{erf } A = \frac{\text{vorh } F}{\text{zul } \sigma} \quad \text{oder allgemein} \quad A = \frac{F}{\sigma}$$

Auch die zulässige Belastung eines Bauteils (seine Tragfähigkeit) kann danach berechnet werden:

zul F = vorh $A \cdot$ zul σ oder allgemein $F = A \cdot \sigma$

Für statische Nachweise von Fundamenten verwenden wir wie schon im vorstehenden Rechenbeispiel die folgenden Einheiten:

F in kN A in m^2 σ in kN/m^2

Allerdings sind dann auch bei der Lastermittlung noch Teilsicherheitsbeiwerte zu berücksichtigen! Siehe Beispiel 7!

Wie sich in den folgenden Abschnitten noch zeigen wird, weisen wir die Materialspannungen für die meisten anderen Bauteile in N/mm^2 nach.

Sicherheiten. Die Werte für die zulässigen Spannungen enthalten eine Sicherheit dafür, dass das Bauteil bei Überschreiten der in Rechnung gestellten Belastung nicht zu Bruch gehen wird. Die Größe dieser Sicherheit hängt von verschiedenen Umständen ab. Für einen Baustoff mit einheitlicher und gleichbleibender Beschaffenheit, wie z. B. Stahl, genügt eine kleinere Sicherheitszahl als z. B. für Holz, dessen Beschaffenheit uneinheitlich ist. Ferner hängt die Sicherheit von der Lebensdauer des Baustoffs (vgl. Holz und Beton), von der Art und Wichtigkeit des Bauwerks u. a. ab (s. Kapitel 2 Sicherheitskonzept).

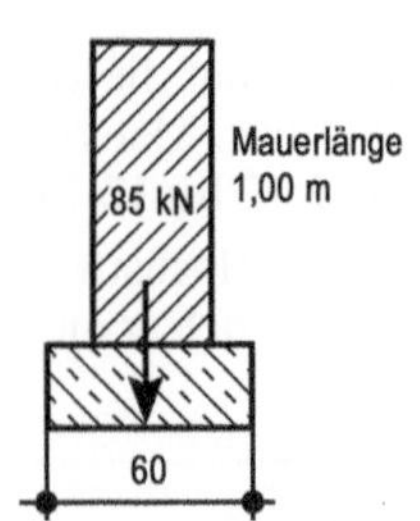

Bild 3.2
Mauer auf Fundament

Übung 5 Welche Sohlpressung hat der Baugrund unter dem Fundament des Bildes **3.2** aufzunehmen? Die 85 kN setzen sich aus 60 kN ständiger Last und 25 kN veränderlicher Last zusammen. Liegt dieser Wert unterhalb des zulässigen Bemessungswertes für den Sohlwiderstand (nicht bindiger Boden, 0,50 m Einbindetiefe)? (Tabelle **12.**14)

Übung 6 Überschreitet die Bodenpressung des Baugrunds (bindiger Boden, gemischtkörnig, Lehm, steif, Einbindetiefe 0,50 m) unter einem Fundament mit 80 cm × 80 cm Grundfläche den zulässigen Wert, wenn eine ständige Last von 100 kN und eine veränderliche Last von 40 kN aufzunehmen sind? Wenn ja, wie kann die vorhandene Bodenpressung gemindert werden?

3.2 Last und Lastverteilung in Fundamenten

Fundament. Die Mauer eines Wohnhauses steht im Allgemeinen auf einem Betonfundament, das seine Lasten auf den Baugrund überträgt (Bild **3**.3). Das Wort Fundament bedeutet „Grundwerk". Die Fundamente gehören bei allen Bauwerken zu den wichtigsten Bauteilen; denn von der Lastverteilung in den Fundamenten und von ihren Abmessungen hängt der Bestand des ganzen Bauwerks ab. Sie bestehen überwiegend aus Beton oder Stahlbeton, in besonderen Fällen auch aus Stein, Stahl und auch Holz oder anderen Baustoffen.

> Von der richtigen Bemessung der Fundamente, hängt die Standsicherheit des Bauwerks ab.

Wichtig ist ferner, dass ein Fundament nur dann tragfähig ist, wenn die Berechnung auch für tiefer liegende Schichten des Baugrunds zutrifft.

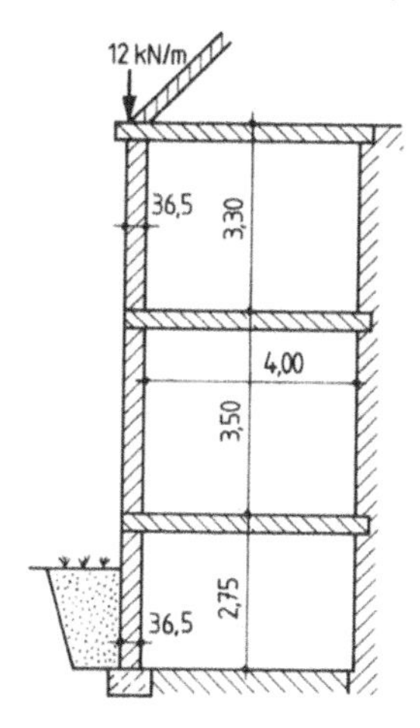

Bild 3.3
Skizze für den Teilquerschnitt eines Wohnhauses

Beispiel 7

Für die Außenmauer des Wohnhauses nach Bild **3**.3 ist das Betonfundament zu berechnen. Baugrund: toniger Schluff halbfest, Einbindetiefe 0,50 m. Die Dachlast sei 12 kN/m und soll nur eine ständige Last sein, die Wichte der oberen beiden Außenwände 10 kN/m^3, die der Kellerwand 18 kN/m^3. Für jede der drei Holzbalkendecken ist g = 1,45 kN/m^2 die ständige Last und die veränderliche Belastung (Nutzlast) beträgt q = 2,00 kN/m^2. Wandputz darf vernachlässigt werden.

a) **Belastung für 1 lfd. m Fundament (Streckenlast)**

Dachlast nach Bild **3.3**		= 12,00 kN/m
Mauerlast	0,365 m · (3,30 m + 3,50 m) · 10 kN/m³	= 24,82 kN/m
	0,365 m · 2,75 m · 18 kN/m³	= 18,07 kN/m
Deckenlasten:		
Eigenlast der Holzbalkendecke	g = 1,45 kN/m²	
Verkehrslast	q = 2,00 kN/m²	
	3 · 2,00 m · 1,45 kN/m² =	8,70 kN/m
	Ständige Streckenlast	**63,59 kN/m**
	Veränderliche Streckenlast 3 · 2,00 m · 2,00 kN/m² =	**12,00 kN/m**

Bemessungslast = 1,35 · 63,59 + 1,50 · 12,00 = **103,85 kN/m**

Da die Decke vollständig, d. h. *gleichmäßig belastet* ist, verteilt sich die Last je zur Hälfte auf die Außen- und auf die Innenmauer. Für jede Mauer ergibt sich somit ein Längenanteil von $\frac{4{,}00\,\text{m}}{2} = 2{,}00\,\text{m}$.

b) **Breite des Fundaments**

Die Last des Fundaments kann noch nicht berechnet werden, weil seine Abmessungen unbekannt sind. Um dafür eine wirklichkeitsgerechte Schätzgröße zu bekommen, wird zunächst für die Bemessungslast der aufstehenden Gebäudeteile von F_d = 103,85 kN (pro 1,00 m Fundamentlänge) die erforderliche Fundamentfläche ermittelt.

$$\text{erf } A = \frac{F_d}{\text{zul } \sigma}.$$

Zul σ ist der gemäß der Bodenzusammensetzung und Bodenbeschaffenheit aufnehmbare Sohlwiderstand nach Eurocode (Tabelle **12.**15). Für bindigen Boden, toniger Schluff halbfest, Einbindetiefe 0,50 m finden wir in Tabelle **12.**15 den Wert zul σ = 240 kN/m². Als realitätsnahe Größe ergibt sich somit für

$$\text{erf } A = \frac{103{,}85\ \text{kN}}{240\ \text{kN/m}^2} = 0{,}43\ \text{m}^2.$$

Die Fundamentfläche ist ein 1,00 m langes Rechteck. Folglich ist die Breite

$$b = \frac{A}{l} = \frac{0{,}43\ \text{m}^2}{1{,}00\ \text{m}} = 0{,}43\ \text{m}.$$

Weil aber die Fundamentlast bisher nicht berücksichtigt worden ist, muss für die Ausführung eine etwas größere Breite gewählt werden. Es wird angenommen $\boldsymbol{b}$ **= 0,50 m.**

c) **Höhe des Fundaments**

Das übliche Mindestmaß beträgt 40 cm. Bei frostgefährdeten Gründungen sind Tiefen von der Oberkante Erdreich von ≧80 cm einzuhalten.
Bei unbewehrten Fundamenten sind noch Grenzwerte nach für den Lastverteilungswinkel α einzuhalten (s. Tabelle **12.**16). Sie geben als tan α an, wie oft der Fundamentüberstand a mindestens in der Fundamenthöhe h_f enthalten sein muss. Die Tabellenwerte sind abhängig von der Betonfestigkeitsklasse und vom Sohlwiderstand. Für unser Beispiel sei ein Streifenfundament aus Beton C12/15 vorgesehen. Der zugehörige Tabellenwert für 240 kN/m² ist interpoliert zirka 1,26; die erforderliche Fundamentdicke ist somit

$$\text{erf } h_f = 1{,}26 \cdot a = 1{,}26 \cdot \left(\frac{50{,}00 - 36{,}50}{2} \right) = 8{,}50 \text{ cm.}$$

Dieser sehr kleine Wert zeigt, dass eine sichere Lastausbreitung gewährleistet ist. Aus Sicherheitsgründen wählt man unbewehrte Streifenfundamente selten dünner als 30 cm. Da die Kellersohle meist in einem Arbeitsgang mit dem Fundament hergestellt wird, wählen wir zweckmäßig eine Fundamenthöhe von h_f = **40 cm** (Bild **3.**4).

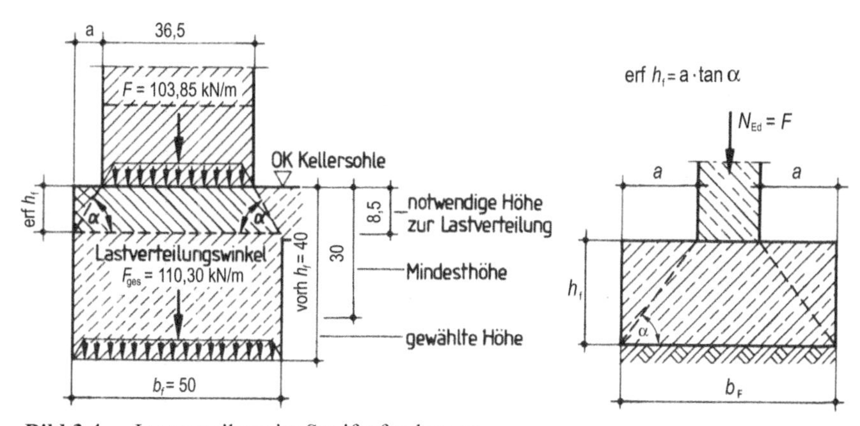

Bild 3.4 Lastverteilung im Streifenfundament

d) **Vorhandener Sohldruck**

Liegen die Abmessungen des Fundaments fest, ist noch zu prüfen, ob die gewählte Breite ausreicht, wenn zur Bemessungslast F_d = 103,85 kN/m die bisher noch nicht berücksichtigte Fundamentlast hinzukommt. Es ist also noch nachzuweisen, dass der zulässige Sohlwiderstand 240 kN/m² nicht überschritten wird.

Die Bemessungslast an der Unterkante des Fundamentes beträgt nun:

103,85 kN/m + 1,35 · 0,50 m · 0,40 m · 24 kN/m³ = 110,30 kN/m

Die vorhandene Bodenpressung ist

$$\text{vorh}\,\sigma = \frac{\text{vorh}\,F_d}{\text{vorh}\,b} = \frac{110,30\ \text{kN/m}}{0,50\ \text{m}} = 220,60\ \text{kN/m}^2 < 240\ \text{kN/m}^2$$

Damit ist der geforderte Nachweis ausreichender Tragsicherheit des Fundamentes erbracht.

Beispiel 8

Es ist zu berechnen, ob der Gerüstpfosten Bild **3**.5 auf eine Hartholzunterlage (Abmessungen gesucht) gestellt werden muss. Das Unterlagsholz ist Brettschichtholz aus Nadelholz C24.

Bemessungslast:

$F_d = 1{,}35 \cdot G_k + 1{,}50 \cdot Q_k$
$F_d = 1{,}35 \cdot 93\ \text{kN} + 1{,}50 \cdot 47\ \text{kN}$
$F_d = 196\ \text{kN} = 196\ 000\ \text{N}$
Die untere Stirnfläche des Pfostens ist

$$A = \frac{\pi \cdot d^2}{4} = \frac{3{,}14 \cdot (25\ \text{cm})^2}{4}$$

$A = 491\ \text{cm}^2$.

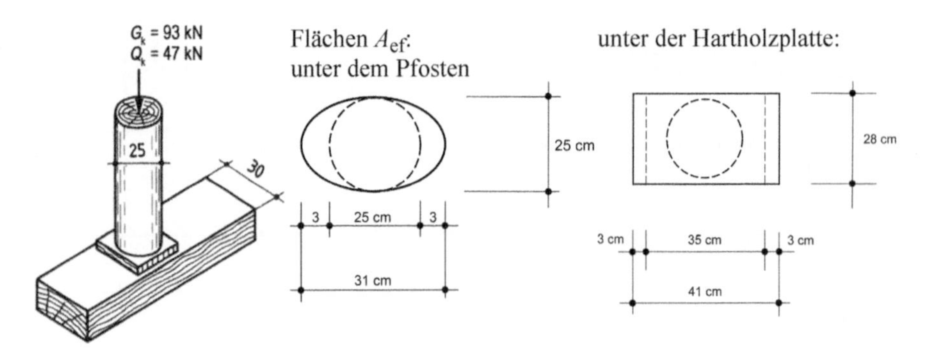

Bild 3.5 Rundholzpfosten mit Unterlagsholz auf einer Schwelle

Mit dieser Fläche von 491 cm² belastet der Pfosten die quer darunter liegende größere Schwelle.

Es wird nur ein Teil der Fläche der Schwelle vom Pfosten belastet. Man spricht dann von einer „Teilflächenbelastung“. Bei Holz darf man in solch einem Falle eine um 3 cm nach beiden Seiten in Faserrichtung des Holzes vergrößerte Fläche A_{ef} als Auflagerfläche ansetzen, wenn die Schwelle auch entsprechend größere Abmessungen hat (s. Bild **3**.5).

$A_{ef} = 491\ \text{cm}^2 + 2 \cdot 3{,}00\ \text{cm} \cdot 25\ \text{cm} = 641\ \text{cm}^2$

Druckspannung in der Schwelle:

$$\sigma_d = \frac{F_d}{A_{ef}} = \frac{196\,000\ \text{N}}{641\ \text{cm}^2} = 306 \frac{\text{N}}{\text{cm}^2}$$

Erlaubt ist eine charakteristische Spannung (s. Tabelle **12.**17a) f_k = 2,50 N/mm^2 für die Nadelholz Festigkeitsklasse C24 (alte Bezeichnung: Güteklasse II[1]). Diese charakteristische Festigkeit f_k muss noch in die Bemessungsfestigkeit umgerechnet werden.

$$f_d = 0{,}60 \cdot \frac{f_k}{1{,}30} = \frac{2{,}50\ \text{N/mm}^2}{2{,}17} = 1{,}15\ \text{N/mm}^2 = 115\ \text{N/cm}^2$$

Dieser Wert darf bei Querdruck noch mit dem Querdruckbeiwert-Faktor von 1,5 vergrößert werden, also 1,5 · f_d = 1,5 · 115 N/cm^2 = 173 N/cm^2. (Bei Laubholz ist der Querdruckbeiwert 1,0 und bei Nadelholz 1,25 bei kontinuierlicher Lagerung (Schwellendruck) und 1,5 bei Einzellagerung (Auflagerdruck).)

Der obige Spannung von 306 N/cm^2 ist deutlich größer als die erlaubte Spannung von 173 N/cm^2. Daher wird zwischen Pfosten und Schwelle eine Hartholzunterlage zur Lastverteilung angeordnet.

Nachweis der Hartholzunterlage

Die Breite der Hartholzunterlage wird mit Rücksicht auf die Schwellenbreite (30 cm) und den Pfostendurchmesser (25 cm) zu b = 28 cm gewählt. Um die Spannung von 173 N/cm^2 in der Schwelle einzuhalten, muss die Fläche A_{ef} der Hartholzunterlage sein:

$$\text{erf } A_{ef} = \frac{F_d}{1{,}5 \cdot f_d} = \frac{196\,000\ \text{N}}{173\ \text{N/cm}^2} = 1133\ \text{cm}^2$$

Mit Rücksicht auf die Schwellenbreite (30 cm) und den Pfostendurchmesser (25 cm) wird die Breite der Hartholzplatte zu endgültig b = 28 cm gewählt. Die erforderliche Länge der Fläche A_{ef} für die Hartholzplatte ist dann:

$$l_{eff} = \frac{1133\ \text{cm}^2}{28\ \text{cm}} = 40{,}5\ \text{cm}$$

Da in Faserrichtung die wirkliche Länge um 2 · 3,0 cm kürzer ist, ergibt sich die wirkliche Länge zu:

$$l = l_{eff} - 2 \cdot 3{,}0\ \text{cm} = 40{,}5\ \text{cm} - 6{,}0\ \text{cm} = 34{,}5\ \text{cm}$$

gewählt *l* = 35,0 cm

Übung 7 Für das Hausfundament von Bild **3.**6 in Beton C12/15 sind die Abmessungen zu ermitteln. Die Auflast von 85 kN/m besteht zu Zweidrittel aus ständigen Lasten und zu einem Drittel aus nicht ständigen Lasten. Baugrund: nicht bindiger Boden, z. B. Sand. Das Mauerwerk besteht aus Kalksandvollsteinen mit 18 kN/m^3.
Der zulässige Sohlwiderstand sei 280 kN/m^2.

[1] Güteklasse I wird bei freitragenden Holzbauten (Ingenieurholzbau), Güteklasse II bei den üblichen Holzbauteilen im Haus (Dachstühle, Decken, Treppen), Güteklasse III nur für untergeordnete Zwecke verwendet.

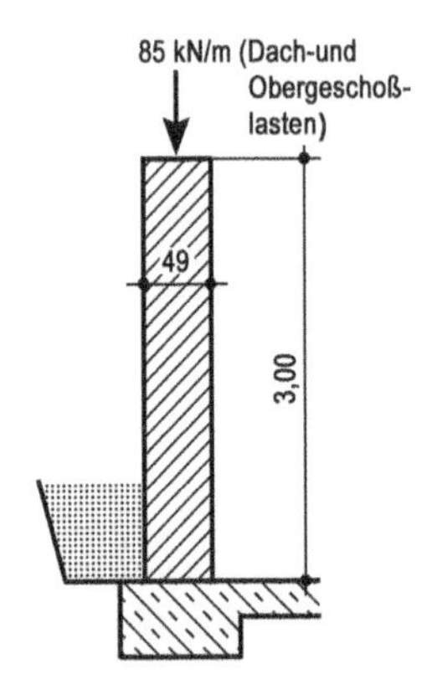

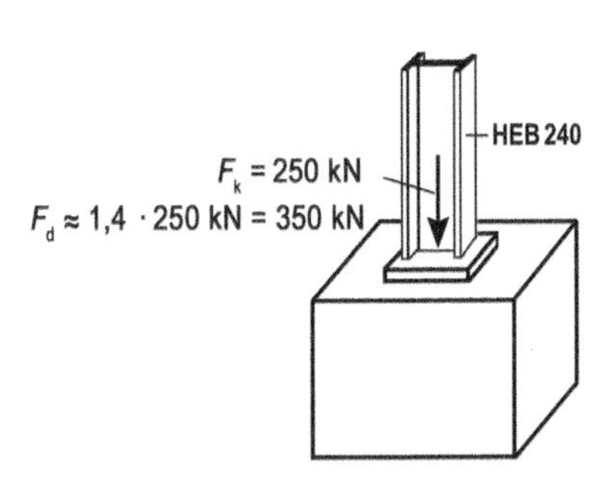

Bild 3.6 Hausmauer mit Fundament (Baugrund: Fein- und Mittelsand)

Bild 3.7 Stahlstütze mit Fußplatte auf Betonfundament

Übung 8 Für die Stahlstütze Bild **3.**7 im Innern eines Gebäudes sind die Maße der quadratischen Fußplatte und die des ebenfalls quadratischen Betonfundaments, ausgeführt in Beton C12/15[1], zu berechnen. Baugrund: nicht bindiger Boden. *Hinweis*: Die Größe der Fußplatte ist von der aufnehmbaren Sohldruckspannung des Betons abhängig, die nicht überschritten werden darf. $f_d = 0{,}70 \cdot \frac{12\ \text{N/mm}^2}{1{,}5} = 5{,}60 \frac{\text{N}}{\text{mm}^2} = 0{,}56 \frac{\text{kN}}{\text{cm}^2}$ ist dann die Bemessungsfestigkeit des Betons. Die Seitenlängen der Fußplatte und des Fundaments erhält man als Quadratwurzel aus der jeweils erforderlichen Fläche. Der zulässige Sohlwiderstand ist 470 kN/m². Siehe Tabelle **12.**14 (Interpolieren und 20 % Erhöhung, weil Einzelfundament!).

3.3 Druckfeste Trägerauflager

Der große Druck aus schweren Stahlträgern ist für Mauerwerk nicht zulässig (Bild **3.**8). Deshalb ist hier Beton eingebaut, der erheblich höher beansprucht werden kann. Häufig genügen auch einige Schichten Mauerwerk aus festerem Baustoff (festeren Steinen und festerem Mörtel). Auch eine Auflagerplatte aus Stahl oder ein lastverteilender Stahlträger haben die gleiche Wirkung.

---

[1] C12/15 ist ein Beton mit einer Zylinderdruckfestigkeit von mindestens 12 MN/m² und einer Würfeldruckfestigkeit von mindestens 15 MN/m². In Kurzform wird dieser Beton auch mit C12 bezeichnet.

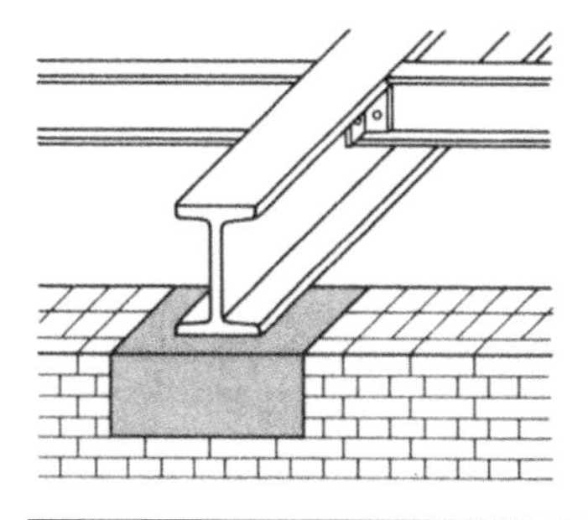

Bild 3.8
Der Stahlträger erhält eine druckfeste Betonunterlage.

Trägerauflager mit hoher Punktbelastung müssen druckfest sein.

Beispiel 9

Im Kellergeschoss des Hauses nach Beispiel 7 soll eine Garage eingebaut werden. Hierfür sind 2 Träger I 240 erforderlich (240 ist die Trägerhöhe in mm). Die Größe der Auflagerfläche und ihre Untermauerung sind zu ermitteln (Bild **3.**9). Die charakteristische Auflagerkraft sei 158 kN ≙ 0,158 MN. Die Auflagerfläche A der 2 I 240 wird bestimmt durch die zulässige Druckspannung des darunterliegenden Mauerwerks, das zunächst aus Vollziegeln mit der Steindruckfestigkeitsklasse 4 in Mörtelgruppe II angenommen wird.

Hierfür ist $f_k = 2{,}80 \dfrac{\text{N}}{\text{mm}^2}$ (Tabelle **12.**13) und $f_d = \dfrac{2{,}80\ \text{MN/m}^2}{1{,}76} = 1{,}59\ \text{MN/m}^2$

Die Bemessungsauflagerkraft beträgt zirka: $F_d \approx 1{,}4 \cdot F_k = 1{,}40 \cdot 158\ \text{kN}$
$F_d = 221\ \text{kN} = 0{,}221\ \text{MN}$

Also ist die erforderliche Auflagerfläche

$$\text{erf}\ A = \frac{F_d}{f_d} = \frac{0{,}221\ \text{MN}}{1{,}59\ \text{MN/m}^2} = \mathbf{0{,}139\ m^2}\ .$$

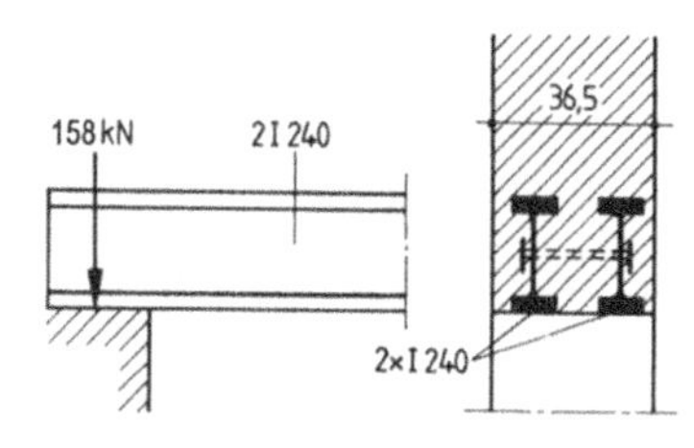

Bild 3.9
Auflager von zwei Abfangträgern

Die Breite der Auflagerfläche ist gegeben durch die Flanschbreiten der 2 I 240 (s. Tabelle **12.**24):

$b = 2 \cdot 10{,}60\ \text{cm} = 21{,}20\ \text{cm} = 0{,}212\ \text{m}$

Folglich ist die Auflagerlänge

$$l = \frac{A}{b} = \frac{0{,}139\,\text{m}^2}{0{,}212\,\text{m}} = 0{,}656\,\text{m} \approx 66\,\text{cm}\,.$$

Diese ist aber für I 240 zu groß, weil die Auflagerlänge etwa gleich der Trägerhöhe sein soll. Es muss also unter den Trägern Baustoff mit einer höheren Druckfestigkeit verwendet werden. Weil die Auflagerlänge auf mindestens die Hälfte zu verkürzen ist, wählen wir unterhalb der Auflager Mauerwerk z. B. aus Vollziegeln Steindruckfestigkeitsklasse 12 in Mörtelgruppe II mit $f_k = 5{,}4\,\text{N/mm}^2$ (Tabelle **12.**13) und

$$f_d = 5{,}40\,\text{MN/m}^2 \,/\, 1{,}76 = 3{,}07\,\text{MN/m}^2\,.$$

Dann ergibt sich die Auflagerfläche zu

$$\text{erf}\,A = \frac{F_d}{f_d} = \frac{0{,}221\,\text{MN}}{3{,}07\,\text{MN/m}^2} = 0{,}072\,\text{m}^2$$

und die Auflagerlänge zu

$$\text{erf}\,l = \frac{A}{\text{vorh}\,b} = \frac{0{,}072\,\text{m}^2}{0{,}212\,\text{m}} = 0{,}34\,\text{m}\,.$$

Auch dieses Maß erscheint noch zu groß. Zur besseren Lastverteilung wird deshalb eine Stahlplatte von 260 mm × 300 mm × 10 mm als Unterlage noch eingefügt. Damit ergibt sich

$$\text{vorh}\,\sigma = \frac{0{,}221\,\text{MN}}{0{,}26 \cdot 0{,}30\,\text{m}^2} = 2{,}83\,\text{MN}\,/\,\text{m}^2 < f_d = 3{,}07\,\text{MN/m}^2\,.$$

Es ist nun noch festzustellen, wie viele Schichten in dem tragfähigen Mauerwerk ausgeführt werden müssen. Es darf ein Lastverteilungswinkel von 60° gegen die Waagerechte angenommen werden. Für diese Verteilung (hier Steindruckfestigkeitsklasse 12 und Mörtelgruppe II) muss die Untermauerung so hoch sein, dass sich an ihrer Unterseite die vorhandene Druckspannung auf 1,59 MN/m² ermäßigt hat, damit das Mauerwerk mit der Steinfestigkeitsklasse 4 in Mörtelgruppe II nicht übermäßig beansprucht wird (Bild **3.**10).

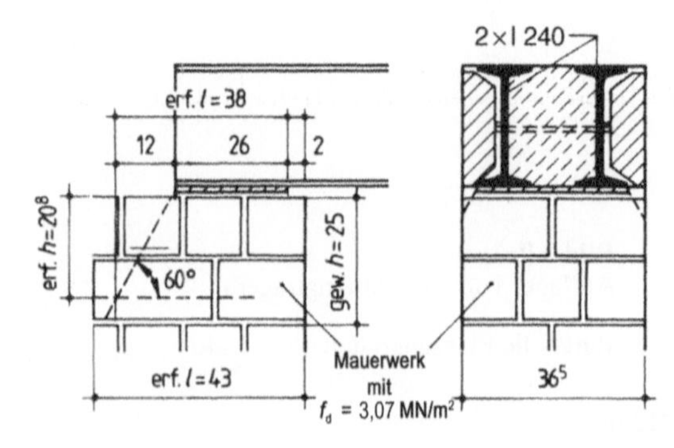

Bild 3.10
Auflagerdetail

Folglich ist die erforderliche Grundfläche der Untermauerung, wie oben berechnet,

$$A = \frac{0{,}221\ \text{MN}}{1{,}59\ \text{MN/m}^2} = 0{,}139\ \text{m}^2.$$

Ihre Breite ist gegeben durch die Mauerdicke, also $b = 36{,}50$ cm. Danach ergibt sich die Länge der Untermauerung zu

$$\text{erf}\, l = \frac{A}{b} = \frac{0{,}139\ \text{m}^2}{0{,}365\ \text{m}} \approx \mathbf{0{,}38\ m}.$$

Die Höhe h der Untermauerung lässt sich nun ohne weiteres zeichnerisch ermitteln (Bild **3.**10). Mit Rücksicht auf die Maßordnung im Hochbau wählen wir für die Höhe 25 cm und für das Maß $l = 43$ cm.

Rechnerisch beträgt die Höhe: $h = \tan 60^\circ \cdot (38\ \text{cm} - 26\ \text{cm}) = 1{,}73 \cdot 12\ \text{cm} = \mathbf{20{,}80\ cm}$

Übung 9 Ein Mauerdurchbruch wird von 2 [200 überbrückt, die je Auflager $F_k = 0{,}1$ MN zu übertragen haben. Die 24 cm dicke Mauer ist aus Vollziegeln Steinfestigkeitsklasse 6 in Mörtelgruppe II hergestellt. Es sind die Auflagerlängen der Träger auf einer 24 cm breiten und 1 cm dicken Stahlplatte sowie die Höhe und Länge d der Untermauerung aus Steinfestigkeitsklasse 20 Mörtelgruppe II zu berechnen (Mindestmaße).

Übung 10 Ein HEB 300 überträgt wie im Bild **3.**8 auf eine 30,00 cm dicke Mauer aus Vollziegeln Steinfestigkeitsklasse 16 in Mörtelgruppe II eine Auflagerkraft von $F_k = 0{,}34$ MN. Es sind die Auflagerlänge des Trägers und die Abmessungen des Auflagerkissens aus Mauerwerk Steinfestigkeitsklasse 28 in Mörtelgruppe IIIa zu berechnen (Mindestwerte).
Hinweis: Die Maße des Auflagerkissens sind so zu wählen, dass es sich möglichst ohne Verhau in den Ziegelverband einfügen lässt (2- und 3 DF-Format, Lagerfugen beachten).

3.4 Wände und Pfeiler können ausknicken

Wände und Pfeiler sind kipp- und knickanfällig. Ihre Stabilität ist umso sicherer, je wirksamer sie an den äußeren Rändern gehalten sind. Wir unterscheiden freistehende sowie 2-, 3- und 4-seitig gehaltene Wände (Bild **3.**11). Dickere Wände sind bei gleicher Höhe weniger knickanfällig als dünnere, mittig belastete weniger als außermittig belastete. Weniger knickanfällig sind auch Wände mit höherer Mauerwerks-Druckfestigkeit.

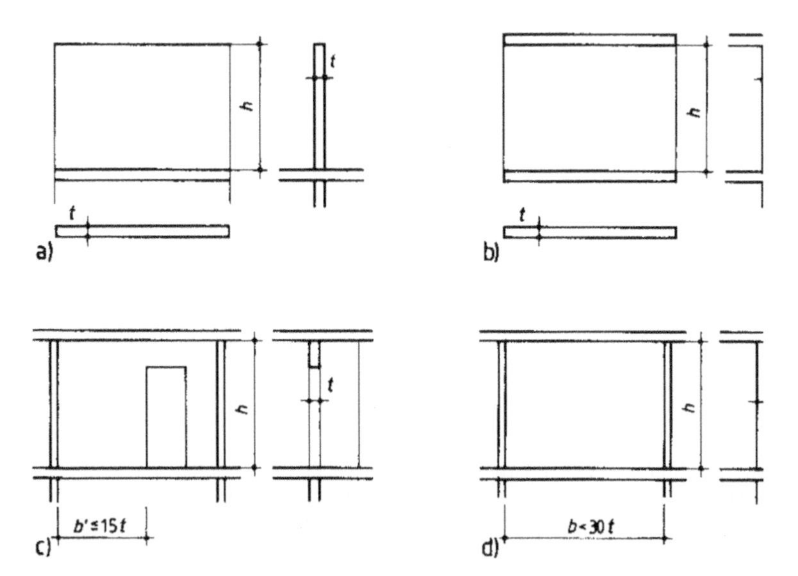

Bild 3.11 Bedingungen für freistehende und mehrseitig gehaltene Wände nach EC 6
a) frei stehende Wand,
b) zweiseitig gehaltene Wand (oben, unten),
c) dreiseitig gehaltene Wand (oben, unten, je 1 × seitlich),
d) vierseitig gehaltene Wand (an allen 4 Rändern)
Öffnungen: Werden die angeführten Grenzwerte überschritten, gelten die Wandteile zwischen den Öffnungen als 2-seitig, zwischen Öffnung und Querwand als 3-seitig gehalten.
Senkrechte Schlitze (und Nischen) im mittleren Drittel der Wandhöhe vermindern das Maß auf die Restwanddicke. An allen anderen Stellen ist ein offener Wandrand anzunehmen, wenn die Restwanddicke < $t/2$ oder < 11,50 cm verbleibt.

Tabelle 3.12 Anwendungsvoraussetzungen für einschalige Wände

Bauteil	**Wanddicke** t in cm	**Lichte Wandhöhe** h	**Stützweite** l_f in m	**Nutzlast** q_k in kN/m^2
Innenwand	≥ 11,50 < 24	≤ 2,75 m	≤ 6,00	≤ 5
	≥ 24	–		
Außenwand	≥ 17,50 < 24	≤ 2,75 m		
	≥ 24	≤ 12t		

Hier soll nun der Standsicherheitsnachweis für Mauerwerkswände nach dem sogenannten „Vereinfachten Berechnungsverfahren" des EC 6 vorgestellt werden. Dieses Verfahren darf bei Gebäudehöhen bis 20 m, bei Deckenstützweiten kleiner als 6,00 m und bei Beachtung von Tabelle **3.**12 benutzt werden.

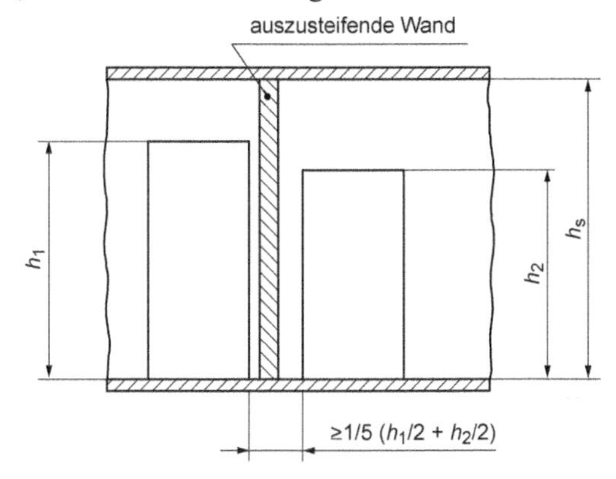

Bild 3.13 Mindestlänge der aussteifenden Wand

Die **Knicklänge h_{ef}** von Wänden ist mit den nachfolgenden Formeln zu berechnen:

Vorwerte:

$\rho_2 = 0{,}75$ für Wanddicke $t \le 17{,}50$ cm

$\rho_2 = 0{,}90$ für Wanddicke $17{,}50 \text{ cm} < t \le 25$ cm

$\rho_2 = 1{,}00$ für Wanddicke $t > 25$ cm

a) frei stehende Wand

$$h_{ef} = 2 \cdot h \cdot \sqrt{\frac{1 + 2 \cdot N_{od} / N_{ud}}{3}}$$

N_{od} Bemessungskraft oben

N_{ud} Bemessungskraft unten

b) zweiseitig gehaltene Wand

$h_{ef} = h$ allgemein

$h_{ef} = \rho_2 \cdot h$ bei flächig aufgelagerten Decken

Erforderliche Mindestdeckenauflagertiefen

$a \ge 17{,}50$ cm bei $t \ge 24$ cm und $a = t$ bei $t < 24$ cm

c) dreiseitig gehaltene Wand (s. Bild **3**.14)

$$h_{\mathrm{ef}} = \frac{\rho_2 \cdot h}{1+\left(\dfrac{\rho_2 \cdot h}{3b'}\right)^2} \geq 0,30 \cdot h$$

d) vierseitig gehaltene Wand

$$h_{\mathrm{ef}} = \frac{\rho_2 \cdot h}{1+\left(\dfrac{\rho_2 \cdot h}{b}\right)^2} \quad \text{für } h \leq b$$

$$h_{\mathrm{ef}} = \frac{b}{2} \quad \text{für } h > b$$

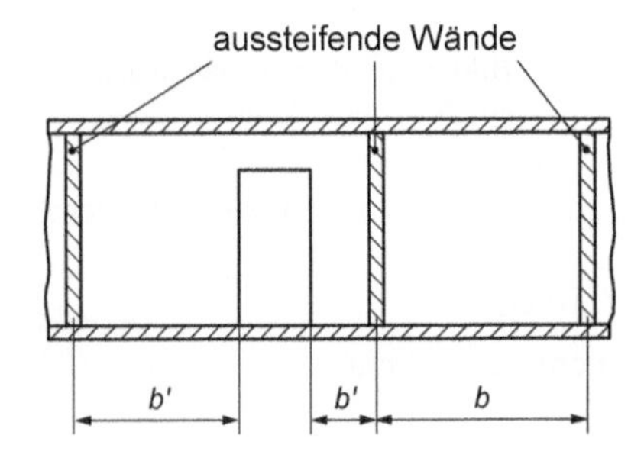

Bild 3.14
Größen b' und b bei drei- und vierseitig gehaltenen Wänden

Die **Bemessung** erfolgt mit den folgenden Formeln:

Nachweis: $N_{\mathrm{Ed}} \leq N_{\mathrm{Rd}}$ oder $\dfrac{N_{\mathrm{Ed}}}{N_{\mathrm{Rd}}} \leq 1$

Einwirkende Normalkraft: $N_{\mathrm{Ed}} = 1,35 \cdot N_{\mathrm{Gk}} + 1,50 \cdot N_{\mathrm{Qk}}$

Aufnehmbare Normalkraft: $N_{\mathrm{Rd}} = \Phi \cdot A \cdot f_{\mathrm{d}}$ (f_{d} s. Kapitel 2)

mit der Querschnittsfläche $A > 400$ cm² und dem Faktor Φ

Faktor bei Knickgefahr:

$$\Phi = \Phi_2 = 0,85 - 0,0011 \cdot \left(\frac{h_{\mathrm{ef}}}{t}\right)^2 \qquad (h_{\mathrm{ef}} / t \text{ muss kleiner als 21 sein!})$$

Faktor bei Endauflagern:

$$\Phi = \Phi_1 = 1{,}6 - l/6 \leq 0{,}9 \quad \text{für } f_k \geq 1{,}80 \text{ N/mm}^2$$

$$\Phi = \Phi_1 = 1{,}6 - l/5 \leq 0{,}9 \quad \text{für } f_k < 1{,}80 \text{ N/mm}^2$$

$$\Phi = \Phi_1 = 1/3 \quad \text{für Decken über dem obersten Geschoss (Dachdecken)}$$

Maßgebend ist der kleinere Wert von Φ_1 und Φ_2!

Beispiel 10

Wie groß ist die Knicklänge h_{ef} einer 2-seitig gehaltenen Wand, t = 24 cm, mit lichter Geschosshöhe von 2,80 m und 24 cm Deckenauflager einer Massivdecke?

$h_{ef} = \rho_2 \cdot h_s$

ρ_2 für Wände t = 17,50 bis 25 cm = 0,90, also:

$h_{ef} = 0{,}90 \cdot 2{,}80$ m = **2,52 m**

Beispiel 11

Eine dreiseitig gehaltene Wand hat die Dicke t = 17,50 cm, die Breite b' = 2,00 m und die Höhe h = 2,50 m. Wie groß ist die Knicklänge h_{ef}?

$$h_{ef} = \frac{\rho_2 \cdot h_s}{1 + \left(\frac{\rho_2 \cdot h_s}{3 \cdot b'}\right)^2}$$

$\rho_2 = 0{,}75$ für t = 17,50 cm

$$h_{ef} = \frac{0{,}75 \cdot 2{,}50}{1 + \left(\frac{0{,}75 \cdot 2{,}50}{3 \cdot 2{,}00}\right)^2} = \frac{1{,}875}{1 + \left(\frac{1{,}875}{6}\right)^2} = 1{,}71 \text{ m} > 0{,}30 \cdot 2{,}50 \text{ m}$$

h_{ef} = 1,71 m

Beispiel 12

Eine 11,50 cm dicke, 2-seitig gehaltene Wand aus KSL 12/MGr. IIa ist 2,70 m hoch und dient als Decken-Zwischenauflager. Wie groß ist der Bemessungswert der Druckspannung?

a) **Knicklänge**

$h_{ef} = \rho_2 \cdot h$

$\rho_2 = 0{,}75$ für Wände mit $t < 17{,}50$ cm und flächig aufgelagerten Decken. Somit:

$h_{ef} = 0{,}75 \cdot 2{,}70$ m = 2,03 m

b) **Abminderungsfaktor**

$$\Phi_2 = 0{,}85 - 0{,}0011 \cdot \left(\frac{203}{11{,}5}\right)^2 = 0{,}507$$

$$\frac{h_{ef}}{t} = \frac{203}{11{,}50} = 17{,}70 < 21$$

c) **Bemessungswert der Druckspannung**

zul $\sigma_D = \Phi_2 \cdot f_d$

f_k nach Tabelle **12.**12 = 5,00 MN/m²

Also: $\quad$ zul $\sigma_D = 0{,}507 \cdot \dfrac{5{,}00 \frac{MN}{m^2}}{1{,}76} = 1{,}44\ MN/m^2 = 0{,}144\ kN/cm^2$

Beispiel 13

Eine 24 cm dicke Wand aus Hochlochziegeln 20, NM III dient einer Decke mit 5,50 m Spannweite als Endauflager. Sie ist 2,75 m hoch und dreiseitig gehalten. Die Breite b' (Bild **3.**11c) beträgt 2,50 m. Wie groß ist der Bemessungswert der Druckspannung?

a) **Knicklänge**

$\rho_2 = 0{,}90$ (weil $t = 24$ cm)
$\rho_2 \cdot h = 0{,}90 \cdot 2{,}75\ m = 2{,}48\ m$

$$h_{ef} = \frac{0{,}90 \cdot 2{,}75}{1 + \left(\dfrac{0{,}90 \cdot 2{,}75}{3 \cdot 2{,}50}\right)^2} = 2{,}23\ m$$

b) **Abminderungsfaktor**

$h_{ef} / t = 223/24 = 9{,}29 < 21$

$\Phi_2 = 0{,}85 - 0{,}0011 \cdot 9{,}29^2 = 0{,}755$
$\Phi_1 = 1{,}60 - 5{,}50/6 = 0{,}683$ (maßgebend)

c) **Bemessungswert der Druckspannung**

zul $\sigma_D = \Phi_1 \cdot f_d \qquad f_d = \dfrac{7{,}50\ MN/m^2}{1{,}76} = 4{,}26 \dfrac{MN}{m^2}$ (Tabelle **12.**12)

zul $\sigma_D = 0{,}683 \cdot 4{,}26\ MN/m^2 =$ **2,91 MN/m²**

Beispiel 14

Ein quadratischer Eckpfeiler soll eine charakteristische Last von 270 kN aufnehmen. Er ist 4 m hoch und besteht aus Kalksandlochsteinen 12/Mörtelgruppe IIa (γ = 18 kN/m³), ist zweiseitig gehalten und trägt eine Konstruktion mit 5,50 m Stützweite. Berechnen Sie die Querschnittsmaße und führen Sie den Spannungsnachweis.

Da die Querschnittsmaße erst festzulegen sind, empfiehlt sich zunächst eine Vorbemessung:

$F_d \approx 1{,}4 \cdot 270 \text{ kN} = 378 \text{ kN}$

$f_k = 5{,}0 \text{ N/mm}^2$ (Tabelle **12.**12)

$$f_d = \frac{5{,}0 \text{ MN/m}^2}{1{,}76} = 2{,}84 \text{ MN/m}^2$$

a) **Vorbemessung**

$$\text{erf } A = \frac{F_d}{f_d} = \frac{0{,}378 \text{ MN}}{2{,}84 \text{ MN/m}^2} = 0{,}133 \text{ m}^2$$

Bei quadratischem Querschnitt erhalten wir

$$\text{erf } b = \sqrt{0{,}133 \text{ m}^2} = 0{,}365 \text{ m.}$$

Jetzt versuchen wir den statischen Nachweis mit dem nächstliegenden Nennmaß bzw. Pfeilerquerschnitt $b/d = 49$ cm/49 cm.

b) **Knicklänge**

$h_{ef} = h = 4{,}00$ m 2-seitig gehalten

c) **Sicherheitsfaktoren**

$$\Phi_2 = 0{,}85 - 0{,}0011 \cdot \left(\frac{400}{49}\right)^2 = 0{,}777$$

$\Phi_1 = 1{,}60 - 5{,}50/6 = 0{,}683$

Φ_1 ist maßgebend

d) **Bemessungswert der Druckspannung**

$\text{zul } \sigma_D = \Phi_1 \cdot f_d = 0{,}683 \cdot 2{,}84 \text{ MN/m}^2 = 1{,}94 \text{ MN/m}^2$

Einschließlich der Pfeilereigenlast ergibt sich als **Spannungsnachweis:**

$$\text{vorh } \sigma_D = \frac{F_d + 1{,}35 \cdot \text{Pfeilereigenlast}}{A}$$

$$\text{vorh } \sigma_D = \frac{0{,}378 \text{ MN} + 1{,}35 \cdot 0{,}49 \text{ m} \cdot 0{,}49 \text{ m} \cdot 4{,}00 \text{ m} \cdot 0{,}018 \text{ MN/m}^3}{0{,}49 \text{ m} \cdot 0{,}49 \text{ m}}$$

$\text{vorh } \sigma_D =$ **$1{,}67 \text{ MN/m}^2 < 1{,}94 \text{ MN/m}^2$**

Der Spannungsnachweis zeigt, dass die vorhandene Druckspannung kleiner als die zulässige ist. Die angenommenen Querschnittsmaße reichen also aus.

Beispiel 15

Welche Höchstlast kann ein Mittelpfeiler aus Hochlochziegeln 20/Mörtelgruppe III, 2-seitig gehalten, mit dem Querschnitt 49 cm/61,5 cm und 5,375 m Höhe aufnehmen?

a) **Knicklänge**

$h_{ef} = h = 5{,}375$ m

b) **Abminderungsfaktor**

$$\Phi_2 = 0{,}85 - 0{,}0011 \cdot \left(\frac{537{,}5}{49}\right)^2$$

$\Phi_2 = 0{,}718$

c) **Bemessungswert der Druckspannung**

aus Tabelle **12.**12: $f_k = 7{,}50$ N/mm²; $f_d = \frac{7{,}50 \text{ N/mm}^2}{1{,}76} = 4{,}26$ N/mm² = 4,26 MN/m²

zul $\sigma_D = \Phi_2 \cdot f_d = 0{,}718 \cdot 4{,}26$ MN/m² = 3,06 MN/m²

d) **Höchstlast**

$F_d = A \cdot$ zul $\sigma_D = 0{,}49$ m · 0,615 m · 3,06 MN/m² = 0,922 MN (Bemessungswert)

$F_k \approx \frac{F_d}{1{,}4} = 0{,}669$ MN (charakteristischer Wert)

Beachten Sie, dass die Pfeilereigenlast nicht im Ergebnis enthalten ist. Wenn die Belastbarkeit des Pfeilers zu ermitteln ist, muss sie als Eigenlast zusätzlich berücksichtigt werden.

Beispiel 16

Für eine charakteristische Last F_k = 310 kN ist ein Zwischenpfeiler aus Hochlochziegeln 20/Mörtelgruppe III, $\gamma = 18$ kN/m³, Pfeilerhöhe $h = 5{,}875$ m, 2-seitig gehalten zu bemessen. Eine Seitenlänge ist mit 36,50 cm festgelegt.

a) **Knicklänge**

$h_{ef} = h = 5{,}875$ m

b) **Abminderungsfaktor**

$$\Phi_2 = 0{,}85 - 0{,}0011 \cdot \left(\frac{587{,}50}{36{,}50}\right)^2$$

$\Phi_2 = 0{,}565$

c) **Bemessungswert der Druckspannung**

aus Tabelle 12.12: HL$_Z$ 20/III → $f_k = 7{,}50$ N/mm²

$$fd = \frac{7{,}50 \frac{N}{mm^2}}{1{,}76} = 4{,}26 \frac{N}{mm^2}$$

zul $\sigma_D = \Phi_2 \cdot f_d = 0{,}565 \cdot 4{,}26$ N/mm² = 2,41 N/mm²

d) **Querschnittsfläche**

$$\text{erf}\,A = \frac{F_D}{\text{zul}\,\sigma_D} = \frac{\approx 1{,}40 \cdot 0{,}31\ \text{MN}}{2{,}41\ \text{MN/m}^2} = 0{,}180\ \text{m}^2$$

e) **Pfeilerlänge**

$$\text{erf}\,l = \frac{A}{b} = \frac{0{,}180\ \text{m}^2}{0{,}365\ \text{m}} = 0{,}494\ \text{m},\ \text{gewählt}\ 0{,}615\ \text{m}$$

f) **Spannungsnachweis einschließlich Pfeilereigenlast**

$$\text{vorh}\,\sigma_d = \frac{F_D}{A} = \frac{1{,}40 \cdot 0{,}31\ \text{MN} + 1{,}35 \cdot 0{,}365\ \text{m} \cdot 0{,}615\ \text{m} \cdot 5{,}875\ \text{m} \cdot 0{,}018\ \text{MN/m}^3}{0{,}365\ \text{m} \cdot 0{,}615\ \text{m}}$$

vorh σ_d = **2,08 MN/m² < 2,41 MN/m²**

Übung 11 Für F_k = 500 kN sind ein quadratischer, zweiseitig gehaltener Mittelpfeiler aus Kalksandlochsteinen 28/MGr. III bei h = 4,80 m Pfeilerhöhe sowie das quadratische, 100 cm hohe Betonfundament zu berechnen. Der Baugrund besteht aus Kies, der Beton aus C12/15. Der Bemessungswert des Sohlwiderstandes sei 500 kN/m².

Übung 12 Für einen Mittelpfeiler, dessen eine Seitenlänge 36,50 cm sein soll, ist für F_k = 160 kN die zweite Seitenlänge zu ermitteln, wenn der Pfeiler 4,75 m hoch ist und aus Vollziegeln 12/MGr. II a besteht.

Übung 13 Eine dreiseitig gehaltene Wand ist 17,50 cm dick, 2,50 m breit (b') und 2,75 m hoch. Wie groß ist die Knicklänge h_{ef}?

Übung 14 Eine 11,50 cm dicke Wand aus Kalksandlochst. 12/MGr. IIa, 2-seitig gehalten, hat ein Höhe von 2,75 m und dient als Decken-Zwischenauflager. Wie groß ist der Bemessungswert der Druckspannung zul σ_D?

Übung 15 Eine 30 cm dicke Außenwand, 2,625 m hoch, aus Vollziegel 8/MGr. IIa dient einer Decke mit 5,75 m Spannweite als Endauflager. Sie ist 4-seitig gehalten und hat die Breite b = 5,75 m. Wie groß ist Bemessungswert der Druckspannung zul σ_D?

3.5 Belastung durch Zugkräfte

Der Dachbinder in Bild **3**.15 will an seinen Auflagerpunkten nach rechts und links ausweichen. Dies verhindert jedoch der eingebaute Zuganker. Er nimmt den seitlich wirkenden Dachschub auf und wird dabei auf Zug beansprucht. Der Anker muss deshalb so kräftig sein, dass er nicht zerreißt. Sein Durchmesser muss also so groß sein, dass kein mm² seines Querschnitts mehr beansprucht wird, als für das betreffende Material bei Zugspannung zugelassen ist.

Bild 3.15
Ein Zuganker hält den Dachbinder zusammen

> An zugbeanspruchten Bauteilen darf die zulässige Zugspannung des Materials nicht überschritten werden.

Für die Berechnung von Zugkräften gelten die gleichen Formeln wie für die Berechnung von Druckkräften, nur sind für zul σ die zulässigen Zugspannungen einzusetzen.

$$\sigma = \frac{F}{A} \qquad F = A \cdot \sigma \qquad A = \frac{F}{\sigma}$$

Beispiel 17

Ein Rundstahl aus S235 (früher St 37) hat eine charakteristische Zugkraft $F_k = 63$ kN aufzunehmen. Der erforderliche Durchmesser ist zu berechnen.

Wir berechnen die Bemessungswerte für die angreifende Kraft und den Bemessungswert für die Stahlfestigkeit:

$F_d \approx 1{,}40 \cdot F_k = 1{,}40 \cdot 63 \text{ kN} = 88{,}20 \text{ kN}$

Zug mit ungeschwächtem Querschnitt: $f_d = f_k = 235 \text{ N/mm}^2 = 23500 \text{ N/cm}^2$

Also ist erf $A = F_d/f_d = \dfrac{88200 \text{ N}}{23500 \text{ N/cm}^2} = 3{,}75 \text{ cm}^2$

Der Durchmesser des Rundstahls ergibt sich aus der Kreisformel

$$A = \frac{\pi \cdot d^2}{4} \qquad \text{erf } d = \sqrt{\frac{4 \cdot A}{3{,}14}} = \sqrt{\frac{4 \cdot 3{,}75 \text{ cm}^2}{3{,}14}} = 2{,}19 \text{ cm.}$$

Wir wählen Rundstahl mit $d = 2{,}20$ cm = **22 mm**.

Übung 16 Ein Flachstahl aus S235 von 10 mm Dicke hat eine Zugkraft $F_k = 60$ kN aufzunehmen. Seine Breite ist zu berechnen. Führen Sie eine Bemessung durch.

Übung 17 Ein U-Stahl aus S235 wird mit F_k = 175 kN Zug belastet. Bestimmen Sie das erforderliche Profil! Siehe Tabelle **12.**29!

Übung 18 Welche Zugkraft kann ein Kantholz 12/24 cm aus Nadelholz der Sortierklasse S10 aufnehmen? Festigkeit f_k s. Tabelle **12.**17a.

Wir wollen nun ein Stahlbetonfertigteil betrachten, das aufrecht auf der Baustelle angeliefert wird und auch aufrecht eingebaut wird. Es kann mit einem einbetonierten zweischnittigen Bügel aus Betonstahl B500 und einem Stabdurchmesser von 12 mm angehoben werden (s. Bild **3.**16).

Das Gewicht des Fertigteils mit einem spezifischen Gewicht von 25 kN/m³ (s. Tabelle **12.**2) beträgt:

$G_k = 4{,}00\ \text{m} \cdot 2{,}50\ \text{m} \cdot 0{,}25\ \text{m} \cdot 25\ \text{kN/m}^3 = 62{,}50\ \text{kN}$ (charakteristische ständige Last)

Bemessungslast: $G_d = 1{,}35 \cdot G_k = 1{,}35 \cdot 62{,}50\ \text{kN} = 84{,}40\ \text{kN}$

Die Querschnittsfläche (Kreisfläche) eines Betonstahls mit einem Durchmesser von 12 mm ist $A_s = (12\ \text{mm})^2 \cdot \frac{\pi}{4} = 113\ \text{mm}^2$. Siehe auch Tabellen **12.**34 und **12.**37, dort allerdings in cm²! Weil bei dem zweischnittigen Bügel beide einbetonierten Stäbe beim Anheben mittragen, ist hier die doppelte Fläche anzusetzen. Mit der Bemessungsfestigkeit von Betonstahl B500 (s. Tabelle in Abschnitt 2.2) von $f_d = 435\ \text{N/mm}^2$ kann jetzt der Nachweis geführt werden:

$$\text{vorh}\ \sigma = \frac{G_d}{2 \cdot A_s} = \frac{84400\ \text{N}}{2 \cdot 113\ \text{mm}^2} = 373\ \frac{\text{N}}{\text{mm}^2} < f_d = 435\ \frac{\text{N}}{\text{mm}^2}$$

Der Nachweis ist erfüllt!

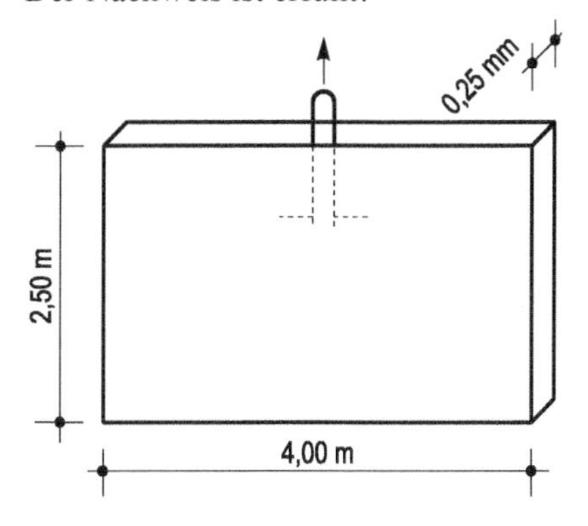

Bild 3.16
Montage eines Fertigteiles

3.6 Geschwächte Zugquerschnitte

Die Winkelstähle des Dachuntergurts Bild **3.**17 sind mit Schrauben am Knotenblech befestigt. Durch die Bohrlöcher werden ihre Querschnitte geschwächt, und sie würden bei einer Überbeanspruchung an dieser Stelle zerreißen. Der für die Aufnahme einer Zugkraft erforderliche Querschnitt muss also an dieser schwächsten Stelle vorhanden sein.

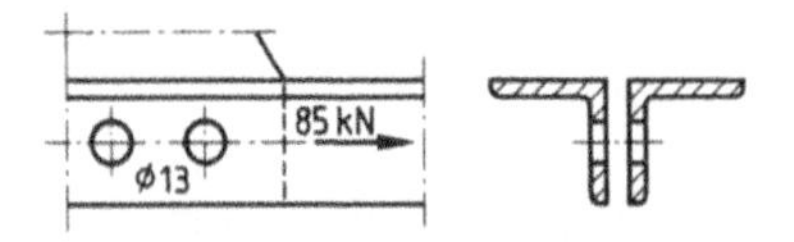

Bild 3.17
Die Untergurtstäbe sind durch Bohrlöcher geschwächt

Bei Zugstäben ist jede Schwächung durch Bolzen-, Niet-, Schrauben-, Zapfenlöcher, Versätze und dgl. zu berücksichtigen.

Beispiel 18

Es ist eine hölzerne Doppelzange einzubauen (Bild **3.**18). Ihre Abmessungen sind für F_k = 25 kN zu berechnen. Die Zange ist durch die Bolzenlöcher ∅ 21 mm geschwächt (Bolzendurchmesser = 20 mm). Diese schwächste Stelle muss zur Aufnahme der Zugkraft ausreichen. Der erforderliche Querschnitt ist:

$$\text{erf } A = \frac{F_d}{f_d}.$$

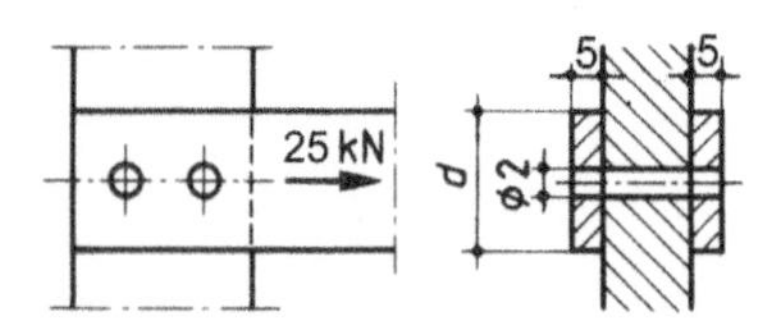

Bild 3.18
Hölzerne Doppelzange, auf Zug beansprucht

Für Nadelholz der Festigkeitsklasse C24 ist nach Tabelle **12.**17a die

charakteristische Zugfestigkeit f_k = 14,50 N/mm²

Da die beiden Holzzangen jeweils einseitig angeschlossen sind, darf nur der 0,4-fache Festigkeitswert nach Eurocode angesetzt werden, also

$$\text{Bemessungsfestigkeit } f_d = \frac{0,40 \cdot 14,50 \text{ N/mm}^2}{2,17} = 2,67 \text{ N/mm}^2 = 0,267 \text{ kN/cm}^2$$

Also ist der erforderliche Nutzquerschnitt mit $F_d \approx 1{,}40 \cdot F_k$

$$\text{erf } A = \frac{1{,}40 \cdot 25\,\text{kN}}{0{,}267\,\text{kN/cm}^2} = 131\,\text{cm}^2.$$

Die Breite (Dicke) der Zangen muss gewählt werden und wird mit 5 cm angenommen. Dann ist die Schwächung durch die Bolzenlöcher 2 · 5 cm · 2,10 cm = 21 cm^2.

Diese Schwächung ist zum berechneten Nutzquerschnitt von 131 cm^2 zu addieren. Als erforderlichen Gesamtquerschnitt erhalten wir

erf A = 131 cm^2 + 21 cm^2 = **152 cm^2**.

Die Dicke (Höhe) der beiden Zangen ergibt sich dann zu

$$d = \frac{152\,\text{cm}^2}{2 \cdot 5\,\text{cm}} = 15{,}20\,\text{cm}.$$

Ausgeführt wird d = **16 cm**.

Die Doppelzange besteht also aus 2 Brettern 5 cm/16cm.

Beispiel 19

Der Untergurt eines Dachbinders besteht aus 2 Winkelstählen, die durch F_k = 85 kN auf Zug beansprucht werden (Bild **3**.17). Sie sind durch Schrauben ∅ 12 an den Knotenblechen angeschlossen. Das erforderliche Profil ist zu bestimmen. Baustahl S235.

$F_d \approx 1{,}40 \cdot F_k = 1{,}40 \cdot 85$ kN = 119 kN

Ungeschwächter Querschnitt: f_d = 235 N/mm^2 = 23,50 kN/cm^2

Geschwächter Querschnitt: f_d = 360 / 1,39 = 259 N/mm^2 = 25,90 kN/cm^2

Erforderlicher Querschnitt

Ungeschwächt: $$\text{erf } A = \frac{F_d}{f_d} = \frac{119\,\text{kN}}{23{,}50\,\text{kN/cm}^2} = 5{,}06\,\text{cm}^2$$

Geschwächt: $$\text{erf } A_{net} = \frac{F_d}{f_d} = \frac{119\,\text{kN}}{25{,}90\,\text{kN/cm}^2} = 4{,}59\,\text{cm}^2$$

Die Schwächung durch die Schrauben ist zu berücksichtigen. Weil aber die Flanschdicke der Winkelstähle nicht bekannt ist, muss zunächst ein Profil gewählt werden, und zwar mit einem Querschnitt größer als erf A. Gewählt werden 2 L 50 × 5[1)] mit A = 2 · 4,80 cm^2 = 9,60 cm^2 (s. Tabelle **12**.30). Nun ist unter Berücksichtigung des Bohrlochabzugs zu prüfen, ob die vorhandene Spannung zulässig ist.

Vorhandener Gesamtquerschnitt		9,60	cm^2
Lochabzug [2)]	2 · 1,30 cm · 0,50 cm =	1,30	cm^2
Nettofläche vorh A_{net}	=	8,30	cm^2 > 4,59 cm^2

1) L 50 × 5 bedeutet ein gleichschenkliger Winkelstahl mit 50 mm Schenkellänge und 5 mm Schenkeldicke.

2) Allen Berechnungen ist der Lochdurchmesser = Schraubendurchmesser + 1 mm zugrunde zu legen.

Hinweis: Auch für einen kleineren Querschnitt wären die Nachweise erfüllt! Um aber die Schrauben mit den Unterlegscheiben einbauen zu können, ist der 50er Winkel gewählt worden. Wir wollen das hier im Detail nicht weiter tun.

Beispiel 20

Für ein Hängewerk soll der Querschnitt der Hängesäule, die eine reine Eigengewichtlast von $G_k = 80$ kN aufzunehmen hat, berechnet werden (Bild **3**.19). Die Streben haben den Querschnitt 14 cm × 18 cm (vgl. auch Bild **6**.17).

Nadelholz C24 mit $f_k = 14{,}50$ N/mm² für Zug in Faserrichtung (Tabelle **12**.17a)

$$f_d = \frac{1{,}45 \text{ kN/cm}^2}{2{,}17} = 0{,}67 \frac{\text{kN}}{\text{cm}^2}$$

$$F_d = 1{,}35 \cdot G_k = 1{,}35 \cdot 80 \text{ kN} = 108 \text{ kN}$$

Erforderlicher Nutzquerschnitt der Hängesäule

$$\text{erf } A_{\text{netto}} = \frac{F_d}{f_d} = \frac{108 \text{ kN}}{0{,}67 \text{ kN/cm}^2} = 162 \text{ cm}^2$$

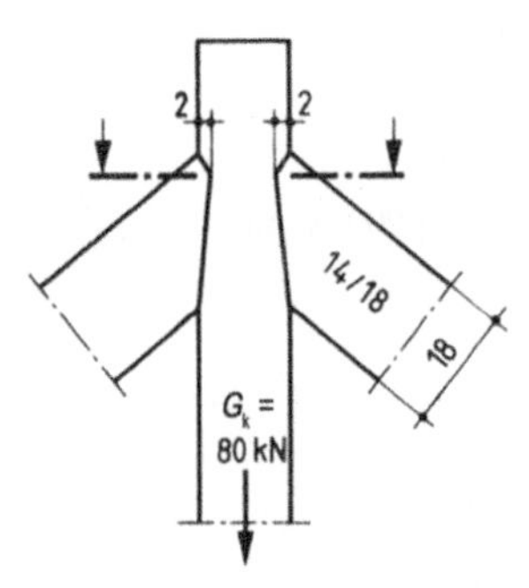

Bild 3.19
Hängesäule in einem Hängewerk

Um den erforderlichen Gesamtquerschnitt der Hängesäule zu erhalten, sind zu dem berechneten Nutzquerschnitt noch die Schwächungen durch den Versatz hinzu zu rechnen. Diese Schwächungen sind jedoch abhängig von den noch nicht bekannten Abmessungen der Hängesäule. Also müssen diese, um weiter rechnen zu können, zunächst angenommen werden, und zwar größer als der Nutzquerschnitt mit 166 cm². Passend zur Strebenbreite von 14 cm wird für die Hängesäule 14/16 cm mit $A = 224$ cm² gewählt.
Hiervon sind zur Ermittlung des vorhandenen Nutzquerschnitts abzuziehen die Schwächungen durch den Versatz $2 \cdot 2$ cm $\cdot$ 14 cm = 56 cm².

Der vorhandene Nutzquerschnitt ist also

$$\text{vorh } A_{\text{net}} = 224 \text{ cm}^2 - 56 \text{ cm}^2 = \mathbf{168\ cm^2 > 162\ cm^2}.$$

Für die Hängesäule ist noch die Länge des Überstands am oberen Ende (Vorholzlänge) zu berechnen. Sie ergibt sich aus einer Beanspruchung auf Abscheren und wird erst im nächsten Kapitel behandelt.

Übung 19 Für eine Doppelzange aus Brettschichtholz GL24h die zusammen 2 × 10 cm = 20 cm breit ist und mit F_k = 90 kN auf Zug beansprucht wird, ist die Einzeldicke zu berechnen, wenn ein schwächendes Bohrloch von 25 mm notwendig ist.

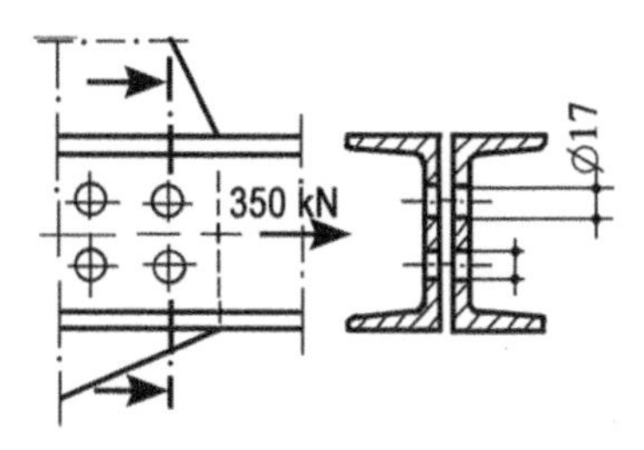

Bild 3.20
Anschluss von 2 U-Stählen mit doppelreihiger Schraubenanordnung

Übung 20 Eine Zugkraft von F_k = 350 kN soll durch 2 U-Stähle aufgenommen werden (Bild 3.20). Die Profile sind zweireihig durch Bohrlöcher ∅ 17 mm geschwächt. Das notwendige Profil der U-Stähle aus S235 ist zu ermitteln.

Übung 21 Die Breite einer Hängesäule, deren Dicke 16 cm sein muss, ist für eine Zugkraft F_k = 160 kN zu berechnen. Die Versatztiefe ist 2 cm, die Querschnittsschwächung also 2 · 2 cm · 16 cm = 64 cm^2. Holzart: Nadelholz C24.

4 Scherkräfte

4.1 Scherkräfte erzeugen Schubspannungen

Die Pfosten in Bild **4.**1 belasten die Natursteinkonsole. Wir erkennen, dass sie nicht durch Materialpressung gefährdet ist. Vielmehr würde sie bei Überlastung an der Außenkante der Mauer abgeschert werden und längs der Mauer herunterbrechen.

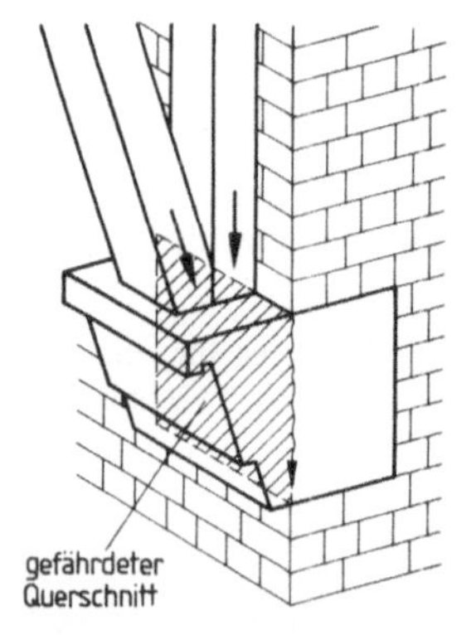

Bild 4.1 Die Pfosten wollen die Konsole abscheren

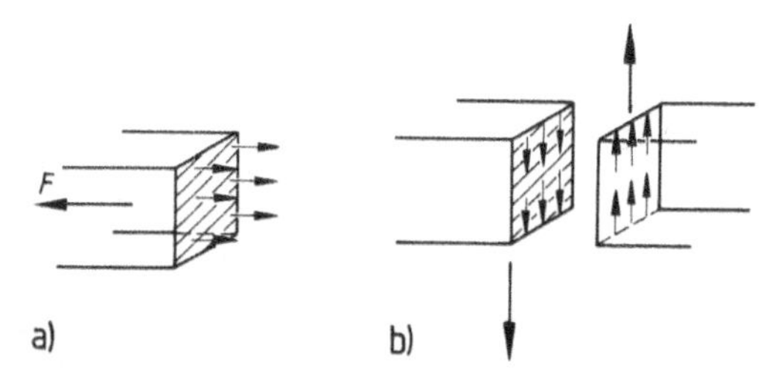

Bild 4.2

a) Normalspannungen (Zug- oder Druckspannungen) wirken rechtwinklig zum belasteten Querschnitt

b) Schubspannungen (Tangentialspannungen) wirken parallel zum beanspruchten Querschnitt

> Scherkräfte wirken gleichlaufend (parallel) zum belasteten Querschnitt, Zug- und Druckkräfte dagegen wirken rechtwinklig dazu (Bild **4.**2).

Die auf Abscheren beanspruchte Querschnittsfläche (d. h. der Konsolenquerschnitt in der Vorderseite der Mauer) muss also so groß sein, dass seine zulässige Schubspannung nicht überschritten wird. Die für Druck- und Zugkräfte verwendeten Formeln gelten auch hier, jedoch bezeichnet man die im Bauteil hervorgerufene Schubspannung nicht mit σ, sondern mit τ (griech. tau).

> $$\tau = \frac{F}{A} \qquad F = A \cdot \tau \qquad A = \frac{F}{\tau}$$
>
> Mit σ bezeichnet man Normalspannungen. Sie werden durch rechtwinklig zum Querschnitt wirkende Kräfte hervorgerufen.
> Mit τ bezeichnet man Tangentialspannungen. Sie werden durch gleichlaufend zum Querschnitt wirkende Kräfte hervorgerufen.

H. Herrmann und W. Krings, *Kleine Baustatik*,
https://doi.org/10.1007/978-3-658-30219-1_5

Beispiel 21

Für eine Konsole aus festem Kalkstein, die durch die Dachbinderpfosten mit $F = 30$ kN belastet ist, ist der Querschnitt zu berechnen (Bild **4.**1). Die zulässige Schubspannung sei zul $\tau = 0{,}2$ MN/m² = 0,02 kN/cm².

Die Berechung wird hier nur mit charakteristischen Werten durchgeführt!

$$\text{erf } A = \frac{F}{\text{zul } \tau} = \frac{30 \text{ kN}}{0{,}02 \text{ kN/cm}^2} = 1\,500 \text{ cm}^2$$

Die Konsolenbreite wird angenommen zu $b = 36{,}50$ cm. Folglich ist die erforderliche Höhe

$$\text{erf } h = \frac{1\,500 \text{ cm}^2}{36{,}50 \text{ cm}} = 41 \text{ cm}.$$

Ausgeführte Höhe = 41,70 cm = 5 Schichthöhen des Mauerwerks im NF-Format.

Übung 22 Die Höhe einer Konsole aus Sandstein, regelmäßiges Mauerwerk, in Mörtelgruppe III ist für $F = 40$ kN und eine, Breite von 36,50 cm zu berechnen. Die zulässige Schubspannung sei 0,25 MN/m² = 0,025 kN/cm². Berechnung nur mit charakteristischen Werten!

4.2 Scherkräfte an Hängewerken

Am Beispiel einer Holzkonstruktion zeigt Bild **4.**3 die Lage der Scherflächen zur angreifenden Last. Hier war der Überstand der Hängesäule zu kurz. Dadurch ergaben sich zu kleine Scherflächen, die unter der Belastung zu Bruch gingen. Bei Holzkonstruktionen sind nun nach dem Eurocode 5 bei Scherbeanspruchungen (= Schubbeanspruchungen) eventuelle Querschnittsreduzierungen durch Trockenrisse zu berücksichtigen. Das geschieht nun rechnerisch durch eine Reduzierung der tatsächlichen Holzbreite b auf eine reduzierte Breite $b_{\text{ef}} = k_{\text{cr}} \cdot b$ mit dem von der Holzart abhängenden Beiwert k_{cr}.

Dieser Beiwert beträgt für Laubholz 0,67, für Nadelholz $2{,}00 / f_{\text{vk}}$ und für Brettschichtholz $2{,}50 / f_{\text{vk}}$. f_{vk} ist der charakteristische Schubfestigkeitswert in N/mm², s. Tabelle **12.**17a oder **12.**17b.

Beispiel 22

Für die Hängesäule aus Nadelholz C24 nach Bild **4.**3 ist die erforderliche Länge des Überstands zu berechnen.

Wird die Hängesäule überlastet, schieben die Streben die über ihnen sitzenden Holzteile nach oben – sie scheren diese Teile ab (Bild **4.**3). Die abscherende Kraft ist gleich der Zuglast. In diesem Beispiel sei sie eine charakteristische ständige Last von 80 kN. Die zur Aufnahme dieser Last erforderliche Scherfläche ist

$$\text{erf } A = \frac{F_{\text{d}}}{f_{\text{d}}}.$$

Wir führen diesen Nachweis nun mit Bemessungswerten:

$F_d = 1{,}35 \cdot G_k = 1{,}35 \cdot 80 \text{ kN} = 108 \text{ kN}$

Für Abscheren in Faserrichtung (Nadelholz, C24) ist nach Tabelle **12.**17a der Schubfestigkeitswert $f_{vk} = 4{,}00 \text{ N/mm}^2$

$$f_d = \frac{4{,}00 \text{ N/mm}^2}{2{,}17} = 0{,}184 \frac{\text{kN}}{\text{cm}^2}. \quad \text{Folglich ist erf } A = \frac{108 \text{ kN}}{0{,}184 \text{ N/cm}^2} = 587 \text{ cm}^2.$$

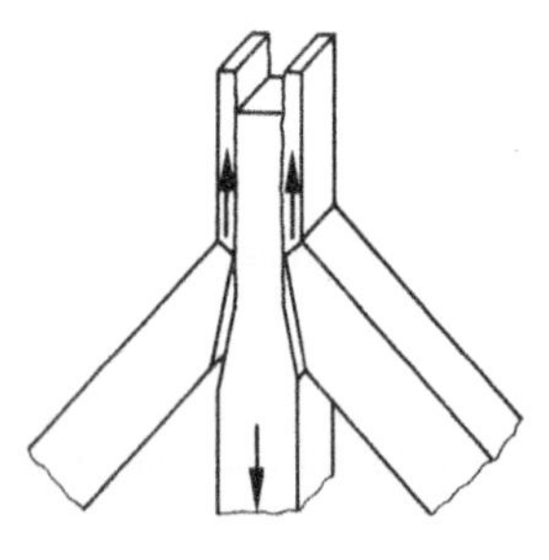

Bild 4.3
Abgescherter Überstand bei einer überlasteten Hängesäule

Diese Scherfläche verteilt sich je zur Hälfte auf die rechte und linke Seite der Hängesäule, deren Breite $b = 14$ cm ist. Damit ergibt sich die reduzierte Breite

$b_{ef} = 2{,}00 / f_{vk} \cdot b = 2{,}00 / 4{,}00 \cdot 14 = 7 \text{ cm}$. Und die erforderliche Länge je Seite ist

$$l = \frac{587 \text{ cm}^2}{2 \cdot 7 \text{ cm}} \approx 42 \text{ cm}.$$

Übung 23 Der Überstand der Hängesäule von Übung 21 ist zu berechnen. Der Versatz ist auf der 16 cm breiten Seite angeordnet. Nadelholz C24.

Übung 24 Die Vorholzlänge am Strebenfuß ist für den waagerechten Schub der Strebe $H_k = 30$ kN zu berechnen (Bild **4.**4).

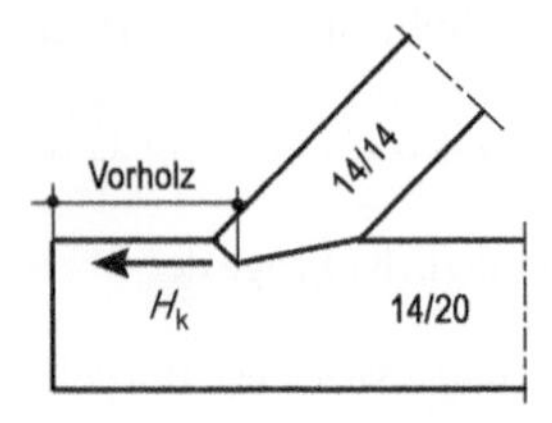

Bild 4.4
Vorholz am Fußpunkt eines Hängewerks aus Nadelholz C24

4.3 Scherkräfte in Schweißnähten

Werden Stahlprofile oder Flachstähle an Stahlbleche angeschlossen, um dort Zug- oder Druckkräfte zu übertragen, so können diese Profile mit einer Schraubenverbindung oder mit Schweißnähten angeschlossen werden. Diese Schrauben bzw. Schweißnähte werden dann auf Abscheren beansprucht. Beispielhaft werden wir hier einen Schweißnahtanschluss betrachten.

Ein Flachstahl aus S235 mit den Querschnittabmessungen $80\text{ mm} \times 10\text{ mm}$, der mit seiner maximal möglichen Zugkraft belastet sein soll, ist mit zwei Kehlnähten an ein größeres Stahlblech anzuschweißen. Welche Abmessungen muss für diese Schweißnähte gewählt werden?

Bemessungswert der Zugkraft im Flachstahl:

$$F_\mathrm{d} = A \cdot f_\mathrm{d} = 80\text{ mm} \cdot 10\text{ mm} \cdot 235\ \frac{\mathrm{N}}{\mathrm{mm}^2} = 188000\text{ N}$$

Mit $f_\mathrm{d} = f_\mathrm{k} = 235\text{ N/mm}^2$ s. Kapitel 2!

Die Bemessungswerte für das Abscheren bei Schweißnähten beträgt:

Für die Stahlgüte S235: $$f_\mathrm{wd} = \frac{f_\mathrm{u}}{1{,}73} = \frac{360}{1{,}73} = 208\ \frac{\mathrm{N}}{\mathrm{mm}^2}$$

und für die Stahlgüte S355: $$f_\mathrm{wd} = \frac{f_\mathrm{u}}{1{,}95} = \frac{490}{1{,}95} = 251\ \frac{\mathrm{N}}{\mathrm{mm}^2}$$

Die erforderliche auf Abscheren beanspruchte Schweißnahtfläche beträgt daher:

$$\mathrm{erf}\,A_\mathrm{w} = \frac{F_\mathrm{d}}{f_\mathrm{wd}} = \frac{188000\text{ N}}{208\text{ N/mm}^2} = 904\text{ mm}^2$$

Wir wählen eine Schweißnahtbreite von 4 mm auf beiden Seiten des Flachstahls und erhalten dann für die erforderliche Länge der Schweißnaht:

$$\mathrm{erf}\,l_\mathrm{w} = \frac{\mathrm{erf}\,A_\mathrm{w}}{2 \cdot 4\text{ mm}} = \frac{904\text{ mm}^2}{8\text{ mm}} = 113\text{ mm}$$

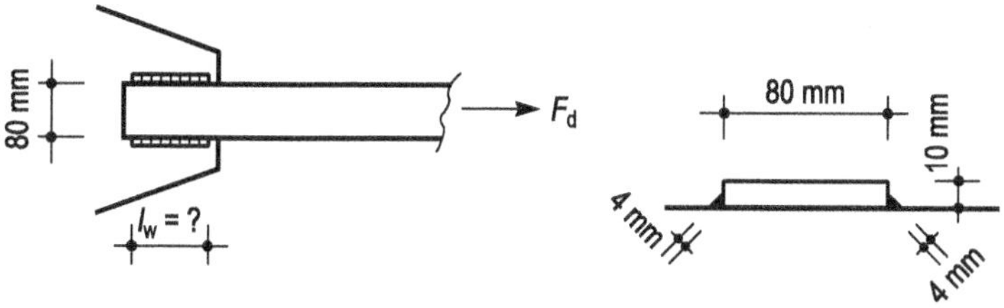

Bild 4.5 Angeschweißter Flachstahl

5 Biegung

5.1 Drehen und Biegen

Drehmoment. Ist auf der Baustelle ein Steinquader anzuheben, setzt man ein Stahlrohr oder ein Kantholz als Hebel an. Es genügt dann weniger Kraft, als wenn man den Quader unmittelbar mit den Händen anhebt. Mit einem Hebel lässt sich bekanntlich am leichtesten arbeiten, wenn der „Drehpunkt“, um den der Hebel gedreht wird, dicht an die Last herangeschoben wird, so dass der *Lastarm* möglichst kurz, der *Kraftarm* des Hebels dagegen möglichst lang wird. Die Wirkung der Kraft ist also nicht allein von deren Größe, sondern auch von deren Abstand vom Drehpunkt abhängig. Für das Zusammenwirken von Kraft und Hebelarm verwenden wir eine neue Einheit, das (Dreh-)Moment M in kN · m.

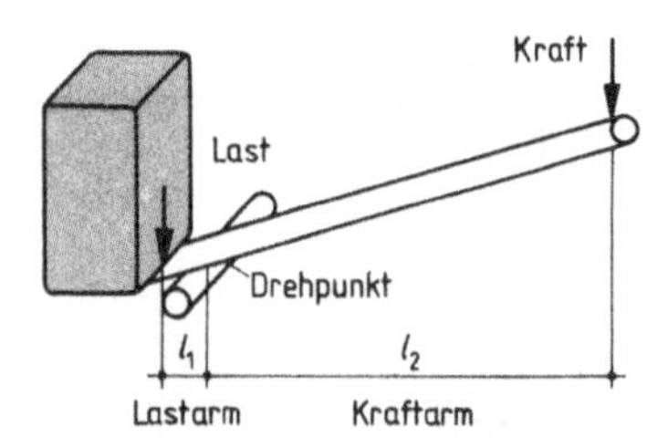

Bild 5.1
Anwendung eines Hebels

Drehmoment	= Kraft (oder Last)	· Hebelarmlänge (Bild **5.1**)
M	= F	· l

Bei hoher Last biegt sich der Hebel über dem Drehpunkt durch. Er wird auf Biegung beansprucht.

Das Moment ist zugleich ein Maß für die Biegebeanspruchung des Hebels.

Biegemoment. Man spricht dann vom Biegemoment, das für die Festlegung der Querschnittsabmessung eines Hebels bekannt sein oder berechnet werden muss.

Biegemoment	= **Kraft**	·	**Kraftarm** oder	**Last**	·	**Lastarm**
$\mathbf{M}$	= $\mathbf{F}$	·	$\mathbf{l}$			

Drehmoment und Biegemoment gleichen sich. Steigt das Drehmoment, steigt auch die Biegebeanspruchung des Hebels, was schließlich zum Bruch des Hebels führen kann.

H. Herrmann und W. Krings, *Kleine Baustatik*,
https://doi.org/10.1007/978-3-658-30219-1_6

Als Maßeinheiten für das Biegemoment *M*, das ein Produkt aus *F* (N, kN, MN) und *l* (m, cm) ist, ergeben sich verschiedene Möglichkeiten: MNm, MNcm, kNm, kNcm, Nm oder Ncm. 1 MNm = 100 MNcm; 1 MNm = 1000 kNm; 1 kNm = 100 kNcm.

Von der Größe des Biegemoments hängen Querschnittsform und -größe sowie Materialart tragfähiger Hebel ab.

Ein belasteter Balken gleicht einem Hebel (Bild **5**.2). Darum liegen der Berechnung biegebeanspruchter Balken die Hebelgesetze zugrunde.

Bei dem hier dargestellten auskragenden Balken liegt der Drehpunkt an der Einspannstelle. Beim Balken auf 2 Stützen stellen wir uns den Drehpunkt in einem der Auflager vor.

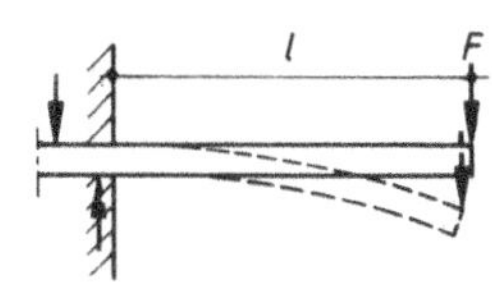

Bild 5.2
Biegemoment an einem eingespannten Balken

Übung 25 Welche Hebel erleichtern a) auf dem Bau, b) im täglichen Leben die Arbeit?

5.2 Gleichgewicht

5.2.1 Zweiseitiger Hebel

Die Last in Bild **5**.3 will den Hebel links herum drehen: Das Drehmoment der Last ist links drehend. Die Kraft in Form des Gewichts wirkt entgegengesetzt: Ihr Drehmoment ist rechts drehend. Sind beide Drehmomente gleich groß, herrscht Gleichgewicht, und es entsteht keine Drehbewegung.

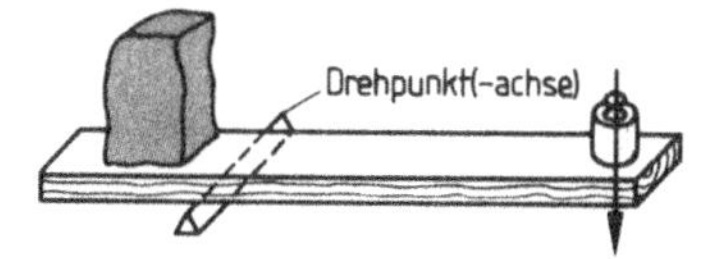

Bild 5.3
Gleichgewicht am zweiseitigen Hebel

> Beim Hebel im Gleichgewicht ist Kraftmoment = Lastmoment oder:
> Gleichgewicht am Hebel besteht, wenn die Summe aller Momente = 0 ist.
> 3. Gleichgewichtsbedingung: $\Sigma M = 0$

Weil ein Moment das Produkt aus Kraft oder Last und dem zugehörigen Hebelarm ist, kann man das Hebelgesetz auch wie folgt schreiben:

Hebelgesetz	**Kraft · Kraftarm = Last · Lastarm**

Beispiel 23

Welche Kraft muss man aufwenden, um mit einem Hebel eine Last von 10 kN im Gleichgewicht zu halten, wenn der Kraftarm fünfmal so lang ist wie der 20 cm lange Lastarm?

Der Kraftarm ist 5 · 20 cm = 100 cm.

Nach dem Hebelgesetz ist Kraft · Kraftarm = Last · Lastarm.

Mit den gegebenen Werten ergibt sich Kraft · 100 cm = 10 kN · 20 cm = 200 kNcm.

$$\text{Kraft} = \frac{200\ \text{kNcm}}{100\ \text{cm}} = \mathbf{2\ kN}$$

Am 5-mal so langen Kraftarm genügt also zur Herstellung des Gleichgewichts $^1/_5$ der Last als Kraft!

Das Hebelgesetz lässt sich nun so umformen, dass die für den Gleichgewichtszustand nötige Kraft unmittelbar berechnet werden kann:

$$\text{Kraft } F = \frac{\text{Last} \cdot \text{Lastarm}}{\text{Kraftarm}} \quad \text{oder} \quad \mathbf{Kraft}\ \boldsymbol{F} = \frac{\mathbf{Lastmoment(e)}}{\mathbf{Kraftarm}}$$

Beispiele 24

Für die Hebel in Bild **5.4** bis **5.7** soll Gleichgewicht bestehen. Es sind die dafür erforderlichen Kräfte F zu berechnen.

Es gilt allgemein Kraft $F = \frac{\text{Lastmoment(e)}}{\text{Kraftarm}}$.

In Bild **5.4** ist das Lastmoment 2 kN · 0,30 m = 0,60 kNm

der Kraftarm = 2,20 m

folglich die Kraft $F = \frac{0{,}60\ \text{kNm}}{2{,}20\ \text{m}}$ = 0,273 kN = **273 N.**

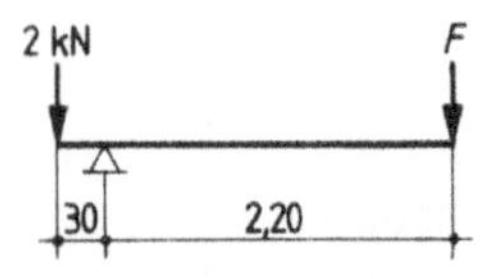

Bild 5.4 Zweiseitiger Hebel

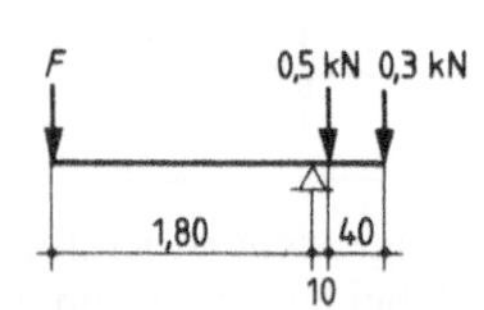

Bild 5.5 Zweiseitiger Hebel

In Bild **5.5** setzt sich das Lastmoment aus den Momenten der beiden verschiedenen großen Lasten 0,50 kN und 0,30 kN zusammen, die (darauf ist stets zu achten) an den verschieden langen Hebelarmen 0,10 m und 0,50 m wirken.

> Der für ein Moment maßgebende Hebelarm ist stets der Abstand vom Drehpunkt zur Wirkungslinie der zugehörigen Kraft.
> Hebelarm und Wirkungslinie stehen immer rechtwinklig aufeinander.

Es ist Kraft $F = \dfrac{\text{Lastmoment(e)}}{\text{Kraftarm}}$

$$F = \frac{0{,}50\ \text{kN} \cdot 0{,}10\ \text{m} + 0{,}30\ \text{kN} \cdot 0{,}50\ \text{m}}{1{,}80\ \text{m}} = \frac{0{,}05\ \text{kNm} + 0{,}15\ \text{kNm}}{1{,}80\ \text{m}}$$

$$F = \frac{0{,}20\ \text{kNm}}{1{,}80\ \text{m}} = 0{,}111\ \text{kN} = \mathbf{111\ N}.$$

In Bild **5.6** ist zu beachten, dass die Lasten 0,80 kN und 1 kN links vom Drehpunkt (linksdrehend) wirken, die Last 0,30 kN dagegen rechts vom Drehpunkt (rechtsdrehend) wirkt. Durch die Lasten 0,80 kN und 1 kN dreht sich der Hebel also entgegengesetzt zur Drehung durch die Last von 0,30 kN. Das Drehmoment der 0,30 kN hat darum das entgegengesetzte Vorzeichen wie die Drehmomente, die durch die Lasten von 0,80 kN und 1 kN erzeugt werden.

Auf diesen Fall angewendet lautet das Hebelgesetz

$$F = \frac{0{,}80\ \text{kN} \cdot 1{,}00\ \text{m} + 1\ \text{kN} \cdot 0{,}60\ \text{m} - 0{,}30\ \text{kN} \cdot 0{,}30\ \text{m}}{2{,}80\ \text{m}}$$

$$F = \frac{0{,}80\ \text{kNm} + 0{,}60\ \text{kNm} - 0{,}09\ \text{kNm}}{2{,}80\ \text{m}} = \frac{1{,}31\ \text{kNm}}{2{,}80\ \text{m}} = \mathbf{468\ N}.$$

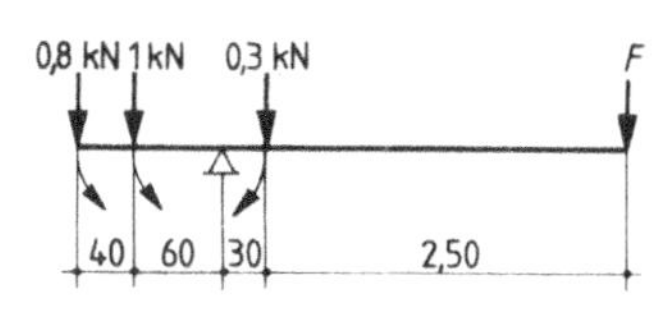

Bild 5.6 Zweiseitiger Hebel

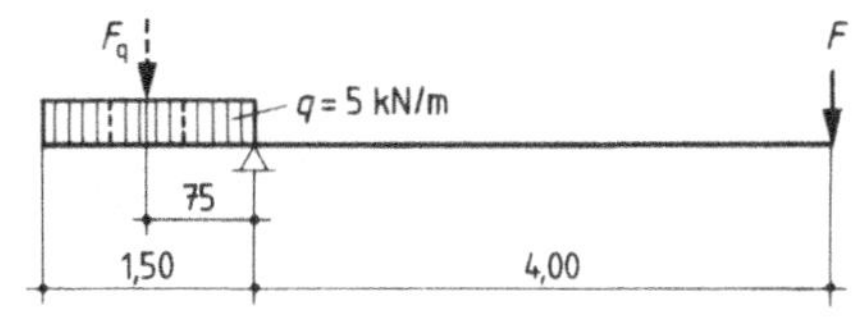

Bild 5.7 Zweiseitiger Hebel

In Bild **5.7** wirkt auf den Lastarm an Stelle der „Einzellasten" wie in den bisherigen Fällen eine „gleichmäßig verteilte" Last q von 5 kN/m auf 1,50 m Länge. Insgesamt ist also ihre Gewichtskraft F_q = 1,50 m · 5 kN/m = 7,50 kN.

Wir nehmen nun an, diese Last bestünde aus drei Kisten von je 0,50 m Länge. Wir können dann die beiden äußeren Kisten von rechts und links auf die mittlere Kiste setzen, ohne dass sich am Zustand des Hebels etwas ändert. Das bliebe auch so, wenn wir uns die Gesamtlast der Kisten F_q = 7,50 kN im Schwerpunkt der mittleren Kiste, d. h. im Schwerpunkt der gesamten Belastung, angreifend denken. Für die Gleichgewichtskraft F ist anzusetzen

$$F = \frac{7{,}50\ \text{kN} \cdot 0{,}75\ \text{m}}{4{,}00\ \text{m}} = \frac{5{,}625\ \text{kNm}}{4{,}00\ \text{m}} = \mathbf{1{,}41\ kN}.$$

> Eine gleichmäßig verteilte Last ist im Lastschwerpunkt durch ihre Gesamtlast F_q ersetzbar.

Übung 26 Es sind die Kräfte F zu ermitteln, durch die die Hebel in Bild **5.8**a bis d im Gleichgewicht gehalten werden.

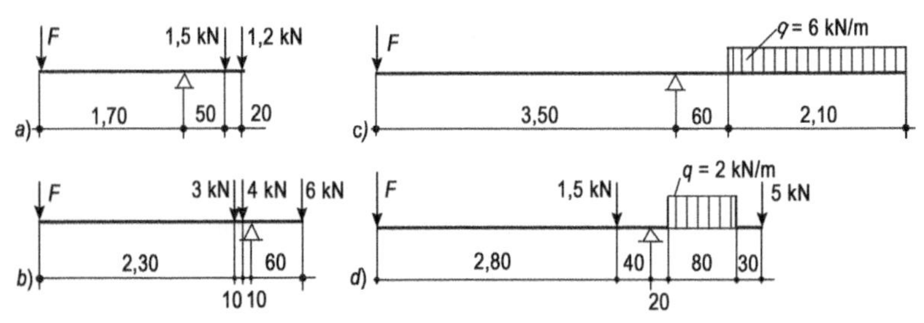

Bild 5.8 Vier zweiseitige Hebel

5.2.2 Einseitiger Hebel

Auch bei der Schubkarre nutzen wir das Hebelgesetz (Bild **5.9**). Der Drehpunkt ist die Radachse. Die Ladung der Schubkarre ist die Last. Jedermann versucht, diese möglichst dicht an die Radachse heranzurücken (kurzer Lastarm).

Die Kraft ist die Muskelkraft der Person, die die Schubkarre anhebt. Und diese wird die Holme der Karre stets an den äußersten Enden, also möglichst weit vom Drehpunkt entfernt, in die Hände nehmen (langer Kraftarm). Last- und Kraftarm befinden sich nun aber auf derselben Seite des Drehpunkts.

Bild 5.9 Die Schubkarre ist ein einseitiger Hebel

> Beim einseitigen Hebel liegen Kraft und Last – vom Drehpunkt aus gesehen – auf der selben Seite.

Auch für den einseitigen Hebel gilt das Hebelgesetz:

$$\text{Kraft} \cdot \text{Kraftarm} = \text{Last} \cdot \text{Lastarm oder}$$

$$\text{Kraft} = \frac{\text{Last} \cdot \text{Lastarm}}{\text{Kraftarm}} = \frac{\text{Lastmoment}}{\text{Kraftarm}}$$

Beispiel 25

Für den einseitigen Hebel nach Bild **5.10** ist die Kraft zu berechnen, die den Hebel im Gleichgewicht hält.

Nach dem Hebelgesetz ist

$$F = \frac{20\ \text{kN} \cdot 0{,}40\ \text{m} + 30\ \text{kN} \cdot 1{,}40\ \text{m}}{2{,}00\ \text{m}}$$

$$F = \frac{8\ \text{kNm} + 42\ \text{kNm}}{2{,}00\ \text{m}} = \frac{50\ \text{kNm}}{2{,}00\ \text{m}} = \mathbf{25\ kN}$$

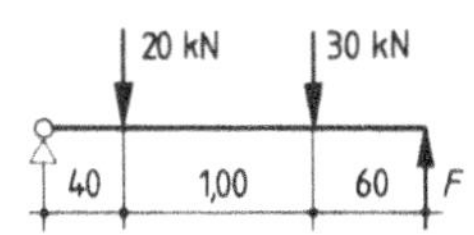

Bild 5.10
Einseitiger Hebel

Übung 27 Es sind die Kräfte F zu ermitteln, die die Hebel in Bild **5.**11a bis c im Gleichgewicht halten.

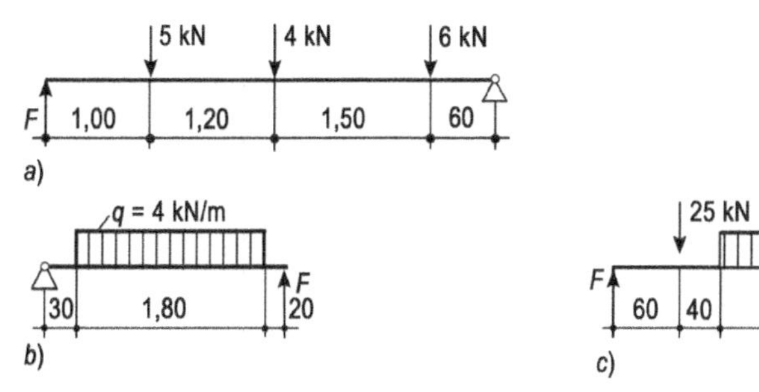

Bild 5.11 Drei einseitige Hebel

5.3 Auflagerkraft

5.3.1 Balken auf zwei Stützen

Der Träger in Bild **5.**12 drückt mit seiner (nicht dargestellten) Belastung und seiner Eigenlast auf die beiden Mauern, auf denen er ruht. Er ruft dadurch die beiden *Auflagerkräfte A* und *B* hervor.

Die *Eigenlast* des Trägers verteilt sich gleichmäßig auf die beiden Auflager; jedes nimmt die Hälfte davon auf.

Eine *mittige Belastung* wird ebenfalls je zur Hälfte von den beiden Auflagern aufgenommen; wir erhalten dann gleichgroße Auflagerkräfte.

Bei *ausmittiger Belastung* des Trägers muss jedoch das der Last näherliegende Auflager einen größeren Anteil der Last übernehmen als das entfernter liegende. Die Auflagerkräfte werden dann ungleich.

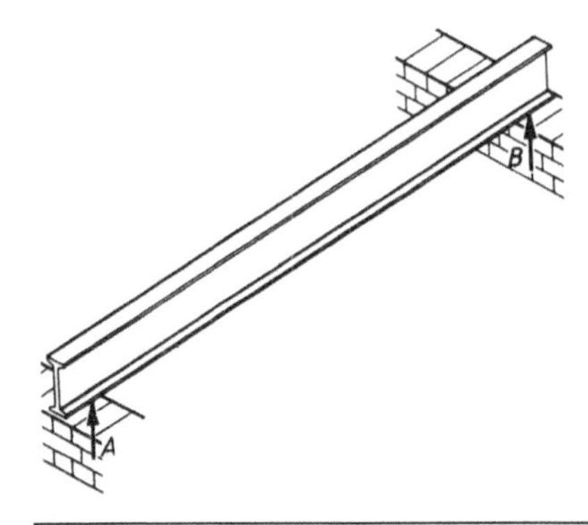

Bild 5.12
Auflagerkräfte eines Trägers

Auflagerkräfte lassen sich wie die Gleichgewichtskräfte von einseitigen Hebeln mit dem Hebelgesetz berechnen.

Im folgenden Beispiel und in den Übungen bleiben die vergleichsweise geringen Trägereigenlasten der Einfachheit halber unberücksichtigt.

Beispiel 26

Für den Träger nach Bild **5.**13 sind die Auflagerkräfte A und B zu berechnen.

$F_1 = 6$ kN, $F_2 = 5$ kN.

Für die Berechnung der Auflagerkraft A wird der Träger als einseitiger Hebel angesehen, dessen Drehpunkt in B liegt. Dann ist nach dem Hebelgesetz

$$A \cdot 4{,}00\ \text{m} = F_1 \cdot 2{,}50\ \text{m} + F_2 \cdot 0{,}60\ \text{m}.$$

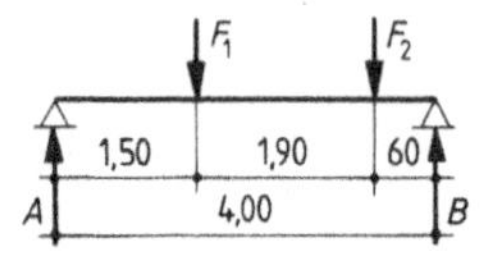

Bild 5.13
Berechnung der Auflagerkräfte eines Trägers auf zwei Stützen mit Einzellasten

Löst man die Gleichung nach A auf und setzt die Werte für F_1 und F_2 ein, ergibt sich

$$A = \frac{6\ \text{kN} \cdot 2{,}50\ \text{m} + 5\ \text{kN} \cdot 0{,}60\ \text{m}}{4{,}00\ \text{m}}$$

$$A = \frac{15\ \text{kNm} + 3\ \text{kNm}}{4{,}00\ \text{m}} = \frac{18\ \text{kNm}}{4{,}00\ \text{m}} = \mathbf{4{,}5\ kN}$$

Für die Berechnung der Auflagerkraft B denkt man sich nun den Drehpunkt in A. Jetzt ist nach dem Hebelgesetz

$$B \cdot 4{,}00\ \text{m} = \text{F}_1 \cdot 1{,}50\ \text{m} + F_2 \cdot 3{,}40\ \text{m}$$

$$B = \frac{6\ \text{kN} \cdot 1{,}50\ \text{m} + 5\ \text{kN} \cdot 3{,}40\ \text{m}}{4{,}00\ \text{m}}$$

$$B = \frac{9\text{ kNm} + 17\text{ kNm}}{4{,}00\text{ m}} = \frac{26\text{ kNm}}{4{,}00\text{ m}} = \mathbf{6{,}50\ kN}$$

Nun schalten wir folgende Überlegung ein: Tragen zwei Männer an einer Stange eine oder mehrere Lasten, müssen beide zusammen die gesamte Last tragen. Die Last, die jeder zu tragen hat, entspricht den Auflagerkräften A oder B.

> Die beiden Auflagerkräfte A und B müssen zusammen ebenso groß sein wie die Summe der Kräfte, die die Auflager aufzunehmen haben.
> Wir erinnern uns an den Gleichgewichtsgrundsatz: Die Summe aller vertikalen Kräfte muss 0 sein: $\Sigma V = 0$.

Man kann damit die Richtigkeit der im Beispiel durchgeführten Berechnung leicht nachprüfen:

Auflagerkräfte $A + B = F_1 + F_2$ oder $A + B - (F_1 + F_2) = 0$

$A + B = 4{,}50\text{ kN} + 6{,}50\text{ kN} = 11\text{ kN}$

$F_1 + F_2 = 6\text{ kN} + 5\text{ kN} = 11\text{ kN}$

Übung 28 Für die Träger in Bild **5.**14a bis f sind die Auflagerkräfte A und B zu berechnen.

Frage: Muss man die Auflagerkräfte der Träger c bis f mit dem Hebelgesetz berechnen, oder ist es möglich, sie durch einfache Überlegungen zu bestimmen?

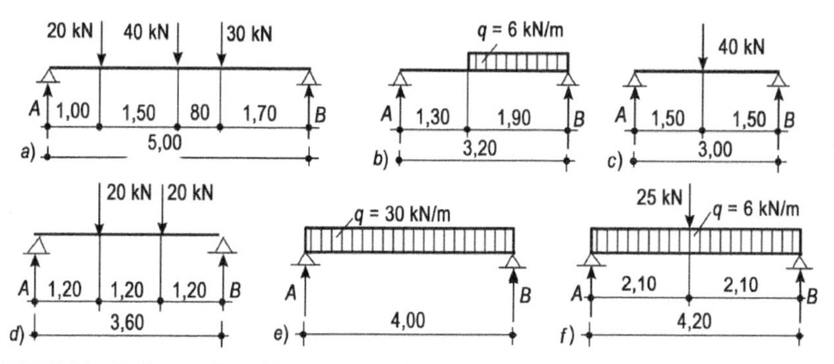

Bild 5.14 Balken auf zwei Stützen mit Einzellasten, Streckenlasten und gemischter Belastung

Übung 29 Eine Laderampe von 3,00 m Breite wird am vorderen Rand durch zwei I 200 mit 5,00 m Stützweite abgefangen (Bild **5.**15). Sie ruhen auf 2,50 m hohen Mauerpfeilern aus Vollziegeln Mz 12 in Mörtelgruppe II.

Prüfen Sie, ob Pfeilerquerschnitte von 24 cm × 24 cm ausreichen. Beachten Sie: Außer den Eigenlasten übernehmen die Träger die Streckenlast der linken Rampenhälfte. Vergessen Sie nicht die Pfeilereigenlast (mit $\gamma = 15$ kN/m³).

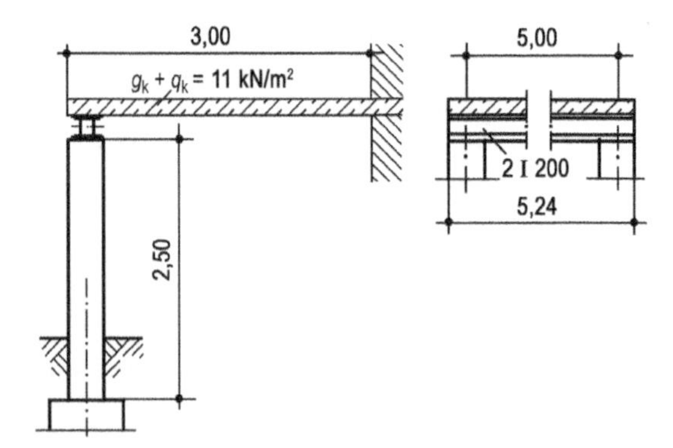

Bild 5.15

5.3.2 Balken mit gemischter Belastung

Der Deckenträger in Bild **5.**16 hat verschiedene Lasten aufzunehmen. Er ist durch die Eigenlast der Decke und seine Eigenlast gleichmäßig belastet. Die belastete Stahlstütze ist als Einzellast, die aufzunehmende Querwand als Streckenlast zu betrachten.

Unterschiedliche Lastarten und -Stellungen nennt man „gemischte Belastung“.

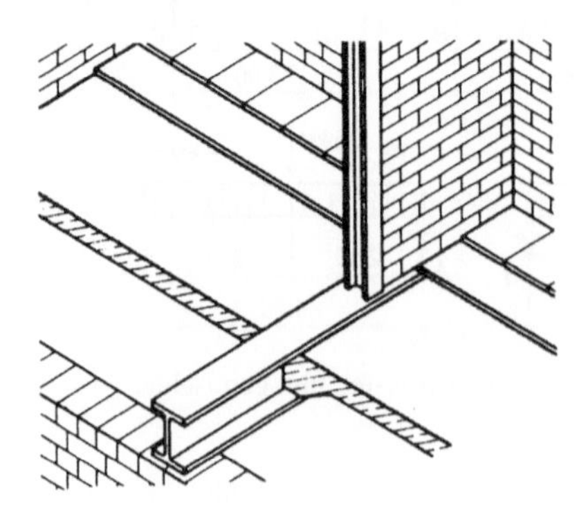

Bild 5.16
Der Deckenträger hat verschiedene Lasten aufzunehmen (Platte teilweise fortgelassen)

Beispiele zeigt Bild **5**.17

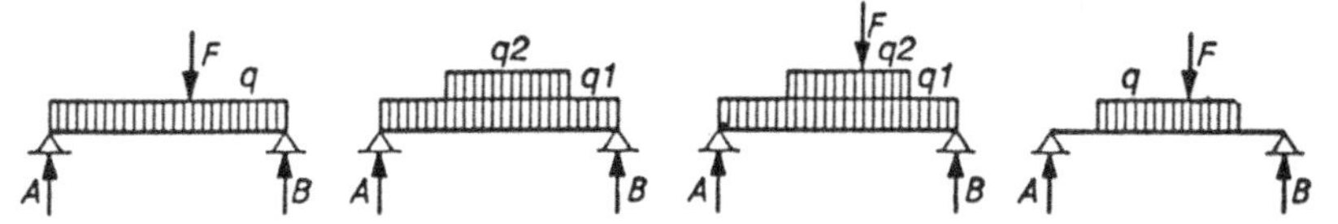

Bild 5.17 Möglichkeiten gemischter Belastung aus gleichmäßig und ungleichmäßig verteilten Streckenlasten und Einzellasten

Aus gemischten Lasten entstehende Auflagerkräfte werden nach den gleichen Regeln berechnet wie die Träger in Kapitel 5.3.1.

Beispiel 27

Für den Balken in Bild **5**.18a sind die Auflagerkräfte zu berechnen. $F = 30$ kN, $g = 5$ kN/m.

Am Einfachsten ermittelt man zunächst A_1 und B_1 für einen Balken, der nur mit q belastet ist (Bild **5**.18b). Danach berechnet man A_2 und B_2 für einen nur mit F belasteten Balken (Bild **5**.18c). Die Summe der Auflagerkräfte $A_1 + A_2$ ergibt dann für den mit F und q belasteten Balken (Bild **5**.18a) den Auflagerdruck A. Ebenso ist für diesen Balken $B_1 + B_2 = B$.

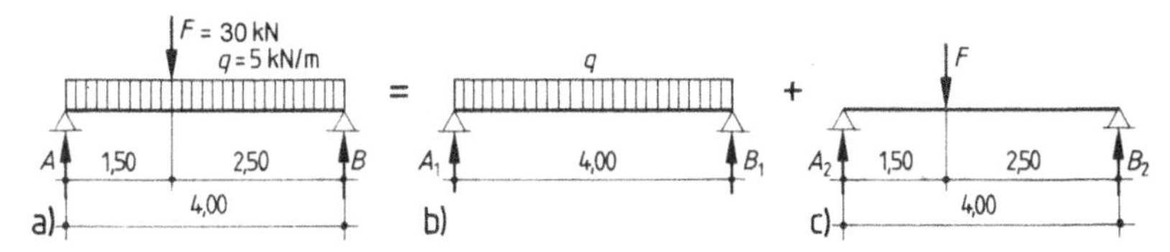

Bild 5.18 Träger auf zwei Stützen mit gemischter Last
a) gemischte Belastung, b) Lastfall q, c) Lastfall F

> Bei gemischter Belastung ist es oft zweckmäßig, die Auflagerkräfte aus der Summe der für jeden Lastfall getrennt ermittelten Auflagerkräfte zu berechnen.

Für die Belastung durch q (Bild **5**.18b) ist

$$A_1 = B_1 = \frac{5\ \text{kN/m} \cdot 4{,}00\ \text{m}}{2} = 10\ \text{kN}$$

Für die Belastung durch F (Bild **5**.18c) sind nach dem Hebelgesetz

$$A_2 = \frac{30\ \text{kN} \cdot 2{,}50\ \text{m}}{4{,}00\ \text{m}} = 18{,}75\ \text{kN}$$

$$B_2 = \frac{30\ \text{kN} \cdot 1{,}50\ \text{m}}{4{,}00\ \text{m}} = 11{,}25\ \text{kN}\ .$$

Die Gesamtauflagerkräfte sind also

$A = A_1 + A_2 = 10\text{ kN} + 18{,}75\text{ kN} = \mathbf{28{,}75\text{ kN}}$

$B = B_1 + B_2 = 10\text{ kN} + 11{,}25\text{ kN} = \mathbf{21{,}25\text{ kN}}$.

Probe: $\Sigma V = 0$

$A + B = 28{,}75\text{ kN} + 21{,}25\text{ kN} = 50\text{ kN}$

$F + F_q = 30\text{ kN} + 5\text{ kN/m} \cdot 4{,}00\text{ m}$

$F + F_q = 30\text{ kN} + 20\text{ kN} = 50\text{ kN}$ somit $A + B - (F + F_q) = 0$

Beispiel 28

Für den Träger nach Bild **5.**19a sind die Auflagerkräfte zu berechnen.

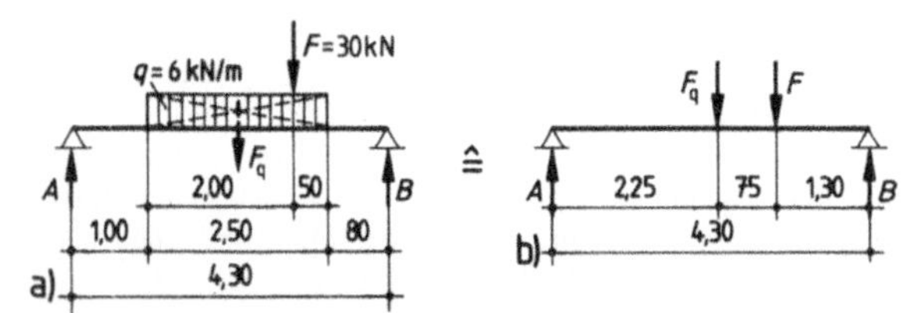

Bild 5.19
Balken auf zwei Stützen. Zum Berechnen von A und B darf die Streckenlast q in a) durch eine gleichgroße Einzellast F_q in b) ersetzt werden.

Hier bietet eine Teilung der Belastung wie in Beispiel 27 keine Vorteile, weil keine symmetrische Laststellung vorliegt. Das Hebelgesetz führt hier am Schnellsten zum Ziel.

Zunächst wird die Gesamtgröße der Streckenlast ermittelt. Es ist

$F_q = q \cdot 2{,}50\text{ m} = 6\text{ kN/m} \cdot 2{,}50\text{ m} = 15\text{ kN}$. Wir wissen bereits:

Eine Streckenlast ist durch ihre Gesamtlast F_q im Lastschwerpunkt ersetzbar.

Jetzt ergibt sich für die Berechnung von A und B die Anordnung nach Bild **5.**19b. Nach dem Hebelgesetz sind

$$A = \frac{F_q \cdot 2{,}05\text{ m} + F \cdot 1{,}30\text{ m}}{4{,}30\text{ m}} = \frac{15\text{ kN} \cdot 2{,}05\text{ m} + 30\text{ kN} \cdot 1{,}30\text{ m}}{4{,}30\text{ m}}$$

$$A = \frac{30{,}80\text{ kNm} + 39\text{ kNm}}{4{,}30\text{ m}} = \frac{69{,}80\text{ kNm}}{4{,}30\text{ m}} = \mathbf{16{,}20\text{ kN}}$$

$$B = \frac{F_q \cdot 2{,}25\text{ m} + F \cdot 3{,}00\text{ m}}{4{,}30\text{ m}} = \frac{15\text{ kN} \cdot 2{,}25\text{ m} + 30\text{ kN} \cdot 3{,}00\text{ m}}{4{,}30\text{ m}}$$

$$B = \frac{33{,}80\text{ kNm} + 90\text{ kNm}}{4{,}30\text{ m}} = \frac{123{,}80\text{ kNm}}{4{,}30\text{ m}} = \mathbf{28{,}80\text{ kN}}.$$

Probe: $A + B - (F_q + F) = \Sigma V = 0$

$A + B = 16{,}20\text{ kN} + 28{,}80\text{ kN} = 45{,}00\text{ kN}$

$F_q + F = 15{,}00\text{ kN} + 30{,}00\text{ kN} = 45{,}00\text{ kN}$

Übung 30 Für die Träger nach Bild **5.**20a bis c sind die Auflagerkräfte zu berechnen.

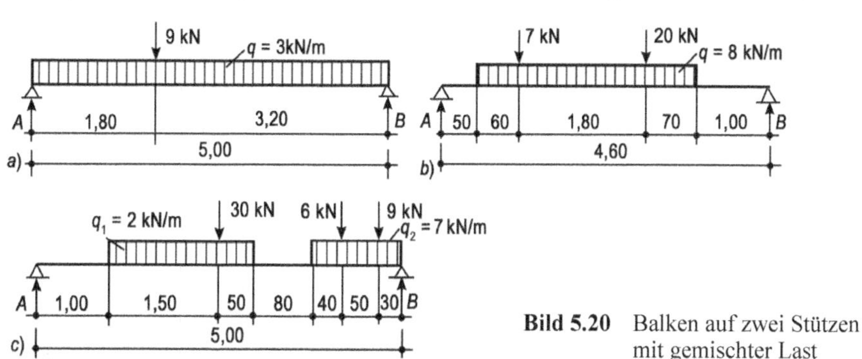

Bild 5.20 Balken auf zwei Stützen mit gemischter Last

5.3.3 Kragbalken

Häufig führt der Träger oder Balken einer Decke über einen der Auflagerpunkte hinaus – er kragt aus (Bild **5.**21).

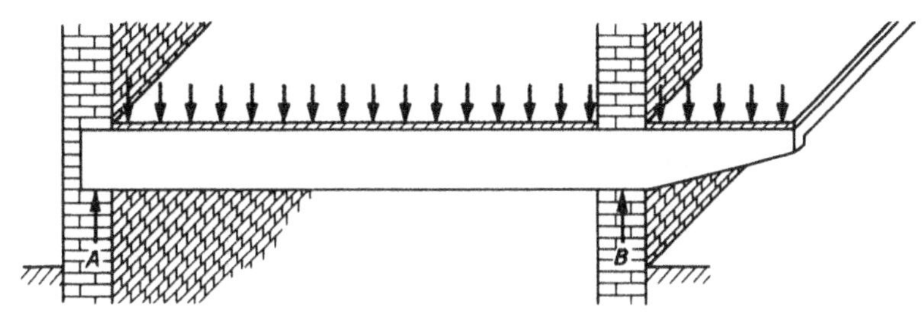

Bild 5.21 Der Stahlbetonbalken unter Decke und Laderampe ist ein Balken mit Kragarm.

Auch Auflagerkräfte von Kragbalken werden mit dem Hebelgesetz berechnet.

Wiederum betrachtet man den Balken als Hebel, dessen Drehpunkt einmal in *B*, das andere Mal in *A* angenommen wird. Mit dem Drehpunkt in *A* ergibt sich wieder ein einseitiger Hebel. Der Rechnungsgang ist uns bekannt; es ist lediglich darauf zu achten, dass die Länge des Hebelarms der Kraglast richtig eingesetzt wird. Mit dem Drehpunkt in *B* (bei der Berechnung von *A*) entsteht jedoch ein zweiseitiger Hebel, und wir müssen uns für die Rechnung darüber klar werden, welche der belastenden Kräfte rechts drehende und welche links drehende Momente erzeugen.

Beispiel 29

Für den Träger mit Kragarm nach Bild **5**.22 sind die Auflagerkräfte zu ermitteln.

Für die Berechnung von A wird der Drehpunkt in B angenommen; es entsteht ein zweiseitiger Hebel.

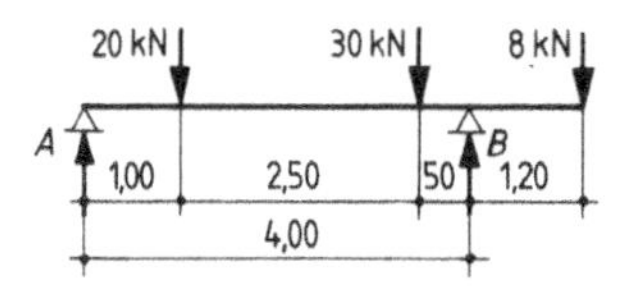

Bild 5.22
Träger mit Kragarm

> Gleichgewicht herrscht, wenn die Summe der rechts drehenden und der linksdrehenden Momente gleich groß ist. Beide heben sich dann auf. Wir merken uns noch einmal die 3. Gleichgewichtsbedingung: $\Sigma M = 0$.

$$A \cdot 4{,}00 \text{ m} + 8 \text{ kN} \cdot 1{,}20 \text{ m} = 20 \text{ kN} \cdot 3{,}00 \text{ m} + 30 \text{ kN} \cdot 0{,}50 \text{ m}$$

$$A = \frac{20 \text{ kN} \cdot 3{,}00 \text{ m} + 30 \text{ kN} \cdot 0{,}50 \text{ m} - 8 \text{ kN} \cdot 1{,}20 \text{ m}}{4{,}00 \text{ m}}$$

$$A = \frac{60 \text{ kNm} + 15 \text{ kNm} - 9{,}60 \text{ kNm}}{4{,}00 \text{ m}} = \frac{65{,}40 \text{ kNm}}{4{,}00 \text{ m}} = \mathbf{16{,}35\ kN}$$

Für die Berechnung von B wird der Drehpunkt in A angenommen; es liegt ein einseitiger Hebel vor.

$$B \cdot 4{,}00 \text{ m} = 20 \text{ kN} \cdot 1{,}00 \text{ m} + 30 \text{ kN} \cdot 3{,}50 \text{ m} + 8 \text{ kN} \cdot (4{,}00 \text{ m} + 1{,}20 \text{ m})$$

$$B = \frac{20 \text{ kN} \cdot 1{,}00 \text{ m} + 30 \text{ kN} \cdot 3{,}50 \text{ m} + 8 \text{ kN} \cdot 5{,}20 \text{ m}}{4{,}00 \text{ m}}$$

$$B = \frac{20 \text{ kNm} + 105 \text{ kNm} + 41{,}60 \text{ kNm}}{4{,}00 \text{ m}} = \frac{166{,}60 \text{ kNm}}{4{,}00 \text{ m}} = \mathbf{41{,}65\ kN}$$

Probe: $\Sigma V = 0$ $\quad A + B = 16{,}35 \text{ kN} + 41{,}65 \text{ kN} = 58 \text{ kN}$

$\Sigma F = 20 \text{ kN} + 30 \text{ kN} + 8 \text{ kN} = 58 \text{ kN}$

Stets hat die Belastung eines Kragarms zur Folge, dass das am anderen Ende liegende Auflager (hier A) entlastet wird (Bild **5**.22). Große Kragmomente können dort abhebende Kräfte hervorrufen (negative Auflagerkraft), so dass in A Verankerungen nötig werden. Die Entlastung von A kommt bei der Berechnung von A darin zum Ausdruck, dass das Drehmoment der Kragarmbelastung mit negativem Vorzeichen eingesetzt wird. Weil $\Sigma V = 0$ ist, bedingt die Entlastung von A eine entsprechend größere Belastung von B, die sich durch das positive Vorzeichen des Drehmoments der Kragarmlasten bei der Berechnung von B äußert (vgl. die Größe der Auflagerkräfte in Beispiel 29).

Übung 31 Für die Träger mit Kragarm in Bild **5**.23a bis c sind die Auflagerkräfte zu berechnen.

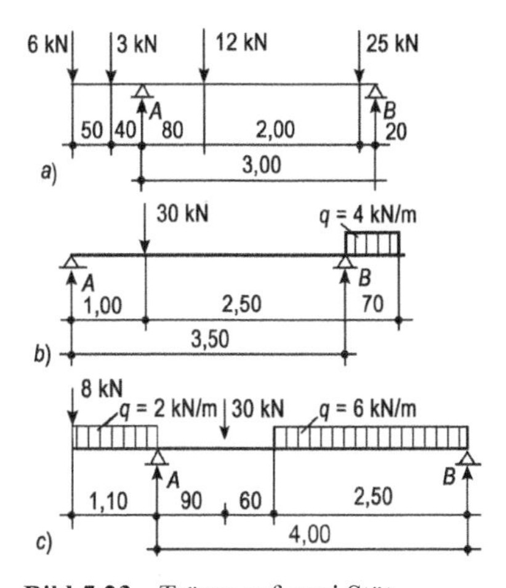

Bild 5.23 Träger auf zwei Stützen mit Kragarmen

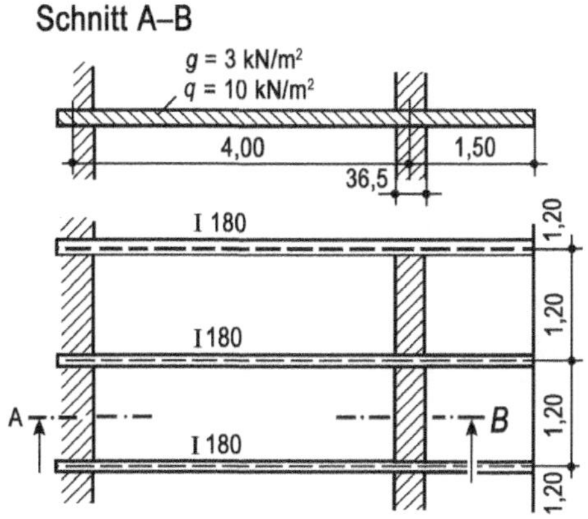

Bild 5.24 Stahlbetondecke zwischen I 180 mit Laderampe

Übung 32 Die Verkehrslast der Decke eines Lagerhauses beträgt 10 kN/m² (Bild **5**.24). Hinzu kommt die Eigenlast der Decke einschließlich Bodenbelag von 3 kN/m².

Berechnen Sie die Auflagerkräfte A und B der Träger bei Volllast mit dem neuen Sicherheitskonzept (Kapitel 2).

5.4 Zusammensetzen von parallelen Kräften

Mit dem Hebelgesetz kann auch die *Lage der Gesamtlast* (Resultierende R) von *Einzellasten* ermittelt werden.

Größe der Gesamtlast (Resultierende R). Zur Berechnung der Gesamtlast des Mauerteils nach Bild **5**.25 zerlegt man die Mauer zunächst in regelmäßige Teilkörper. Anschließend werden die Einzellasten G_1 bis G_3 ermittelt. Deren Summe ergibt dann die Gesamtlast G der Mauer:

$$G = G_1 + G_2 + G_3$$

Für die statische Berechnung muss aber nicht nur die Größe dieser Last bekannt sein. Man muss auch wissen, wo und in welcher Richtung sie angreift, d. h., man muss auch ihre Lage kennen.

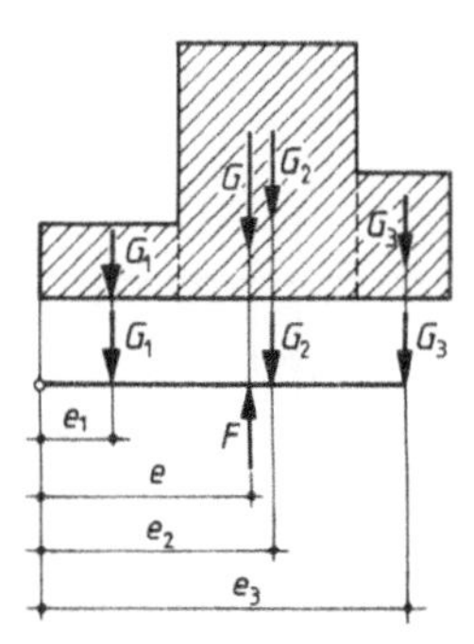

Bild 5.25
Lageermittlung der Gesamtlast einer Mauer

> Die Wirkung einer Last (Kraft) ist nur dann eindeutig bestimmt, wenn ihre Größe, ihre Richtung und ihre Lage bekannt sind.

Die Richtung der Gesamtlast *G* ist lotrecht, denn alle Kräfte aus Eigenlasten (Gewichtskräfte) wirken infolge der Erdanziehungskraft in die lotrechte Richtung.

Die Lage der Gesamtlast *G* (auch Schwerlinie genannt) kann mit dem Hebelgesetz ermittelt werden. Man nimmt an, dass G_1, G_2 und G_3 auf einem Hebel angreifen, dessen Drehpunkt aus praktischen Gründen unter eine der lotrechten Mauerkanten gelegt wird (Bild **5**.25). Dann liegt G in der gleichen Linie wie die Kraft F, die den Hebel im Gleichgewicht hält. Und zwar ist F gleich groß, aber entgegengesetzt gerichtet wie G. Mit den Bezeichnungen des Bildes **5**.25 lautet das Hebelgesetz:

$$F \cdot e = G_1 \cdot e_1 + G_2 \cdot e_2 + G_3 \cdot e_3$$

Für F setzen wir die ebenso große Gesamtlast G ein:

$$G \cdot e = G_1 \cdot e_1 + G_2 \cdot e_2 + G_3 \cdot e_3$$

Durch Umformen dieser Gleichung erhalten wir die Entfernung e der Gesamtlast G vom Drehpunkt des Hebels, also die Lage von G:

$$e = \frac{G_1 \cdot e_1 + G_2 \cdot e_2 + G_3 \cdot e_3}{G}$$

Die Maße e_1, e_2 und e_3 sind bekannt: Es sind die Abstände der Mitten der rechteckigen Teilflächen vom Drehpunkt.

> Bei parallelen Lasten (Kräften) ermitteln wir mit dem Hebelgesetz die Lage ihrer Gesamtlast G (oder Resultierende R). G bzw. R entsprechen in Größe und Wirkung der Summe aller Teillasten G_1, G_2 … bzw. aller Teilkräfte F_1, F_2 … .

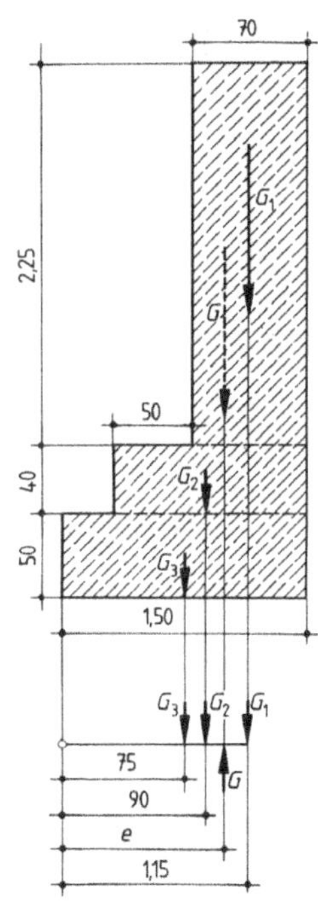

Beispiel 30

Ermitteln Sie Größe und Lage der Resultierenden R für die Betonstützmauer nach Bild **5**.26.

Bild 5.26
Lage der Gesamtlast einer Stützmauer (lotrechte Schwerlinie)

Die Mauer wird in 3 Teile von 1 m Länge zerlegt, deren Lasten sich für 1 m Mauerlänge wie folgt ergeben:

$$G_1 = 1{,}00 \text{ m} \cdot 0{,}70 \text{ m} \cdot 2{,}25 \text{ m} \cdot 24 \text{ kN/m}^3 = 37{,}80 \text{ kN}$$
$$G_2 = 1{,}00 \text{ m} \cdot 1{,}20 \text{ m} \cdot 0{,}40 \text{ m} \cdot 24 \text{ kN/m}^3 = 11{,}52 \text{ kN}$$
$$G_3 = 1{,}00 \text{ m} \cdot 1{,}50 \text{ m} \cdot 0{,}50 \text{ m} \cdot 24 \text{ kN/m}^3 = 18{,}00 \text{ kN}$$
$$\text{Gesamtlast } G = R = G_1 + G_2 + G_3 = 67{,}32 \text{ kN}$$

Mit dem Drehpunkt unter der linken Fundamentkante erhalten wir:

$$G \cdot e = G_1 \cdot 1{,}15 \text{ m} + G_2 \cdot 0{,}90 \text{ m} + G_3 \cdot 0{,}75 \text{ m}$$
$$67{,}32 \cdot e = 37{,}80 \text{ kN} \cdot 1{,}15 \text{ m} + 11{,}52 \text{ kN} \cdot 0{,}90 \text{ m} + 18{,}00 \text{ kN} \cdot 0{,}75 \text{ m}$$
$$67{,}32 \cdot e = 43{,}47 \text{ kNm} + 10{,}37 \text{ kNm} + 13{,}50 \text{ kNm} = 67{,}34 \text{ kNm}$$

Folglich ist der Abstand e von G von der linken Fundamentkante

$$e = \frac{67{,}34 \text{ kNm}}{67{,}32 \text{ kN}}$$

$e = \mathbf{1{,}00\ m}$.

Übung 33 Die Kräfte $F_1 = 300$ kN und $F_2 = 140$ kN sind mit der Eigenlast des 1,00 m langen Brückenpfeilers Bild **5**.27 aus Beton zur Resultierenden R zusammen zu setzen, deren Lage zu ermitteln ist.

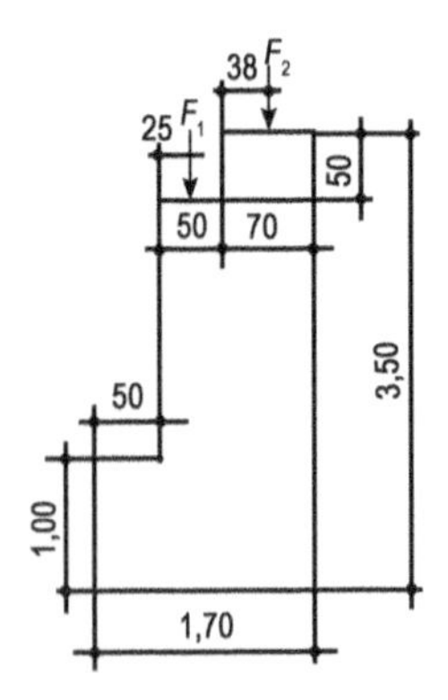

Bild 5.27
Betonbrückenpfeiler

Hinweis: Die Teillasten des Brückenpfeilers und die Kräfte F_1, und F_2 werden in einem Rechnungsgang zu R zusammengesetzt.

5.5 Rechnerisches Ermitteln von Schwerpunkten

Unterstützt man einen Körper in seinem Schwerpunkt, bleibt er in jeder Lage im Gleichgewicht. Eine derart genaue Unterstützung ist jedoch nur theoretisch möglich. Sie genügt bei einem Bauteil niemals, denn jede noch so kleine Veränderung der Lasten würde ihn zum Kippen bringen. Die rein rechnerische Ermittlung des Schwerpunkts wird jedoch in der Statik gebraucht. Wir haben sie schon mehrfach angewendet, z. B. beim Zusammenfassen gleichmäßig verteilter Lasten oder Streckenlasten im Schwerpunkt der Belastungsflächen (Beispiel 24, Bild **5**.7) oder bei den Berechnungen im Kapitel 5.4. Ferner muss bei auskragenden Baukörpern (z. B. bei Gesimssteinen) die Lage des Schwerpunkts bekannt sein, um feststellen zu können, ob das Gesims auch nicht kippen kann.

Regelmäßige Flächen (Bild 5.28)

Dreieck. Der Schwerpunkt des Dreiecks liegt im Schnittpunkt der Seitenhalbierenden. Bei einem rechtwinkligen Dreieck liegt der Schwerpunkt im Drittelspunkt der Grundlinie!

Beim Rechteck oder Parallelogramm liegt er im Schnittpunkt der Diagonalen, bzw. in der Mitte der Grundlinie.

Beim Trapez verlängert man die Seite a nach beiden Seiten um die andere Seite b und die Seite b um die Seite a. Im Schnittpunkt der Verbindungslinien der neuen Endpunkte liegt der Schwerpunkt. Oder man verlängert die Trapezseiten a und b jeweils nach der entgegengesetzten Seite um b und a, verbindet die neuen Endpunkte und zeichnet dann die Seitenhalbierende von a und b. Der Schnittpunkt, der sich ergibt, ist der Schwerpunkt.

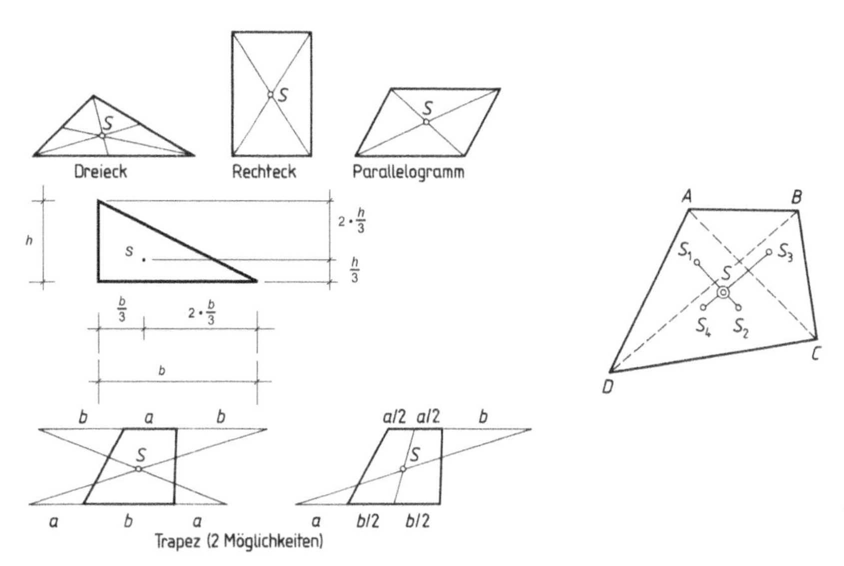

Bild 5.28 Schwerpunkte von regelmäßigen Flächen

Bild 5.29 Schwerpunkt eines unregelmäßigen Vierecks

Unregelmäßige Flächen

Das unregelmäßige Viereck wird in die Dreiecke ABD und BCD zerlegt. Ihre beiden Schwerpunkte S_1 und S_2 werden miteinander verbunden. Nun zerlegen wir das Viereck in die Dreiecke ABC und ACD und verbinden deren Schwerpunkte S_3 und S_4 miteinander (Bild **5.**29). Im Schnittpunkt der „Schwerelinien" S_1–S_2 und S_3–S_4 liegt der Schwerpunkt S des Vierecks.

Zusammengesetzte Flächen

Solche Flächen zerlegen wir in einfache Einzelflächen. Deren Einzelschwerpunkte werden bestimmt. Den Gesamtschwerpunkt ermitteln wir ähnlich wie in Kapitel 5.4 mit dem Hebelgesetz, indem wir die Flächen wie Kräfte auffassen.

Kippsicherheit. An der Lage der Schwerlinie lässt sich auch die Kippsicherheit (Stabilität) eines Querschnitts erkennen.

> Liegt die Schwerlinie noch innerhalb einer unterstützt gedachten Linie, ist ein Querschnitt auf dieser Linie kippsicher.

Dies trifft z. B. für die untere waagerechte Standlinie und die senkrechte Schwerlinie des Gesamtquerschnitts im Beispiel 31 zu. Betrachtet man dagegen die rechte Außenkante als unterstützt, liegt die waagerechte Schwerlinie deutlich außerhalb dieser Kante, und ein Abkippen nach rechts ist unvermeidlich.

Beispiel 31

Für den Querschnitt nach Bild **5**.30 ist der Schwerpunkt zu ermitteln.
Der Querschnitt wird in die Flächen A_1 bis A_3 aufgeteilt. Deren Inhalt ist:

$$A_1 = 5{,}00\ \text{m} \cdot 1{,}00\ \text{m} = 5{,}00\ \text{m}^2$$
$$A_2 = 4{,}00\ \text{m} \cdot 2{,}00\ \text{m} = 8{,}00\ \text{m}^2$$
$$A_3 = 2{,}50\ \text{m} \cdot 4{,}00\ \text{m} = 10{,}00\ \text{m}^2$$
$$A = A_1 + A_2 + A_3 = 23{,}00\ \text{m}^2$$

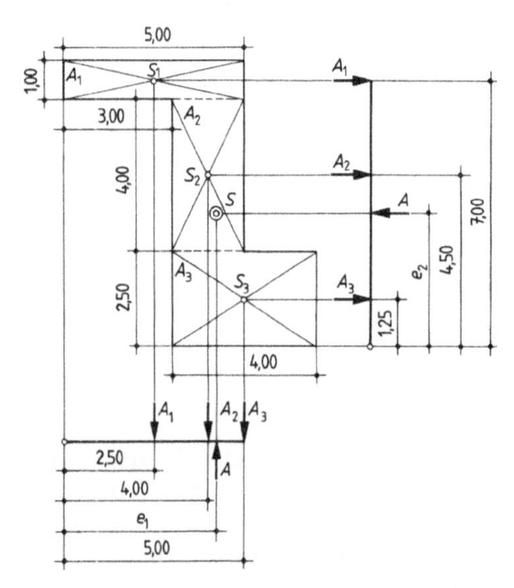

Bild 5.30
Schwerpunktermittlung mit Hilfe des Hebelgesetzes

Im vorigen Abschnitt wurden parallele Kräfte und Lasten zusammengesetzt und die Lage von R ermittelt. Hier gehen wir in gleicher Weise vor, indem wir die Teilflächen A_1 bis A_3 wie Kräfte behandeln und daraus die Lage des Schwerpunkts S der Gesamtfläche A berechnen.

Zunächst lassen wir die Flächen lotrecht wirken und erhalten nach dem Hebelgesetz (Drehpunkt linke Außenkante):

$$A \cdot e_1 = A_1 \cdot 2{,}50\ \text{m} + A_2 \cdot 4{,}00\ \text{m} + A_3 \cdot 5{,}00\ \text{m}$$
$$23{,}00\ \text{m}^2 \cdot e_1 = 5{,}00\ \text{m}^2 \cdot 2{,}50\ \text{m} + 8{,}00\ \text{m}^2 \cdot 4{,}00\ \text{m} + 10{,}00\ \text{m}^2 \cdot 5{,}00\ \text{m}$$
$$23{,}00\ \text{m}^2 \cdot e_1 = 12{,}50\ \text{m}^3 + 32{,}00\ \text{m}^3 + 50{,}00\ \text{m}^3 = 94{,}50\ \text{m}^3$$

$$e_1 = \frac{94{,}50\ \text{m}^3}{23{,}00\ \text{m}^2} = 4{,}11\ \text{m}$$

Der Schwerpunkt liegt also in 4,11 m Entfernung von der linken lotrechten Außenkante. Jedoch fehlt uns noch sein Abstand vom unteren waagerechten Rand des Querschnitts. Um dieses Maß zu erhalten, lassen wir nunmehr die Flächen waagerecht an einem lotrechten

Hebel angreifen, dessen Drehpunkt in der Höhe des unteren Querschnittsrands liegt. Für diesen Hebel ist

$A \cdot e_2 = A_1 \cdot 7{,}00\ \text{m} + A_2 \cdot 4{,}50\ \text{m} + A_3 \cdot 1{,}25\ \text{m}.$

$23{,}00\ \text{m}^2 \cdot e_2 = 5{,}00\ \text{m}^2 \cdot 7{,}00\ \text{m} + 8{,}00\ \text{m}^2 \cdot 4{,}50\ \text{m} + 10{,}00\ \text{m}^2 \cdot 1{,}25\ \text{m}$

$23{,}00\ \text{m}^2 \cdot e_2 = 35{,}00\ \text{m}^3 + 36{,}00\ \text{m}^3 + 12{,}50\ \text{m}^3 = 83{,}50\ \text{m}^3$

$$e_2 = \frac{83{,}50\ \text{m}^3}{23{,}00\ \text{m}^2} = 3{,}63\ \text{m}$$

Hiermit ist die Lage von S bestimmt:

***S* liegt im Schnittpunkt der Schwerlinien, die im Abstand e_1 und e_2 vom jeweils gewählten Drehpunkt verlaufen.**

Übung 34 Für den Betonpfeiler-Querschnitt Bild **5.**31 ist der Schwerpunkt zu bestimmen.

Übung 35 Ist der Gesimsstein Bild **5.**32 kippsicher?

Übung 36 Ist die Betonstützmauer Bild **5.**33 ohne Hinterfüllung standsicher?

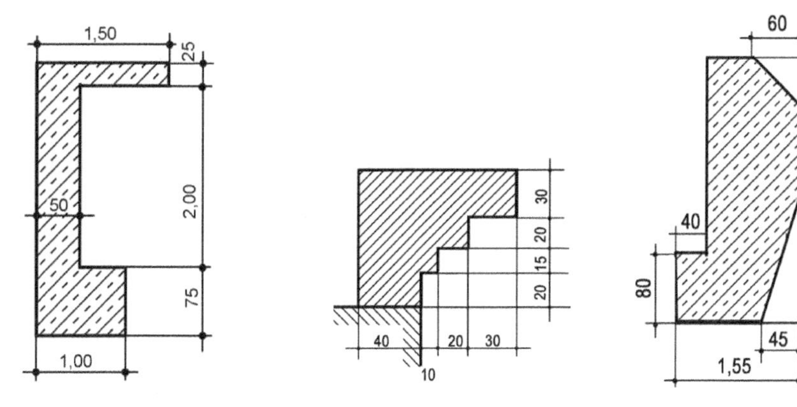

Bild 5.31 Querschnitt eines Betonpfeilers

Bild 5.32 Gesimsstein

Bild 5.33 Betonstützmauer

5.6 Biegelehre

5.6.1 Balken und Platten werden auf Biegung beansprucht

Balken und Platten biegen sich bei Belastung durch. Bei zu großer Durchbiegung können Sie brechen oder infolge zu großer Formänderung unbrauchbar werden. Deshalb müssen ihre Abmessungen so gewählt werden, dass die Durchbiegung in den zulässigen Grenzen bleibt. Ein Maß für die Biegebeanspruchung ist das Biegemoment (s. Kapitel 5.1).

> Die Größe des Biegemoments bestimmt neben der Materialfestigkeit die Abmessungen von Balken, Trägern und Platten, im Stahlbeton auch Zahl und ∅ der Stahlbewehrung.

Gefährdeter Querschnitt. Entscheidend für die Bemessung eines Balkens ist stets das größte Biegemoment. Denn an der Stelle, wo es auftritt, ist er am stärksten beansprucht. Dieser Balkenquerschnitt wird als „*gefährdeter Querschnitt*" bezeichnet. Nur für diese kritische Stelle ist der berechnete Balkenquerschnitt (im Stahlbeton die berechnete Betonstahlbewehrung) notwendig.

> In der statischen Berechnung ist das größte, im gefährdeten Querschnitt wirkende Biegemoment zu berechnen.

In den beiden folgenden Beispielen werden die größten Biegemomente der Kragarme berechnet. Sie liegen über den Auflagern, über die die Balken auskragen. Diese „Kragarmmomente" oder „Stützmomente" sind von der Belastung der Balken außerhalb des Kragarmbereichs unabhängig.

Für die Berechnung des Kragarmmoments M denkt man sich den Kragarm über dem Auflager eingespannt. Im Beispiel 32 erkennen wir unschwer den Rechenansatz für das Kragarmmoment: $M = -F \cdot l$.

> Kragarm- oder Stützmoment erhalten stets negative Vorzeichen.

Beispiel 32

Für den Kragarm des Balkens in Bild **5**.34 ist das größte Biegemoment zu berechnen. Es ist
min M_B = –Last · Kragarmlänge = $-F \cdot l$

min M_B = –8 kN · 1,10 m = **–8,80 kNm**.

Der Kragarm muss dieses Moment M aufnehmen können.

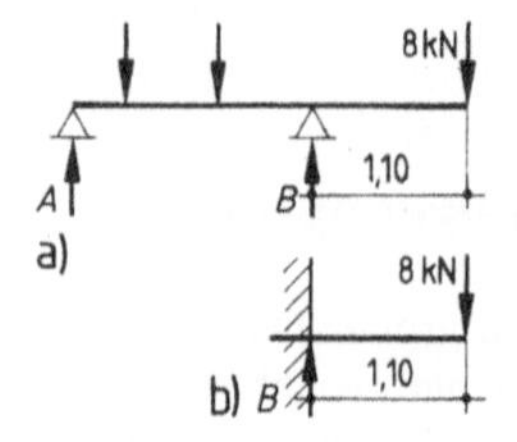

Bild 5.34
Balken auf 2 Stützen mit Kragarm (a) und Ersatzmodell für das Kragarmmoment (b)

Beispiel 33

Für die Kragarme der Balken in Bild **5**.35 sind die Stützmomente zu berechnen.

a) $M_A = -16 \text{ kN} \cdot 0{,}40 \text{ m} - 12 \text{ kN} \cdot 0{,}70 \text{ m}$

$M_A = -6{,}40 \text{ kNm} \cdot 8{,}40 \text{ kNm}$

$M_A = \mathbf{-14{,}80\ kNm}$

b) Zunächst ist – wie beim Berechnen der Auflagerkräfte – die gleichmäßig verteilte Last q durch ihre Gesamtlast F_q in der Mitte der Belastungsfläche (d. h. in der halben Länge des Kragarms) zu ersetzen.

$F_q = 2 \text{ kN/m} \cdot 0{,}90 \text{ m} = 1{,}80 \text{ kN}$

$$M_B = -F_q \cdot \frac{0{,}90 \text{ m}}{2} = -1{,}80 \text{ kN} \cdot 0{,}45 \text{ m}$$

$M_B = \mathbf{-0{,}81\ kNm}$

c) Hier ist zunächst festzustellen, wo der Auflagerpunkt B liegt, d. h. wo der Kragarm eingespannt ist.

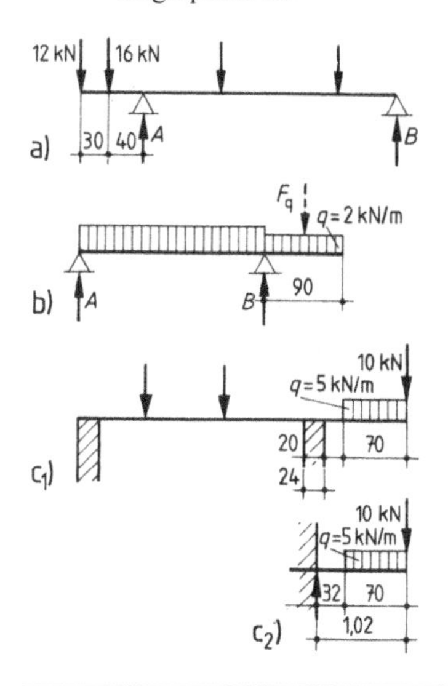

Bild 5.35
Biegemomente an Kragarmen

> Läuft ein Balken über eine Mauer hinweg, liegt der Auflager- bzw. Einspannpunkt in der Mitte der Mauer.

Die hiernach der Berechnung zugrunde zu legenden Maße sind in Bild **5**.35 c_2 eingetragen.

$F_q = 5 \text{ kN/m} \cdot 0{,}70 \text{ m} = 3{,}50 \text{ kN}$

$M = -3{,}50 \text{ kN} \cdot 0{,}67 \text{ m} - 10 \text{ kN} \cdot 1{,}02 \text{ m}$

$M = -2{,}35 \text{ kNm} - 10{,}20 \text{ kNm} = \mathbf{-12{,}55\ kNm}$

Übung 37 Für die Kragarme in Bild 5.36a bis c sind die Biegemomente über den stützenden Auflagerpunkten zu ermitteln.

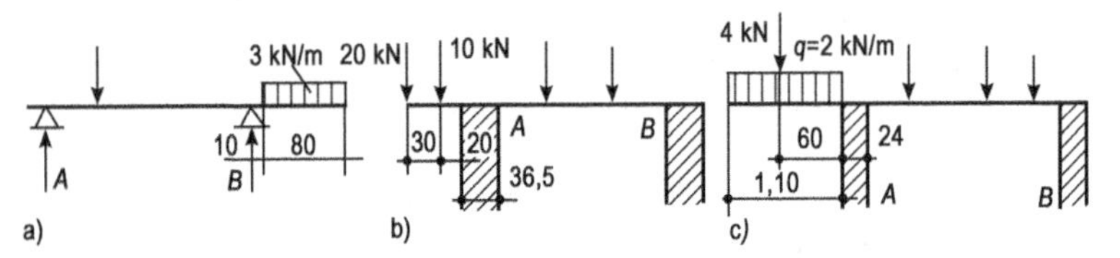

Bild 5.36 Kragarme mit verschiedenen Belastungen

5.6.2 Biegewiderstand – Biegespannungen – Widerstandsmoment

Die beiden Balken in Bild 5.37 haben die gleiche Querschnittsfläche und sind gleich stark belastet. Trotzdem wird der linke, niedrigere Balken erheblich, der rechte wegen seines günstigeren Profils jedoch deutlich weniger durchgebogen. Ein Biegeversuch mit dem einmal hochkant gestellten, das andere Mal flach liegenden Lineal verschafft uns die gleiche Erkenntnis:

> Der Widerstand gegen Biegung hängt nicht nur von der Größe des Querschnitts ab, sondern auch von seiner Form und Anordnung (hochkant/flach).

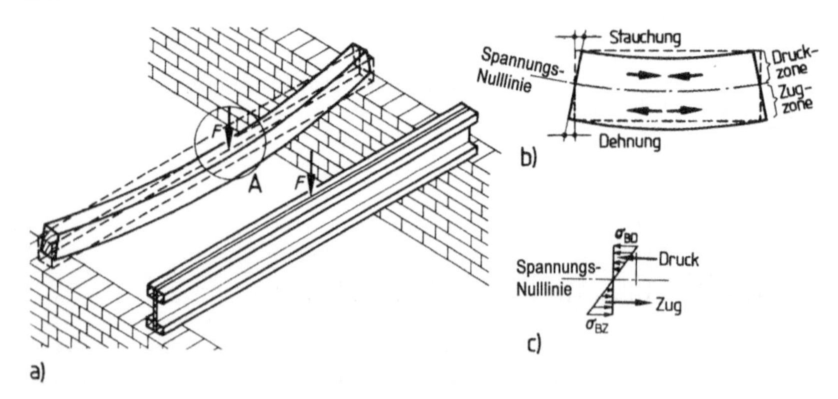

Bild 5.37

a) Die Größe des *Balkenquerschnitts* ist nicht allein maßgebend für den Biegewiderstand, sondern vor allem auch die *Querschnittsform*.
b) Biegebeanspruchung bewirkt eine gestauchte *Druckzone* und eine gedehnte Zugzone. Die ebenfalls gekrümmte *Spannungsnulllinie* ist spannungsfrei.
c) Die Biegedruckspannungen σ_{BD} und die Biegezugspannungen σ_{BZ} fallen von ihren Maximalwerten am äußeren Rand zur Spannungsnulllinie bis auf Null ab.

Steigern wir die Belastung eines Holzbalkens auf 2 Stützen, zeigen sich schließlich Druckstellen an den oberen Fasern und Anrisse an den unteren (Bild **5**.37). Der obere Teil wird also auf Druck beansprucht, der untere auf Zug. Diese Spannungen sind um so größer, je größer das Biegemoment ist. Sie sind andererseits um so geringer, je größer der Biegewiderstand des Balkenquerschnitts ist.

Ansteigende Biegemomente vergrößern die Biegebeanspruchungen, ansteigende Querschnittsflächen (vor allem der Querschnittshöhen) verringern sie.

Biegespannungen. Bild **5**.37 zeigt auch, dass Druckstellen und Dehnungsrisse am äußeren Rand besonders stark hervortreten und dies wiederum an der höchstbeanspruchten Stelle in Balkenmitte. Über die Verteilung der Biegespannungen gewinnen wir daher folgende Erkenntnis:

Am Einfeldbalken entstehen Druckspannungen im oberen und Zugspannungen im unteren Teil des Querschnitts. Gleichgroße Maximalwerte ergeben sich am äußeren Rand des gefährdeten Querschnitts. Zur Querschnittsmitte (Spannungsnulllinie) wie zu den Auflagern hin reduzieren sich die Spannungen stetig bis auf den Wert 0 (Bild **5**.37b).

Widerstandsmoment. Ein Maß für den Widerstand, den der Balken der Biegung leistet, ist das *Widerstandsmoment W* des Balkenquerschnitts. Hierin kommt außer der Querschnittsgröße auch die Querschnittsform zum Ausdruck.

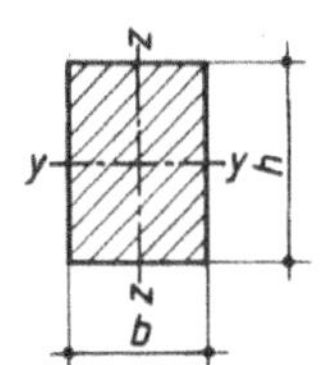

Bild 5.38
Achsen eines Balkenquerschnitts

Bei einem Balkenquerschnitt unterscheidet man zwischen *y*-Achse und z-Achse (Bild **5**.38; s. auch Tabelle **12**.23).

Wird ein Balken, wie üblich, hochkant eingebaut und lotrecht belastet (Bild **5**.39a), biegt er sich um die waagerechte, die *y*-Achse des Balkenquerschnitts. Für den Widerstand gegen diese Biegung ist das auf die *y*-Achse bezogene Widerstandsmoment W_y maßgebend. Wird dagegen der gleiche Balken waagerecht belastet (Bild **5**.39b), biegt er sich um die lotrechte Achse des Querschnitts, die *z*-Achse, wofür das Widerstandsmoment W_z maßgebend ist. W_z gilt auch, wenn der Balken flach eingebaut und lotrecht belastet ist (Bild **5**.39c).

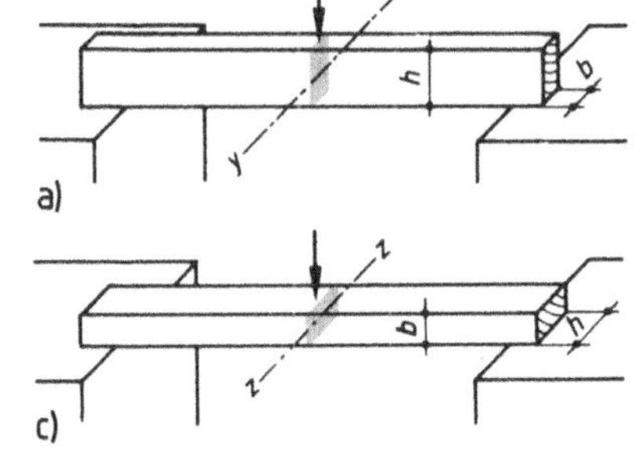

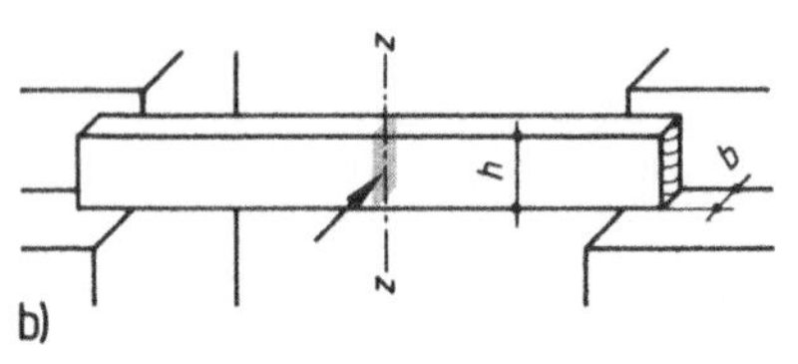

Bild 5.39
a) Balken, hochkant verlegt und lotrecht belastet
b) Balken, hochkant verlegt und waagerecht belastet
c) Balken, flachkant verlegt und lotrecht belastet

Für Regelquerschnitte wie Rechteck, Kreis und alle Profile der Stahlträger sind die Widerstandsmomente W_y und W_z bereits berechnet und in den Tabellen **12.**21 ff. enthalten.

Das Widerstandsmoment *W* ist ein Maß für die Biegefestigkeit von Bauteilen. Es richtet sich nach Form und Größe des Bauteilquerschnitts und nach der gewählten Bezugsachse (W_y, W_z). Die Einheit ist cm³.
Berechnen von Widerstandsmomenten

– für Rechteckquerschnitte: $W_y = \frac{b \cdot h^2}{6}$ und $W_z = \frac{h \cdot b^2}{6}$

– für Kreisquerschnitte: $W_y = W_z = \frac{\pi \cdot d^3}{32}$

Für Regelquerschnitte sind die Widerstandsmomente in Tabellen erfasst.

Zusammenhang zwischen *W*, *M* und σ für Rechteckquerschnitte (Bild **5.**40).
Wir wissen: Wegen symmetrischer Verteilung der Druck- und Zugspannungen ist

$$D = Z = \sigma \cdot \frac{h}{2} \cdot \frac{1}{2} \cdot b = \sigma \cdot \frac{h \cdot b}{4}.$$

Da die Kräfte *D* und *Z* dreieckförmig verteilt sind und ihre Resultierenden deshalb im Abstand $\frac{1}{2} \cdot \frac{2}{3}\, h$ liegen, ist als Hebelarm $\frac{2}{3}\, h$ anzusetzen. Als inneres Moment ergibt sich somit:

$$M_i = Z \cdot \frac{2}{3} h = D \cdot \frac{2}{3} h$$

$$M_i = \sigma \cdot \frac{h \cdot b}{4} \cdot \frac{2}{3} \cdot h = \sigma \cdot \frac{h^2 \cdot b}{6}$$

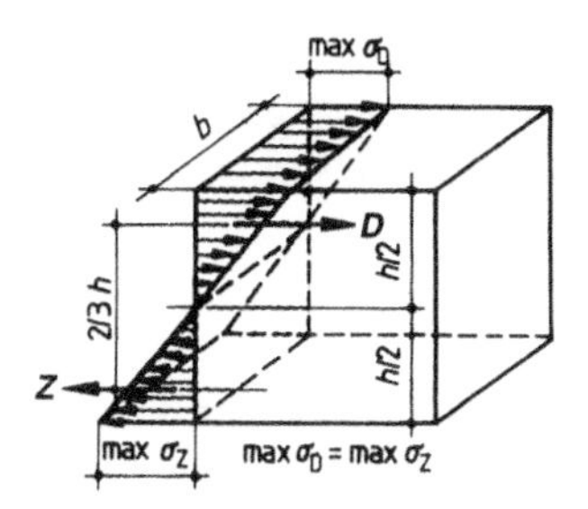

Bild 5.40
Keilförmige Spannungsverteilung am Balkenquerschnitt
D = Druckkraft aus der Summe der Druckspannungen
Z = Zugkraft aus der Summe der Zugspannungen
M = inneres Moment
$^2/_3\, h$ = Hebelarm der inneren Kräfte
M_a = äußeres Moment aus den äußeren Kräften und den zugehörigen Hebelarmen

$$\frac{h^2 \times b}{6} = \text{Widerstandsmoment } W \text{ für Rechteckquerschnitte}$$

Gleichgewicht und Tragsicherheit sind nur gewährleistet, wenn äußeres Moment und inneres Moment gleich sind: $M_a = M_i$. Allgemein gilt:

$$M = \sigma \cdot W.$$

Übung 38 Berechnen Sie W_y und W_z für die Balken 8/16 cm, 10/22 cm, 18/24 cm und die Rundhölzer ∅ 18 cm, 24 cm, 28 cm. Vergleichen Sie die Ergebnisse mit den Tabellenwerten.

5.6.3 Bemessung der Balken

Für die Biegespannung in rechteckigen Balken gilt nach Bild **5**.40 $\sigma = \frac{M}{W}$.

Will man das erforderliche Widerstandsmoment berechnen, ist

$$\textbf{erf } W = \frac{\textbf{vorh } M}{\textbf{zul } \sigma_B} \qquad \text{oder allgemein} \qquad W = \frac{M}{\sigma}.$$

Hierin ist vorh *M* das größte auftretende Biegemoment im gefährdeten Querschnitt, dem das innere Moment M_i das Gleichgewicht hält (Bild **5**.40).

Das zulässige Biegemoment, das ein Balken aufnehmen kann, ergibt sich zu

$$\textbf{zul } M = \textbf{vorh } W \cdot \textbf{zul } \sigma_B \qquad \text{oder allgemein} \qquad M = W \cdot \sigma.$$

Beim Gebrauch dieser Formeln ist auf die Maßeinheiten zu achten. Da in den Tabellen f_k und/oder σ in N/mm² und *W* in cm³ angegeben sind, müssen σ in kN/cm² umgerechnet und *M* in kNcm eingesetzt werden.

Außerdem ist darauf zu achten, dass dieser Nachweis für das Bemessungsmoment M_d und für die Bemessungsspannung, die sogenannte Festigkeit f_d erfolgt, s. Kapitel 2. In den folgenden Beispielen werden wir näherungsweise rechnen: $M_d \approx 1{,}40 \cdot M_k$.

Beispiel 34

Der Kragarm des Balkens in Bild **5**.34, dessen Moment zu min $M_B = -8{,}80$ kNm berechnet wurde, soll als Holzbalken bemessen werden. Das erforderliche Widerstandsmoment ist zu berechnen.

Die Biegung erfolgt um die waagerechte y-Achse; es handelt sich also um W_y.

$$\text{erf}\, W_y = \frac{\min M_B}{\text{zul}\,\sigma}$$

Es ist min $M_{B,d} = 1{,}40 \cdot 8{,}80$ kNm = 1232 kNcm

Für Nadelholz C24 ist bei Biegung

$$f_k = 24\ \text{N/mm}^2 \text{ und } f_d = 0{,}60 \cdot \frac{24\ \text{N/mm}^2}{1{,}30} = 11{,}10 \frac{\text{N}}{\text{mm}^2} = 1{,}11 \frac{\text{kN}}{\text{cm}^2} \quad \text{(s. Tabelle } \mathbf{12}.17\text{a)}$$

$$\text{Folglich ist erf}\, W_y = \frac{1232\ \text{kNcm}}{1{,}11\ \text{kN/cm}^2} = 1110\ \text{cm}^3$$

Gewählt aus Tabelle **12**.22: b/h = **14/22 cm** mit W_y = **1129 cm³**

Beispiel 35

Der Kragarm des Balkens in Bild **5**.35a ist als Stahl S235 zu bemessen.

Es ist

$M_A = 14{,}80$ kNm = 1480 kNcm.; $M_d \cong 1{,}40 \cdot 1480$ kNcm = 2072 kNcm

$f_d = 235\ \text{N/mm}^2 = 23{,}50\ \text{kN/cm}^2$

$$\text{erf}\, W_y = \frac{2072\ \text{kNcm}}{23{,}50\ \text{kN/cm}^2} = 88{,}20\ \text{cm}^3$$

Gewählt aus Tabelle **12**.24: I 160 mit $W_y = 117\ \text{cm}^3 > 88{,}20\ \text{cm}^3$

Übung 39 Die Kragarme nach Bild **5**.35b (Holz) und c (Stahl) sowie Bild **5**.36a (Holz), b (Holz/Stahl) und c (Holz/Stahl) sind zu bemessen.

5.6.4 Balken mit wenigen Einzellasten

Der Deckenbalken in Bild **5**.41 wird durch den Dachstuhlpfosten auf Biegung beansprucht. Für die Berechnung ist festzustellen, wo zwischen den beiden Auflagern,

d. h. wo im „Feld“, das größte Biegemoment liegt. Die Stütze selbst übernimmt Lasten der Mittelpfette, die wiederum den Sparren als Auflager dient. Somit ergibt sich die Stützenbelastung aus der Berechnung der Sparren und der Mittelpfette.

Bei übersichtlichen Einzellasten ist erkennbar, wo der Balken bei Überbelastung zerbrechen würde.

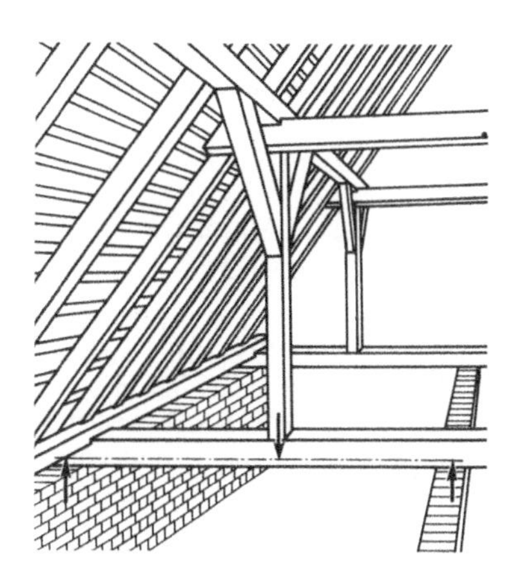

Bild 5.41
Dachbinderpfosten als Einzellast auf einem Deckenbalken

> Bei Balken mit nur einer Einzellast liegt der gefährdete Querschnitt stets im Angriffspunkt der Einzellast.

Beispiel 36

Der Balken in Bild **5.**42 ist zu berechnen.

Wir ermitteln zunächst die Auflagerdrücke (s. Kapitel 5.3.1).

Zur Berechnung von A wird der Drehpunkt in B angenommen.

$$A = \frac{6\ \text{kN} \cdot 1{,}40\ \text{m}}{2{,}50\ \text{m}} = \frac{8{,}40\ \text{kNm}}{2{,}50\ \text{m}} = \mathbf{3{,}36\ kN}$$

Zur Berechnung von B wird der Drehpunkt in A angenommen.

$$B = \frac{6\ \text{kN} \cdot 1{,}10\ \text{m}}{2{,}50\ \text{m}} = \frac{6{,}60\ \text{kNm}}{2{,}50\ \text{m}} = \mathbf{2{,}64\ kN}$$

Probe: $A + B = 3{,}36\ \text{kN} + 2{,}64\ \text{kN} = 6\ \text{kN}$

$F = 6\ \text{kN}$

Wie bereits oben festgestellt, kann der gefährdete Querschnitt mit der maximalen Beanspruchung in diesem Fall nur unterhalb der angreifenden Einzellast liegen. Wir erinnern uns: Das innere Moment M_i an dieser Stelle entspricht dem dort anfallenden äußeren Moment M_a. Wir nennen es auch Biegemoment.

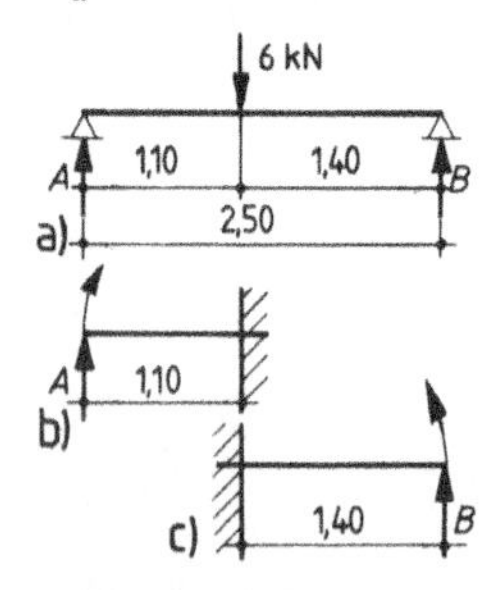

Bild 5.42
Das Biegemoment ermitteln wir aus der Momentensumme links oder rechts des betrachteten Querschnitts.

Biegemomente im Feldbereich berechnen wir, indem wir uns den Balken an der betrachteten Stelle eingespannt vorstellen. Weil an dieser Stelle nur eine Größe für das Biegemoment möglich ist, müssen die Momente (bzw. Momentsummen) links und rechts davon gleich groß sein (Bild **5**.42). Zweckmäßig wählen wir die Seite mit dem kürzeren Rechenansatz. In unserem Fall entsteht links vom gefährdeten Querschnitt ein Kragarm von 1,10 m Länge, der durch den Auflagerdruck A nach oben gebogen wird.

Das Biegemoment ist

$$M = \text{Kraft} \cdot \text{Hebelarm} = A \cdot 1{,}10\ \text{m} = 3{,}36\ \text{kN} \cdot 1{,}10\ \text{m} = 3{,}70\ \text{kNm}.$$

Rechts vom gefährdeten Querschnitt ergibt sich das gleiche Biegemoment

$$M = B \cdot 1{,}40\ \text{m} = 2{,}64\ \text{kN} \cdot 1{,}40\ \text{m} = 3{,}70\ \text{kNm}.$$

> Es ist gleichgültig, ob das Biegemoment von links oder von rechts der betrachteten Stelle berechnet wird.

Das erforderliche Widerstandsmoment ergibt sich aus

$$\text{erf}\,W_y = 1{,}40 \cdot \frac{370\ \text{kNcm}}{1{,}11\ \text{kN/cm}^2} = \mathbf{467\ cm^3}.$$

Gewählt: 10/18 cm mit W_y = **540 cm³**

Beispiel 37

Der Träger nach Bild **5**.43a ist für Brettschichtholz GL32h zu bemessen.

$$A = \frac{15\ \text{kN} \cdot 3{,}20\ \text{m} + 30\ \text{kN} \cdot 1{,}80\ \text{m}}{4{,}00\ \text{m}} = \frac{48\ \text{kNm} + 54\ \text{kNm}}{4{,}00\ \text{m}}$$

$$A = \frac{102\ \text{kN}}{4{,}00\ \text{m}} = \mathbf{25{,}50\ kN}$$

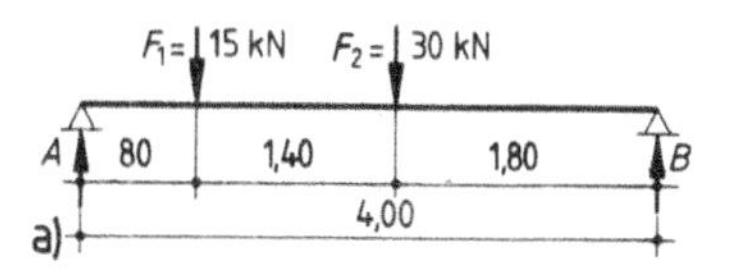

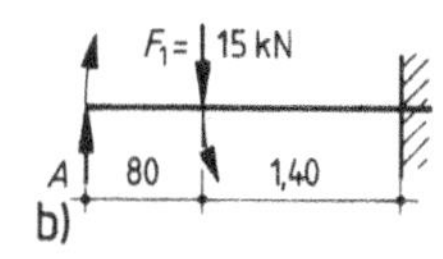

Bild 5.43 Träger mit zwei Einzellasten

$$B = \frac{15\,\text{kN} \cdot 0{,}80\,\text{m} + 30\,\text{kN} \cdot 2{,}20\,\text{m}}{4{,}00\,\text{m}} = \frac{12\,\text{kNm} + 66\,\text{kNm}}{4{,}00\,\text{m}}$$

$$B = \frac{78\,\text{kNm}}{4{,}00\,\text{m}} = \mathbf{19{,}5\,kN}$$

Probe: $A + B = 25{,}5\,\text{kN} + 19{,}50\,\text{kN} = 45\,\text{kN}$
$\Sigma F = 15\,\text{kN} + 30\,\text{kN} = 45\,\text{kN}$

Wäre der Balken zu schwach bemessen, würde er unter der Einzellast F_2 = 30 kN zerbrechen. Denn dort wird er erheblich stärker durchgebogen als unter F_1 = 15 kN, die kleiner ist und sehr viel näher am Auflager liegt. Also liegt der gefährdete Querschnitt unter F_2. Denken wir uns den Balken an dieser Stelle eingespannt, ergibt sich wieder ein Kragarm (Bild **5**.43b). Dieser wird durch den Auflagerdruck A nach oben gebogen, durch die Last F_1 = 15 kN dagegen nach unten, so dass die Momente dieser beiden Kräfte entgegengesetzte Vorzeichen haben. Mit + bezeichnen wir das rechtsdrehende Moment (hier $A \cdot 2{,}2$ m). (Biegemomente sind positiv, wenn sie den Balken so verbiegen wollen, dass seine *hohle* Seite oben liegt.) Es ist also das Biegemoment im gefährdeten Querschnitt

$$M = A \cdot 2{,}20\,\text{m} - 15\,\text{kN} \cdot 1{,}40\,\text{m} = 25{,}5\,\text{kN} \cdot 2{,}20\,\text{m} - 15\,\text{kN} \cdot 1{,}40\,\text{m}$$

$$M = 56{,}01\,\text{kNm} - 21\,\text{kNm} = \mathbf{35{,}10\,kNm}.$$

Mit weniger Rechenaufwand ermitteln wir das gleiche Moment rechts vom gefährdeten Querschnitt. Mit der Auflagerkraft B ergibt sich

$$M = 19{,}50\,\text{kN} \cdot 1{,}80\,\text{m} = \mathbf{35{,}10\,kNm}.$$

Das erforderliche Widerstandsmoment für einen BSH-Träger aus GL32h mit der Festigkeit

$f_k = 32\,\text{N/mm}^2$ (Tabelle **12**.18)

$$f_d = 0{,}60 \cdot \frac{32\,\text{N/mm}^2}{1{,}30} = 14{,}80\frac{\text{N}}{\text{mm}^2} = 1{,}48\frac{\text{kN}}{\text{cm}^2}$$

$$\text{erf}\,W_y = \frac{1{,}40 \cdot 3510\,\text{kNcm}}{1{,}48\,\text{kN/cm}^2} = \mathbf{3327\,cm^3}.$$

Gewählt: BSH aus GL32h mit b/h = 14/38 mit **3370 cm³** (Tabelle **12**.23)

Übung 40 Die Balken und Träger zu Bild **5**.44 sind zu berechnen für NH S10.

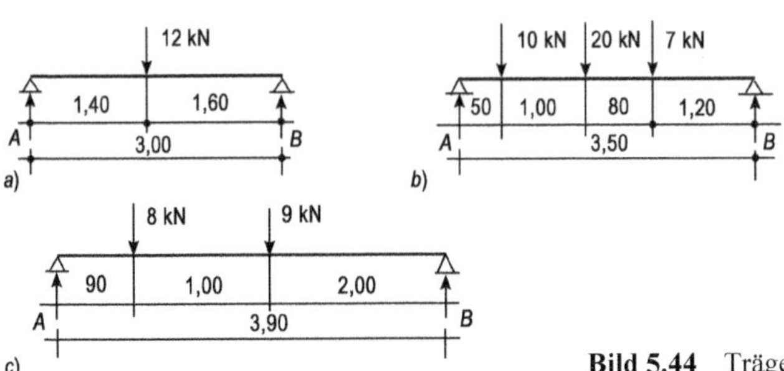

Bild 5.44 Träger mit Einzellasten

5.7 Gefährdeter Querschnitt

5.7.1 Balken mit mehreren Einzellasten

Nicht immer lässt sich die Lage des gefährdeten Querschnitts eindeutig aus den vorliegenden Laststellungen erkennen (Bild 5.45). Dann ermitteln wir ihn rechnerisch oder zeichnerisch. Dazu brauchen wir den Verlauf der Querkraft. Sie entspricht der Differenz von Auflagerkraft und Belastung links oder rechts von der jeweils betrachteten Stelle. Der gefährdete Querschnitt und somit auch das maximale Biegemoment ergeben sich immer an der Querkraft-Nullstelle – dem Ort also, wo die Auflagerkraft von den Balkenlasten bis auf 0 ausgeglichen ist und wo deshalb das Vorzeichen der Querkräfte wechselt.

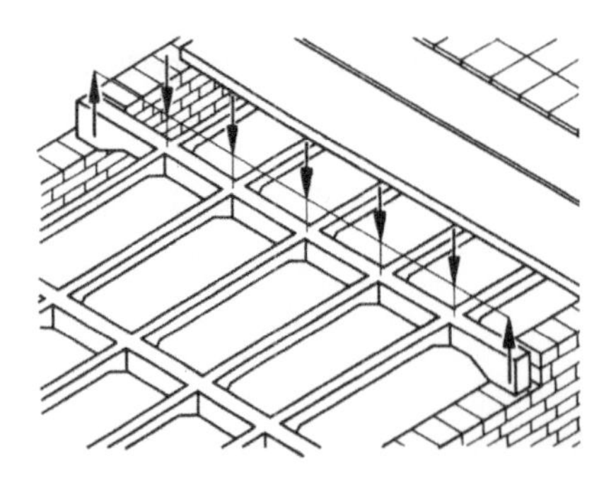

Bild 5.45
Stahlbetonunterzug mit vielen Einzellasten (Deckenplatte teilweise fortgelassen)

Wir haben schon festgestellt, dass das Moment ein Maß für die Biegebeanspruchung eines Balkens ist. Die Querkraft dagegen beschreibt Größe und Verlauf der Schubbeanspruchung. Sie dient also nicht nur zur Bestimmung des gefährdeten Querschnitts, sondern auch zur Beurteilung der Schubbruchgefahr, wie wir später noch erfahren werden.

Der gefährdete Querschnitt kann rechnerisch oder zeichnerisch mit Hilfe der Querkraft V ermittelt werden.

Beispiel 38

Der Balken nach Bild **5**.46 ist zu berechnen.

$F_1 = 4$ kN $\quad F_3 = 8$ kN

$F_2 = 9$ kN $\quad F_4 = 7$ kN

Die Berechnung der Auflagerkräfte (führen Sie sie selbst durch) ergibt

$A = 14{,}21$ kN $\quad B = 13{,}79$ kN $\quad$ (Balkeneigenlast vernachlässigt).

a) **Rechnerische Ermittlung des gefährdeten Querschnitts** (Bild **5**.46)

Um diese Stelle zu finden, denken wir uns zunächst senkrechte Schnitte durch den Balken und überlegen, welche Kräfte – nach oben oder nach unten – in den so geschnittenen Querschnitten wirken, und zwar links oder rechts davon. Wir betrachten hier die Lasten und Kräfte links von den Schnittpunkten.

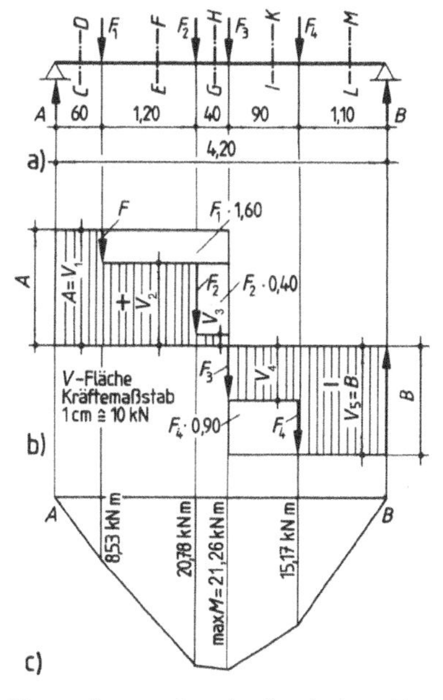

Bild 5.46
a) Träger mit Einzellasten
b) Querkraftfläche
c) Momentenfläche

Vorzeichen: Querkräfte sind positiv, wenn sie den Balken an der betrachteten Stelle im Uhrzeigersinn drehen; umgekehrt sind sie negativ (Bild **5**.47).

Links vom Schnitt $C - D$ wirkt als maximale Querkraft die Auflagerkraft A quer zur Balkenachse und versucht, diesen Balkenteil nach oben zu verschieben. Man sagt:

Die Querkraft V_1, im Querschnitt $C - D$ ist $A = +14{,}21$ kN.

Links vom Querschnitt $E–F$ wirken A und F_1, und zwar A nach oben, F_1 dagegen nach unten.

Die Querkraft in $E - F$ ist $V_2 = +A - F_1 = +14{,}21$ kN – 4 kN = +10,21 kN (Bild **5**.46b).

Entsprechend erhalten wir im Querschnitt $G - H$:

$$V_3 = +A - F_1 - F_2$$
$$V_3 = +\ 14{,}21\ \text{kN} - 4\ \text{kN} - 9\ \text{kN} = +1{,}21\ \text{kN}$$

im Querschnitt $I - K$:

$$V_4 = +A - F_1 - F_2 - F_3$$
$$V_4 = +\ 14{,}21\ \text{kN} - 4\ \text{kN} - 9\ \text{kN} - 8\ \text{kN} = -6{,}79\ \text{kN}$$

im Querschnitt $L - M$:

$$V_5 = +A - F_1 - F_2 - F_3 - F_4$$
$$V_5 = +\ 14{,}21\ \text{kN} - 4\ \text{kN} - 9\ \text{kN} - 8\ \text{kN} - 7\ \text{kN} = -13{,}79\ \text{kN} = -B$$

Wir können ferner feststellen, dass für jeden beliebigen Schnitt zwischen A und F_1 die Querkraft $V_1 = +14{,}21$ kN beträgt; ebenso zwischen F_1 und F_2 für jeden Schnitt $V_2 = +10{,}21$ kN usw. An einer Stelle (bei F_3) wechselt jedoch die Querkraft ihr Vorzeichen.

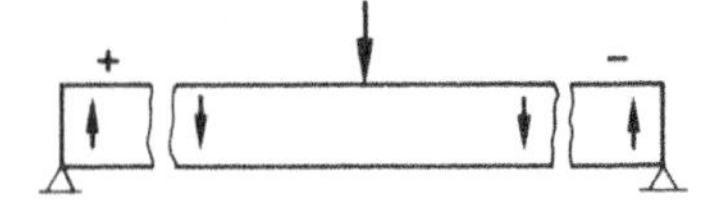

Bild 5.47
Rechtsdrehende Querkraftpaare sind positiv, linksdrehende negativ

> Der durch maximale Biegebeanspruchung gefährdete Querschnitt liegt dort, wo die Querkraft ihr Vorzeichen wechselt (Querkraft-Nullstelle).

In unserem Beispiel ergibt sich der Vorzeichenwechsel der Querkraft unter der Einzellast F_3. Genau dort liegt, wie später noch nachgewiesen wird, auch das maximale Biegemoment max M (Bild **5**.46b, c).

b) **Zeichnerische Ermittlung des gefährdeten Querschnitts** (Bild **5**.46b)

Wir tragen von einer beliebigen waagerechten Achse in einem geeigneten Kräftemaßstab[1)] unter dem Auflager A den Auflagerdruck $A = +14{,}21$ kN entsprechend seiner Richtung senkrecht nach oben auf und ziehen durch den oberen Endpunkt eine waagerechte Linie bis F_1. Hier tragen wir entsprechend ihrer Richtung $F_1 = -4$ kN lotrecht nach unten ab und ziehen durch den erhaltenen Punkt eine Waagerechte bis F_2, tragen dort F_2 nach unten ab, ziehen durch den unteren Endpunkt von F_2 eine Waagerechte bis F_3 und so fort bis zur Auflagersenkrechten B. Unter B tragen wir die Auflagerkraft $B = 13{,}79$ kN entsprechend ihrer Richtung nach oben auf. Haben wir richtig gezeichnet, liegt ihr Endpunkt auf der Ausgangsachse: Der Linienzug ist geschlossen. Er bestätigt die Gleichgewichtsbedingung für alle vertikalen Kräfte $\Sigma V = 0$.

Die Abstände zwischen den Begrenzungslinien der Querkraftfläche und der (waagerechten) Systemlinie entsprechen der jeweiligen Querkraftgröße (s. senkrechte Schraffurlinien im

---

1) Näheres über die zeichnerische Darstellung von Kräften s. Kapitel 6.1.

Bild **5**.46b). Oberhalb der Achse liegen die positiven Querkräfte, unterhalb die negativen. An der Übergangsstelle von + zu – liegt der gefährdete Querschnitt.

> Die Querkraftfläche kennzeichnet Größe und Richtung der Querkraft für jeden Balkenquerschnitt und an der Nullstelle die Lage des gefährdeten Querschnitts.

c) **Berechnen des Größtmoments max *M*** (Bild **5**.48)

Wir denken uns den Balken wieder im gefährdeten Querschnitt eingespannt. Die Auflagerkraft A biegt den Balken mit dem Biegemoment $A \cdot 2{,}20$ m nach oben, die Lasten F_1 und F_2 wirken mit dem Biegemoment $F_1 \cdot 1{,}60$ m und $F_2 \cdot 0{,}40$ m nach unten. Sie haben also das entgegengesetzte Vorzeichen wie das Moment von A.

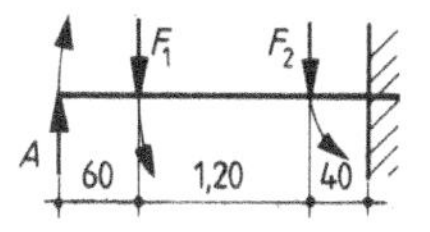

Bild 5.48
Zum Berechnen des Größtmoments max M stellen wir uns den Balken an der Querkraft-Nullstelle eingespannt vor.

So ergibt sich das Gesamtbiegemoment

$$M_{max} = A \cdot 2{,}20\ \text{m} - F_1 \cdot 1{,}60\ \text{m} - F_2 \cdot 0{,}40\ \text{m}$$
$$M_{max} = 14{,}21\ \text{kN} \cdot 2{,}20\ \text{m} - 4\ \text{kN} \cdot 1{,}60\ \text{m} - 9\ \text{kN} \cdot 0{,}40\ \text{m}$$
$$M_{max} = 31{,}26\ \text{kNm} - 6{,}40\ \text{kNm} - 3{,}60\ \text{kNm} = \mathbf{21{,}26\ kNm}.$$

Rechts vom gefährdeten Querschnitt ergibt sich der kürzere Ansatz mit

$$M_{max} = B \cdot (1{,}10\ \text{m} + 0{,}90\ \text{m}) - F_4 \cdot 0{,}90\ \text{m}$$
$$M_{max} = 13{,}79\ \text{kN} \cdot 2{,}00\ \text{m} - 7{,}00\ \text{kN} \cdot 0{,}90\ \text{m} = \mathbf{21{,}28\ kNm}.$$[1)]

Vergleichen wir den Ansatz der Momentenberechnung mit der Querkraftfläche, erkennen wir, dass die Einzelmomente Rechtecken in der Querkraftfläche entsprechen und dass die negative wie die positive Querkraftfläche zugleich die Größe des maximalen Moments ergibt. Daraus folgt:

> Die positive und die negative Querkraftfläche sind flächengleich. Jeder der beiden Flächeninhalte entspricht der Größe des maximalen Moments max M.

Die Momentenfläche veranschaulicht die Biegebeanspruchung über die ganze Balkenlänge und ist für statische wie konstruktive Entscheidungen oft von Bedeutung. In unserem Beispiel (mit Einzellasten) berechnen wir dazu noch die Biegemomente unter den Einzellasten. Dafür benutzen wir das schon geübte Denkmodell der Einspannung an der jeweils betrachteten Stelle. (Berechnen Sie die Momente.) Wir erhalten die in der Momentenfläche Bild **5**.46c eingetragenen Ergebnisse. Die Momente sind maßstäblich als lotrechte Strecken unterhalb der Systemlinie eingezeichnet. Die Verbindungslinie ihrer Endpunkte schließt die

---

[1)] Es ergeben sich hier nicht genau die gleichen Werte für das Moment, weil wir mit gerundeten Werten gerechnet haben.

Momentenfläche (M-Fläche). Jedes weitere Moment lässt sich daraus abmessen und auch durch Berechnung bestätigen.

Zwischen Momenten- und Querkraftfläche in Bild **5**.46b und c stellen wir weitere Zusammenhänge fest:

- An der Stelle der maximalen Querkräfte (Auflagerpunkte) ist $M = 0$.
- Sprünge in der Querkraftfläche geben einen Knick in der Momentenfläche.
- Einzellasten ergeben rechtwinklig begrenzte Querkraftflächen und eine schiefwinklig begrenzte Momentenfläche.

Weitere Zusammenhänge folgen in den nächsten Beispielen.

d) **Bemessen des Trägers**

Das erforderliche Widerstandsmoment für einen BSH-Träger GL32h ist

$$\text{erf } W_y = \frac{2126\,\text{kNcm} \cdot 1{,}40}{1{,}48\,\text{kN/cm}^2} = 2011\,\text{cm}^3.$$

Gewählt: z. B. $b/h = 14/30$, s. Tabelle **12**.23 mit $W_y = 2100\ \text{cm}^3$

Übung 41 Die Träger nach Bild **5**.49 sind zu berechnen für BSH, GL32h. Zeichnen Sie dazu die Querkraft- und die Momentenflächen. Bestätigen Sie die oben dargelegten Zusammenhänge.

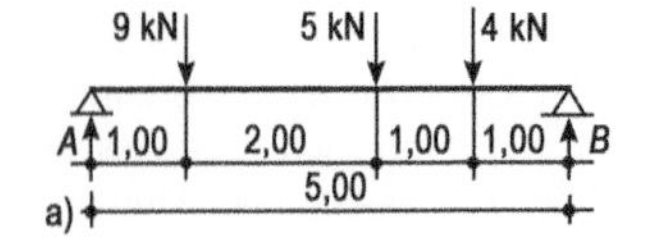

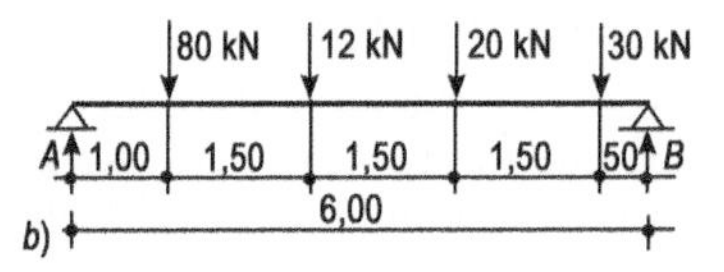

Bild 5.49 Träger mit Einzellasten

5.7.2 Balken mit Streckenlasten

Querkraftlinien und -flächen ergeben unter der Wirkung von Streckenlasten andere Formen als bei Einzelkräften.

Wir teilen zunächst die Streckenlast in wenige, gleichgroße Einzelersatzkräfte auf (Bild **5**.50a) und bestimmen eine vorläufige, treppenförmige Querkraftlinie. Je weiter wir die Streckenlast zerteilen und je kleiner die Einzelkraft selbst wird, um so kleiner werden die Einzelstufen der Querkraftlinie (Bild **5**.50b). Schließlich erkennt man, dass sich die Querkraftlinie bei einer Streckenlast nicht mehr sprungweise ändert, sondern stetig verläuft (Bild **5**.50c).

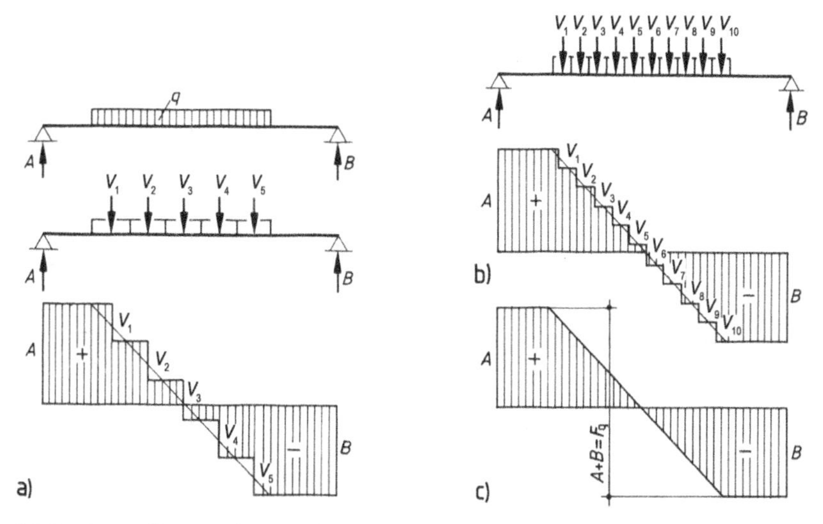

Bild 5.50 Teilt man eine Streckenlast in immer kleinere Einzelteile, wechselt der gestufte Querkraftverlauf in eine schräge Gerade

> Die Querkraftfläche einer Streckenlast wird von einer schräg verlaufenden Geraden begrenzt, denn sie verändert sich stetig.

Beispiel 39

Der Träger mit Streckenlast nach Bild **5.**51 ist zu berechnen.

a) **Berechnen der Auflagerkräfte**

Die Streckenlast von 2,50 m Breite wird durch die Gesamtlast F_q in der Mitte der Belastungslänge ersetzt:

$$F_q = 2{,}50\ \text{m} \cdot 20\ \text{kN/m} = 50\ \text{kN}$$

Mit dem Drehmoment in B erhalten wir

$$A = \frac{F_q \cdot 2{,}25\ \text{m}}{4{,}00\ \text{m}} = \frac{50\ \text{kN} \cdot 2{,}25\ \text{m}}{4{,}00\ \text{m}} = \mathbf{28{,}10\ kN}.$$

Mit dem Drehpunkt in A wird

$$B = \frac{F_q \cdot 1{,}75\ \text{m}}{4{,}00\ \text{m}} = \frac{50\ \text{kN} \cdot 1{,}75\ \text{m}}{4{,}00\ \text{m}} = \mathbf{21{,}90\ kN}.$$

Probe: $A + B = 28{,}10\ \text{kN} + 21{,}90\ \text{kN} = 50\ \text{kN}$

b) **Ermitteln des gefährdeten Querschnitts**

Zeichnerische Lösung. Sie ist bei Streckenlasten oft die zweckmäßigste. Wir wissen bereits, dass die Querkraftfläche in lastfreien Bereichen waagerecht begrenzt ist, unter Einzellasten dagegen treppenförmig und unter Streckenlasten schräg abfällt. In unserem Beispiel hat die Querkraft links von der Streckenlast auf der Länge von 50 cm die Größe A = +28,10 kN, rechts davon auf der Länge von 1,00 m die Größe B = –21,90 kN. Die schräge Verbindungslinie begrenzt alle weiteren Querkräfte unterhalb der Streckenlast. Auch hier ergeben sich links und rechts von der Nullstelle Querkraftflächen gleicher Größe. Wo die Querkraftfläche ihr Vorzeichen wechselt, d. h., wo sie die waagerechte Achse schneidet, liegt der gefährdete Querschnitt – hier in einer Entfernung x = 1,91 m von A.

Rechnerische Lösung. Die Lage des Querschnitts, in dem V = 0 wird, d. h. das Vorzeichen wechselt, erhalten wir mit Bild **5.**51b wie folgt:

$$V = A - q \cdot x_1 = 0 \qquad A = q \cdot x_1$$

$$x_1 = \frac{A}{q} = \frac{28{,}10\ \text{kN}}{20\ \text{kN/m}} = 1{,}41\ \text{m}$$

Der Abstand von A wird damit

0,50 m + 1,41 m = 1,91 m.

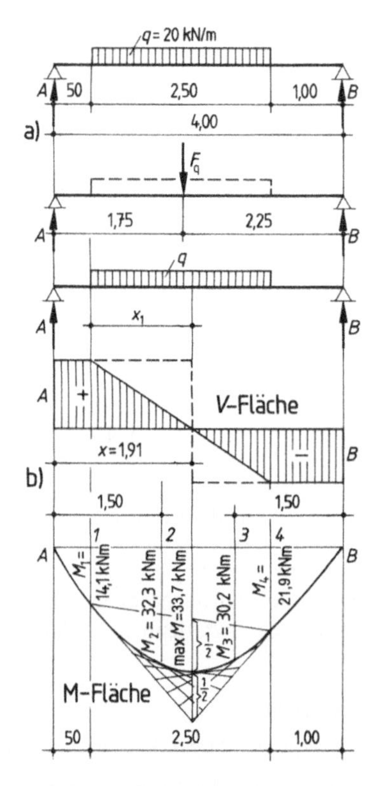

Bild 5.51 Querkraft- und Momentenfläche bei Streckenlast

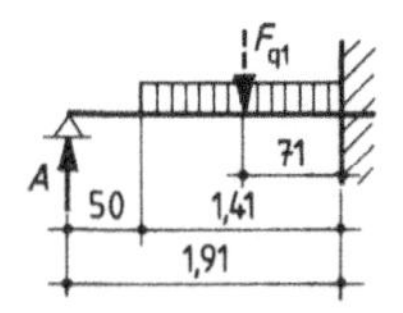

Bild 5.52
Linker Balkenteil, an der Querkraft-Nullstelle

c) **Berechnen des größten Biegemoments max M**

Es wirkt im gefährdeten Querschnitt. Wieder denken wir uns den Träger an dieser Stelle eingespannt (Bild **5.**52). Der entstandene Kragarm wird durch den Auflagerdruck A nach oben und durch die 1,91 – 0,50 = 1,41 m lange Streckenlast q nach unten gebogen.

Diese Streckenlast muss durch ihre Gesamtlast F_{q1} ersetzt werden:

$$F_{q1} = 1{,}41\ \text{m} \cdot 20\ \text{kN/m} = 28{,}20\ \text{kN}$$

F_{q1} ist in der Mitte der Streckenlast anzusetzen, ihr Hebelarm ist also

$$\frac{1{,}41\text{ m}}{2} = 0{,}71\text{ m}.$$

Das Biegemoment wird

$M = A \cdot 1{,}91\text{ m} - F_{q1} \cdot 0{,}71\text{ m} = 28{,}10\text{ kN} \cdot 1{,}91\text{ m} - 28{,}20\text{ kN} \cdot 0{,}71\text{ m}$

$M = 53{,}70\text{ kNm} - 20\text{ kNm} = 33{,}70\text{ kNm}.$

Momentenfläche. Wie die geradlinig abfallende Querkraftfläche zeigt auch die Momentenfläche unter Streckenlasten einen typischen Verlauf. Wir ermitteln zunächst 4 weitere Momente an den gekennzeichneten Punkten. Aus Beispiel 37 wissen wir, dass die Momentenfläche unter lastfreien Bereichen geradlinig begrenzt ist. Dies ist zwischen A und $M_1 = A \cdot 0{,}50$ m = 14,10 kNm der Fall, ebenso zwischen B und $M_4 = B \cdot 1{,}00$ m = 21,90 kNm. Wir tragen noch $M_2 = A \cdot 1{,}50\text{ m} - q \cdot 1 \cdot 0{,}50$ m = 32,30 kNm und $M_3 = 1{,}50\text{ m} \cdot B - q \cdot 0{,}50 \cdot 0{,}25$ m = 30,20 kNm an. Berechnen wir weitere Biegemomente im Bereich der Streckenlast, erkennen wir dort eine Kurve (Parabel). Wir merken uns:

> Unter Streckenlasten ist die Momentenfläche parabelförmig.

Zeichnerisch finden wir den Verlauf der Momentenparabel schneller. Wir berechnen außer max M die Momente M_1 und M_4 an den Endpunkten der Streckenlast und tragen sie maßstäblich auf (Bild **5.51**). Die schräge Verbindungslinie von M_1, zu M_4 teilt von max M einen unteren Abschnitt ab, um dessen Größe wir max M nach unten verlängern. Den neuen Endpunkt verbinden wir mit M_1 und M_4 zu einem Dreieck. Auf beiden Dreieckseiten teilen wir gleichviel Streckenteile ab, deren Teilungspunkte wir nach dem Beispiel in Bild **5.51** verbinden. Die Parabel tragen wir nun tangential entlang der inneren Teilstrecken an.

d) **Bemessen des BSH-Trägers GL32h**

Das erforderliche Widerstandsmoment für einen BSH-Trägers GL32h ist

$$\text{erf } W_y = \frac{3370\text{ kNcm} \cdot 1{,}40}{1{,}48\text{ kN/cm}^2} = 3187\text{ cm}^3.$$

gewählt: $b/h = 14/38$ mit $W_y = 3369\text{ cm}^3$ (Tabelle **12.23**)

Übung 42 Für die Balken nach Bild **5.53**a bis c sind die maximalen Momente zu berechnen. Zeichnen Sie außerdem die Querkraft- und Momentenflächen.

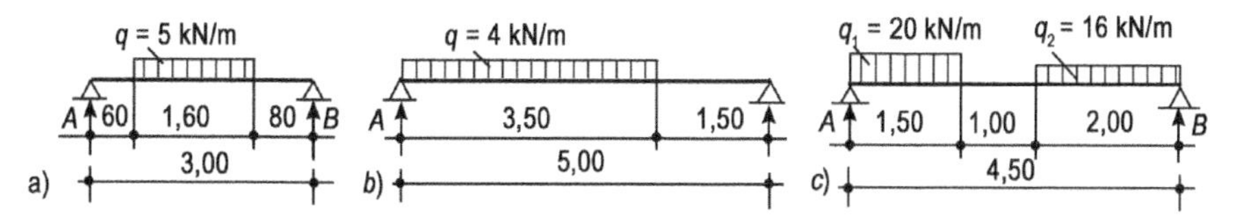

Bild 5.53 Balken mit Streckenlasten

5.7.3 Balken mit gemischter Belastung

Bei Balken mit gemischter Belastung (z. B. Einzel- und Streckenlasten, Bild **5**.54), ergeben sich Querkraftflächen von gemischter Form.

Wir finden sie ohne besondere Schwierigkeiten, wenn wir uns vergegenwärtigen, dass Einzellasten senkrechte Versprünge in der V-Linie bewirken, Streckenlasten dagegen schräge Begrenzungslinien.

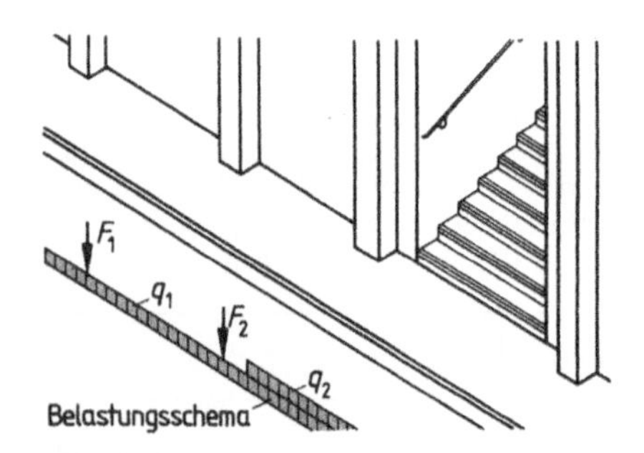

Bild 5.54
Balken mit gemischter Belastung

Beispiel 40
Der gemischt belastete Balken nach Bild **5**.55 ist zu berechnen. Die Auflagerdrücke (berechnen Sie sie selbst) sind

$A = 8{,}65$ kN und $B = 13{,}35$ kN.

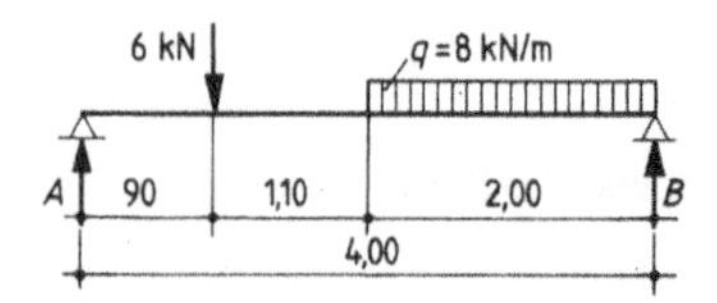

Bild 5.55
Balken mit gemischter Belastung

a) **Ermitteln des gefährdeten Querschnitts**

Mit den schon erworbenen Kenntnissen können wir nun zielsicher vorgehen: Die Querkraftfläche beginnt in A mit +8,65 kN und verläuft in gleichbleibender Größe bis zur Einzellast. Dort verspringt sie um 6 kN, verläuft im lastfreien Bereich erneut waagerecht und fällt dann mit Beginn der Streckenlast bis nach B auf −13,35 kN ab. Um das Maß $x = 2{,}33$ m von A entfernt, schneidet die Schräge die Waagerechte. Hier wechselt die Querkraft ihr Vorzeichen, hier liegt also der gefährdetete Querschnitt (Bild **5**.56).

Rechnerisch ist $V = 0$ in diesem Fall leichter von rechts zu ermitteln:

$$B - x_1 \cdot q = 0$$

$$x_1 = \frac{B}{q} = \frac{13{,}35 \text{ kN}}{8 \text{ kN/m}} = 1{,}67 \text{ m}$$

Probe: $x + x_1 = 2{,}33 \text{ m} + 1{,}67 \text{ m} = 4{,}00 \text{ m}$

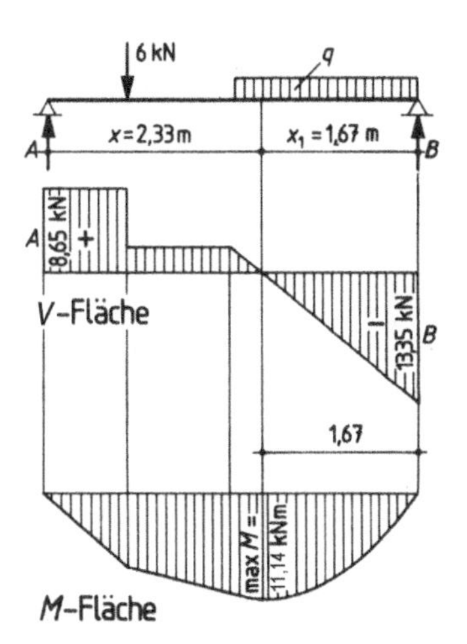

Bild 5.56
Ermitteln des gefährdeten Querschnitts an der Querkraft-Nullstelle

b) **Berechnen des Größtmoments**

Der kürzere Rechengang ergibt sich, wenn wir uns den Balkenteil rechts vom gefährdeten Querschnitt als eingespannten Kragarm vorstellen. Die Streckenlast ersetzen wir wieder durch die gleich große Einzellast F_{q1} im Schwerpunkt von q (Bild **5**.57).

$F_{q1} = 1{,}67 \text{ m} \cdot 8 \text{ kN/m} = 13{,}36 \text{ kN}$

Der Hebelarm ist $\dfrac{1{,}67 \text{ m}}{2} = 0{,}835 \text{ m}$.

$\max M = B \cdot 1{,}67 \text{ m} - F_q \cdot 0{,}835 \text{ m}$

$\max M = 13{,}35 \text{ kN} \cdot 1{,}67 \text{ m} - 13{,}36 \text{ kN} \cdot 0{,}835 \text{ m} = 11{,}14 \text{ kNm}$

Die Momentenfläche zeigt geradlinige Begrenzungen im lastfreien Bereich und parabelförmige unter der Streckenlast (Bild **5**.56).

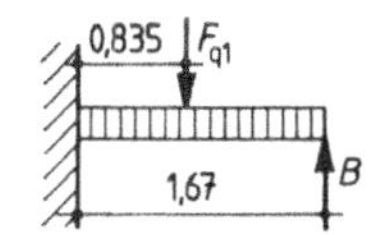

Bild 5.57
Berechnung des Größtmoments am eingespannt gedachten Balkenteil rechts von der Querkraft-Nullstelle

c) **Bemessen des Balkens (NH, S10)**

Das erforderliche Widerstandsmoment ist

$$\text{erf } W_y = \frac{1114 \text{ kNcm} \cdot 1{,}40}{1{,}11 \text{ kN/cm}^2} = 1405 \text{ cm}^3.$$

Gewählt: Holzbalken (Sortierklasse 10) $b/h = 16/24$ cm mit $W_y = 1536 \text{ cm}^3$

Übung 43 Für die Balken mit gemischter Belastung nach Bild **5**.58a bis c sind die maximalen Biegemomente zu berechnen sowie die Querkraft- und die Momentenflächen darzustellen.

Hinweis: Für das Zeichnen der Querkraftfläche zu Bild **5**.58c empfiehlt es sich, die Streckenlast in zwei Teile zu zerlegen, einen Teil vor der Einzellast von 18 kN und einen Teil dahinter.

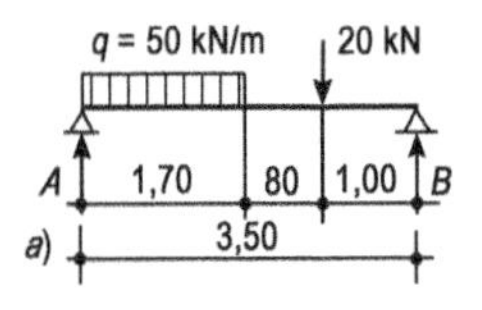

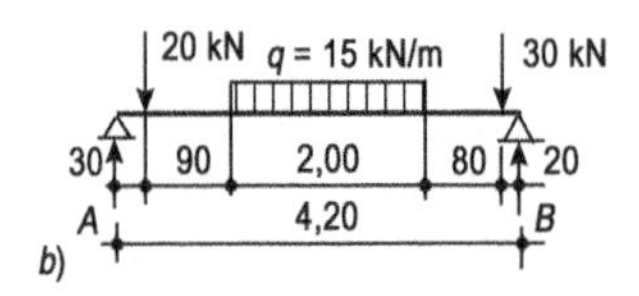

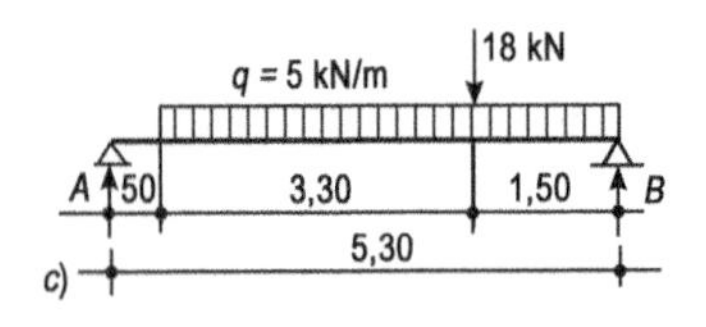

Bild 5.58 Balken mit gemischter Belastung

5.7.4 Balken auf zwei Stützen mit Kragarm

Ein Balken mit Kragarm muss sowohl die Lasten zwischen den Auflagern als auch die auf dem Kragarm aufnehmen. Er könnte, wenn er zu schwach wäre, an zwei Stellen zerbrechen: zwischen den Auflagern, d. h. „im Feld" oder über der Stütze *B*.

Ein Balken mit Kragarm hat zwei gefährdete Querschnitte.

Beispiel 41

Der Balken mit Kragarm nach Bild **5**.59 ist zu berechnen. Als Auflagerkräfte erhalten wir (führen Sie die Berechnung selbst durch)

$A = 7$ kN und $B = 10$ kN.

a) **Ermitteln der gefährdeten Querschnitte**

Aus der Belastung mit Einzellasten schließen wir auf rechtwinklig begrenzte Querkraftflächen. Rechts von *A* ergibt sich auf 1 m Länge die gleichbleibende Querkraft von +7 kN. Unter der Einzellast reduziert sie sich auf +7 kN – 12 kN = –5 kN. Am Wechsel des Vorzeichens erkennen wir den gefährdeten Querschnitt „im Feld" an dieser Stelle. Gleichbleibend und deshalb waagerecht verläuft die Querkraft bis *B*, wo sie auf –5 kN + 10 kN = +5 kN ansteigt. Der erneute Vorzeichenwechsel beweist, dass der zweite gefährdete Querschnitt „über der Stütze" liegt. Mit dem Wert +5 kN schließt die Querkraftfläche waagerecht an die Einzellast des Kragarms an, was die Richtigkeit der Querkraftgrößen beweist und den Gleichgewichtsgrundsatz $\Sigma V = 0$ bestätigt.

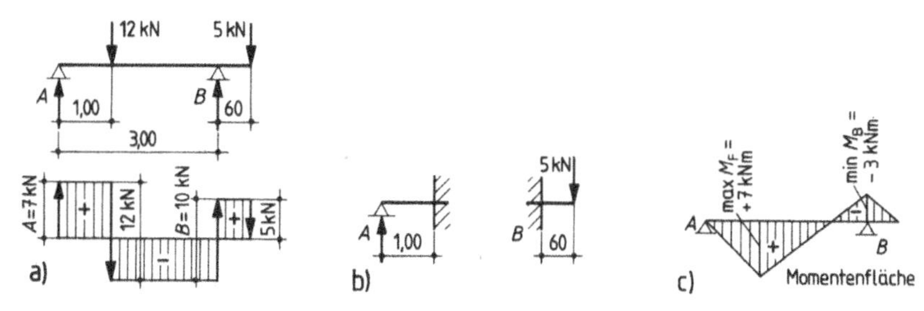

Bild 5.59 Balken auf zwei Stützen mit Kragarm

> Die Querkraftlinie eines Balkens auf zwei Stützen mit Kragarm schneidet die waagerechte Systemlinie zweimal: einmal im Feld und einmal über der Stütze. Jedesmal wechselt sie dabei das Vorzeichen und kennzeichnet an diesen Nullstellen die beiden gefährdeten Balkenquerschnitte (Bild **5**.59a).
>
> Die zugehörige Momentenlinie hat dazu entsprechend einen Höchstwert im Feld und einen weiteren über der Stütze (Bild **5**.59c).

b) **Berechnen des Größtmoments**

Für beide gefährdeten Querschnitte sind die Biegemomente zu berechnen, da nicht ohne weiteres zu sagen ist, welches Moment das größere ist; und nach diesem ist der Balken ja zu bemessen.

c) **Berechnen des Feldmoments**

Der gefährdete Querschnitt liegt unter $F = 12$ kN. Wir erhalten das Biegemoment

$M = A \cdot 1{,}00\ \text{m} = +7\ \text{kN} \cdot 1{,}00\ \text{m} = +7\ \text{kNm}$ (Bild **5**.59b).

d) **Berechnen des Stützmoments M_B**

Für den gefährdeten Querschnitt im Auflager B (Bild **5**.59c) ist das Biegemoment

$M_B = -5\ \text{kN} \cdot 0{,}60\ \text{m} = -3\ \text{kNm}.$

Dieses Stützmoment biegt den Balken nach oben durch. Die Zugbeanspruchung liegt hier also in der oberen Querschnittshälfte des Balkens, die Druckbeanspruchung in der unteren. Umgekehrt verhält sich das Biegemoment im Feld, das den Balken nach unten durchbiegt: Die Zugbeanspruchung liegt hier unten, die Druckbeanspruchung oben. Die beiden Biegemomente biegen den Balken also in entgegengesetzter Richtung. Sie sind deshalb mit verschiedenen Vorzeichen einzusetzen.

> Positive Biegemomente (hier Feldmomente) erzeugen Zug im unteren, negative Biegemomente (hier M_B) Zug im oberen Querschnittsteil. Die Vorzeichen sind entsprechend zu beachten.

Auch hier gilt:

Die kritischen Momente entsprechen der Summe der Querkraftflächen links und rechts von den gefährdeten Querschnitten.

Für die Berechnung von Stahl- und Holzbalken mit symmetrischen Querschnitten spielen diese Vorzeichen keine Rolle, hier kommt es nur auf die Größe der Momente an. Bei Stahlbetonkonstruktionen jedoch ist die Unterscheidung der Vorzeichen wesentlich, weil die Bewehrungsstähle stets in die Zugzone gelegt werden müssen.

Momentenfläche. Aufgrund der Belastung mit Einzellasten ist die Momentenfläche geradlinig begrenzt. Die Eckpunkte decken sich mit den Versprüngen in der Querkraftfläche.

e) **Bemessen des Balkens**

In diesem Fall ist das Feldmomente mit M = 7 kNm das zahlenmäßig größere; nach ihm ist also der Holzbalken (NH, S10) zu bemessen.

$$\text{erf } W_y = \frac{M_d}{f_d} = \frac{1{,}40 \cdot 700 \text{ kNcm}}{1{,}11 \text{ kN/cm}^2} = 883 \text{ cm}^3.$$

Gewählt: b/h 14/20 cm mit $W_y = 933 \text{ cm}^3$

Beispiel 42

Der Balken auf zwei Stützen mit Kragarm Bild **5.60** ist zu berechnen.

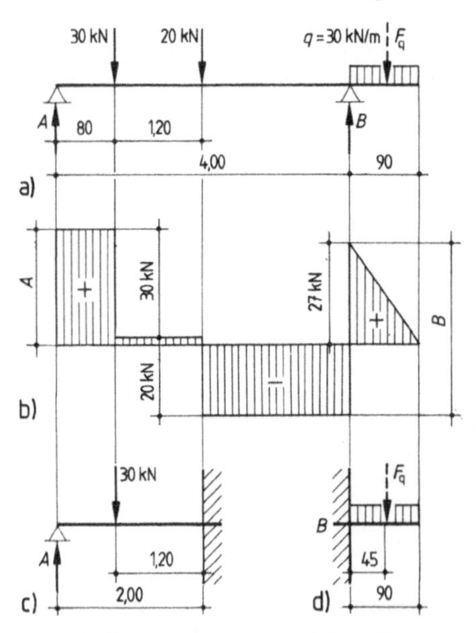

Bild 5.60
Balken auf zwei Stützen mit Kragarm

Die Berechnung der Auflagerdrücke ergibt (führen Sie sie wieder selbst durch)

$A = 31$ kN und $B = 46$ kN.

a) **Ermitteln der gefährdeten Querschnitte**

Die Querkraftfläche zwischen A und B (d. h. im Feld) zeichnen wir wie üblich. Im Bereich der Streckenlast fällt die Querkraft von B aus schräg auf 0 am Kragarmende ab (Bild **5.**60b). Der gefährdete Querschnitt des Feldes liegt unter der Last 20 kN, der des Kragarms liegt wie immer über der Stütze B.

b) **Berechnen des Größtmoments**

Für den unter der Last 20 kN eingespannt gedachten linken Balkenteil (Bild **5.**60c) ist das Feldmoment

$$M = A \cdot 2{,}00 \text{ m} - 30 \text{ kN} \cdot 1{,}20 \text{ m} = 31 \text{ kN} \cdot 2{,}00 \text{ m} - 30 \text{ kN} \cdot 1{,}20 \text{ m}$$

$$M = 62 \text{ kNm} - 36 \text{ kNm} = 26 \text{ kNm.}$$

Das Stützmoment M_B berechnen wir stets allein aus den Kragarmlasten (Bild **5.**60d). Die Streckenlast ersetzen wir durch ihre Gesamtlast F_q. Deren Hebelarm bis zur Einspannung ist 0,90/2 = 0,45 m. Also ist das Stützmoment.

$$M_B = -F_q \cdot 0{,}45 \text{ m} = -27 \text{ kN} \cdot 0{,}45 \text{ m} = -12{,}20 \text{ kNm.}$$

c) **Bemessen des Trägers**

Das zahlenmäßig größere Moment ist hier das Feldmoment

$M = 26$ kNm. Für einen Stahlträger aus Stahl S235 ist

$$\text{erf } W_y = \frac{1{,}40 \cdot 2600 \text{ kNcm}}{23{,}50 \text{ kN/cm}^2} = 155 \text{ cm}^3$$

Gewählt: IPE 200 mit $W_y = 194 \text{ cm}^3$ (Tabelle **12.**28)

Übung 44 Die Balken mit Kragarm nach Bild **5.**61a bis c aus Baustahl S355 sind zu berechnen (Trägereigenlast vernachlässigt) sowie die V- und M-Flächen darzustellen.

Alle eingezeichneten Lasten sind Verkehrslasten und treten gleichzeitig auf.

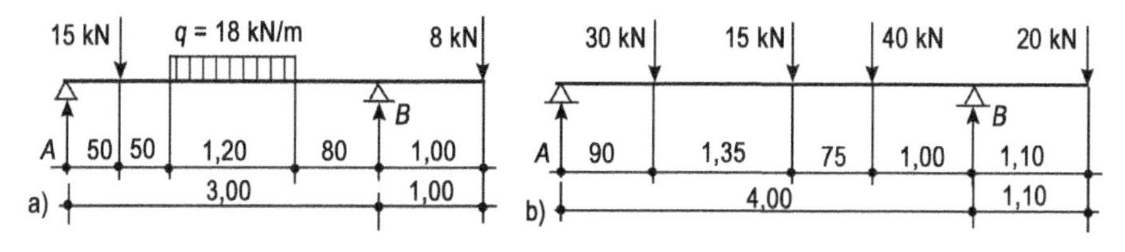

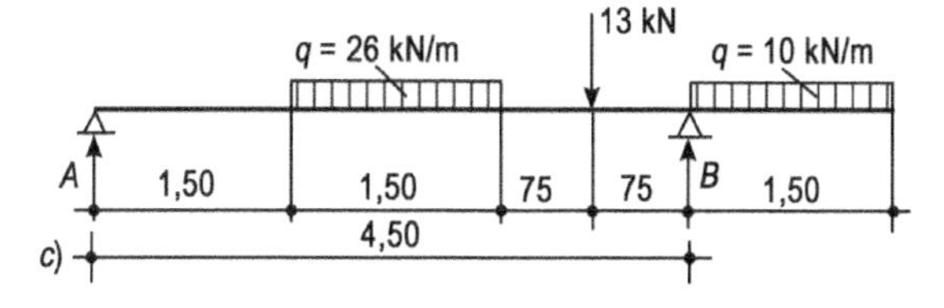

Bild 5.61
Balken auf zwei Stützen mit Kragarmen

5.8 Berechnungsformeln für häufige Laststellungen

In der Praxis wiederholen sich manche Belastungsfälle sehr oft. So sind häufig Träger zu berechnen, die eine Einzellast in der Mitte aufzunehmen haben (Bild **5**.62). Auch gleichmäßig verteilte Lasten kehren bei der Berechnung von Deckenbalken und Trägern sowie bei vielen Hölzern der Dachkonstruktion immer wieder. Man vereinfacht derartige Berechnungen durch vorausberechnete Formeln für das maximale Moment (Größtmoment). Diese finden wir meist in den Tabellenbüchern. Oft sind auch Formeln für die zugehörigen Auflagerkräfte und die Durchbiegung mit aufgeführt. Im Folgenden wollen wir einige jedoch selbst herausfinden.

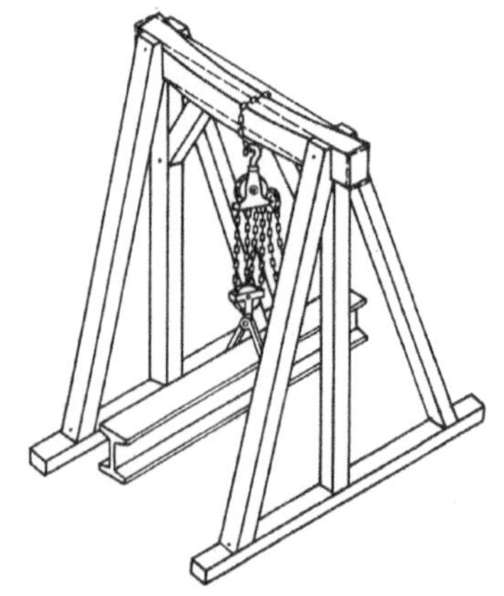

Bild 5.62
Schwere Einzellast in der Mitte eines Balkens

> Für häufig wiederkehrende Belastungsfälle werden die Größtmomente vorteilhaft mit geeigneten Formeln (Gleichungen) aus Tabellen berechnet (Tabelle **12**.45).

Beispiel 43

Der Balken nach Bild **5**.63 hat die Spannweite l und wird durch eine Einzellast F in der Mitte belastet. Die allgemeine Formel für das Größtmoment ist zu ermitteln.

Aus einfacher Überlegung ergeben sich die Auflagerkräfte zu

$$A = B = \frac{F}{2}.$$

Der gefährdete Querschnitt (Querkraftfläche zeichnen!) muss unter F liegen; das Größtmoment ist $M = A \cdot l/2$.

In diese Gleichung setzen wir den obigen Wert für $A = F/2$ ein. So ist

$$\max M = \frac{F}{2} \cdot \frac{l}{2} = \frac{F \cdot l}{4}.$$

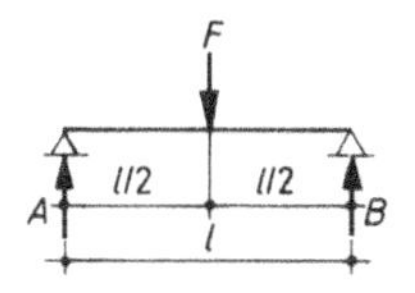

Bild 5.63 Träger mit Einzellast in der Mitte

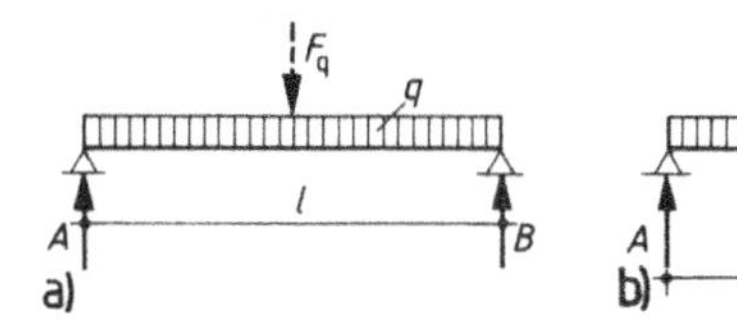

Bild 5.64 Träger mit gleichmäßig verteilter Belastung

Beispiel 44

Der Balken in Bild **5**.64 ist gleichmäßig verteilt belastet. Ermitteln Sie die Grundgleichung für sein Größtmoment.

Die Gesamtlast ist $\boldsymbol{F_q = q \cdot l}$.

Die Auflagerkräfte sind $\boldsymbol{A = B = F_q/2}$.

Der gefährdete Querschnitt muss in der Mitte liegen (Querkraftfläche!), so dass sich für die Berechnung des Größtmoments das Einspannungsbild **5**.64b ergibt. Auf den Kragarm wirkt die Gesamtlast $F_q/2$ mit dem Hebelarm $l/4$. Also ist $M = A \cdot l/2 - F_q/2 \cdot l/4$.
Für A wird der Wert $A = F_q/2$ eingesetzt. Dann ist

$$M = \frac{F_q}{2} \cdot \frac{l}{2} - \frac{F_q}{2} \cdot \frac{l}{4} = \frac{F_q}{4} \cdot l - \frac{F_q}{8} \cdot l = \boldsymbol{\frac{F_q \cdot l}{8}}.$$

Diese Gleichung lässt sich so umformen, dass wir sofort mit q rechnen können und den Umweg über F_q ersparen. Mit $F_q = q \cdot l$ erhalten wir

$$\max M = \frac{q \cdot l \cdot l}{8} = \boldsymbol{\frac{q \cdot l^2}{8}}.$$

Aus der Gegenüberstellung der Gleichungen

$$M = \frac{F \cdot l}{4} \quad \text{und} \quad M = \frac{F_q \cdot l}{8}$$

ersehen wir, dass das Biegemoment durch eine Einzellast in der Mitte doppelt so groß ist wie das durch eine gleich große Streckenlast über die ganze Länge des Balkens.

Weitere Gleichungen für häufig vorkommende Belastungsfälle s. Tabelle 12.45.

Beispiel 45

An einem Holzbalken von 3 m Stützweite soll in der Mitte eine Last von 8 kN hochgezogen werden (Bild **5**.62). Welche Balkenabmessungen sind zu wählen?

Nach Beispiel 43 ist

$$M = \frac{F \cdot l}{4}.$$

Mit $F = 8$ kN und $l = 3{,}00$ m erhalten wir

$$M = \frac{8\ \text{kN} \cdot 3{,}00\ \text{m}}{4} = 6\ \text{kNm} = 600\ \text{kNcm}.$$

Bemessungsmoment $M_d \approx 1{,}40 \cdot M_k = 1{,}40 \cdot 600$ kNcm = 840 kNcm

Gewählt: NH, S10 mit b/h = 10/22cm mit $W_y = 807$ cm³

$f_k = 24$ N/mm² (Tabelle **12.**17a; Biegung)

$$f_d = \frac{f_k}{2{,}17} = \frac{2{,}40\ \text{kN/cm}^2}{2{,}17} = 1{,}11\frac{\text{kN}}{\text{cm}^2}$$

$$\text{erf } W_y = \frac{M_d}{f_d} = \frac{840\ \text{kN cm}}{1{,}11\ \text{kN/cm}^2} = 757\ \text{cm}^2 < 807\ \text{cm}^3$$

Beispiel 46

Die Balken der Geschossdecke, für die in Beispiel 4 die Belastung mit $g_k = 1{,}51$ kN/m² und $q_k = 2{,}00$ kN/m² berechnet wurde, liegen mit 80 cm Achsabstand über einem Raum von 4,01 m Lichtweite (Bild **5.**65). Ihre Abmessungen sind zu berechnen.

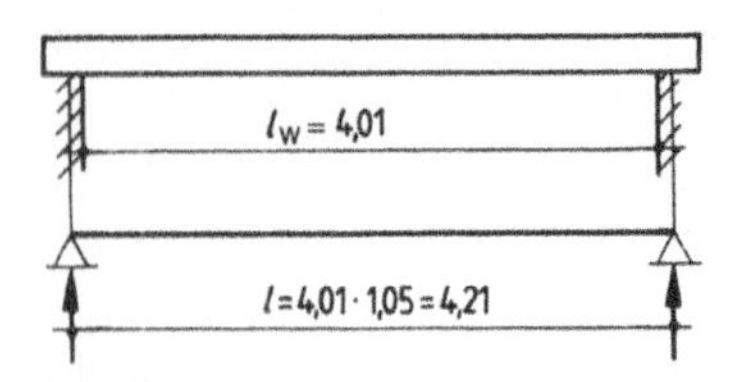

Bild 5.65
Licht- und Stützweite eines Balkens

Träger und Balken haben an jedem Auflager eine bestimmte Auflagerlänge. Der Berechnung ist nicht die Lichtweite zwischen den Auflagern, sondern die Stütz- oder Spannweite l zugrundezulegen.

> Die Stütz- oder Spannweite l ist bei Einfeldträgern ausreichend genau mit $l = 1{,}05 \cdot$ Lichtweite l_w bestimmbar.
> Zwischen Mittelstützen ist l = Lichtmaß + je $^1/_2$ Stützenbreite.

Das rechnerische Auflager liegt somit um $0{,}05\ l \cdot {}^1/_2$ von der Auflagervorderkante entfernt. Bei genaueren Berechnungen legt man den rechnerischen Auflagerpunkt um $^1/_3$ Balkenauflagerlänge von der Auflagerinnenkante fest. Bei Zwischenauflagern bleibt der rechnerische Auflagerpunkt stets in der Auflagermitte.

In diesem Fall ist $l = 4{,}01\ \text{m} \cdot 1{,}05 = 4{,}21$ m.

Je Balken ergibt sich somit bei 80 cm Achsabstand unter Anwendung der oben entwickelten Formel für Einfeldbalken mit Streckenlast das Größtmoment

Bemessungsbelastung: $1{,}35 \cdot g_k + 1{,}50 \cdot q_k = 1{,}35 \cdot 1{,}51\frac{\text{kN}}{\text{m}^2} + 1{,}50 \cdot 2{,}00\frac{\text{kN}}{\text{m}^2} = 5{,}04\frac{\text{kN}}{\text{m}^2}$

Bemessungsmoment: $\max M_d = 0{,}80\ \text{m} \cdot 5{,}04\frac{\text{kN}}{\text{m}^2} \cdot \frac{(4{,}21\ \text{m})^2}{8} = 8{,}93\ \text{kNm}$

erforderliches Widerstandmoment für NH, S10 mit

$$f_d = 1{,}11\ \frac{\text{kN}}{\text{cm}^2} \quad \text{(s. voriges Beispiel)}$$

$$\text{erf}\ W_y = \frac{\max M_d}{f_d} = \frac{893\ \text{kN cm}}{1{,}11\ \text{kN/cm}^2} = 805\ \text{cm}^3$$

Gewählt: 10/22 mit 807 cm³ ≈ **805 cm³**

Übung 45 An einem Träger, der auf zwei Mauern aufliegt, die 4,00 m im Lichten entfernt sind, soll in der Mitte eine Last von Q_k = 15 kN hochgezogen werden. Stahlträger, IPE, S235.

Übung 46 Der Deckenträger Bild **5.**66 erhält durch die Decke eine gleichmäßig verteilte Last g_{k1} = 5 kN/m und q_k = 4 kN/m. Durch die Mauern erhält er zwei Streckenlasten g_{k2} = 18 kN/m. Der I-Träger ist bei Berücksichtigung seiner Eigenlast zu berechnen (S235). Stützweite beachten!

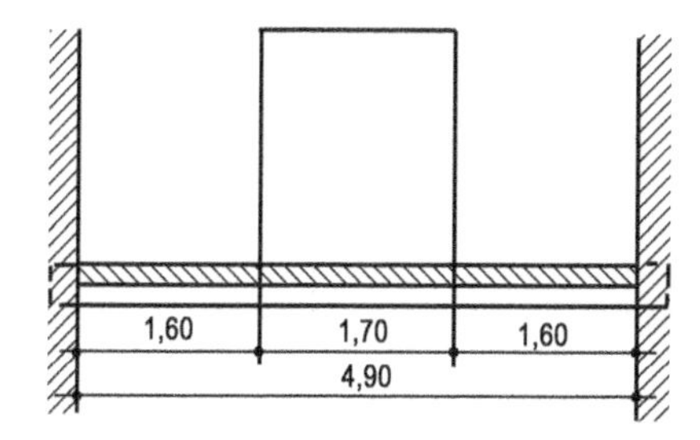

Bild 5.66
Mauer mit Türöffnung auf einem Deckenträger

Übung 47 Auf den Balken Bild **5.**67 überträgt der Pfosten eines Dachstuhls eine Verkehrslast von 19 kN. Das Eigengewicht ist zu vernachlässigen. Der Balken ist zu berechnen und besteht aus Nadelholz, S10.

Übung 48 Der Unterzug Bild **5.**68 wird durch die Deckenträger in seinen Viertelpunkten mit je F = 35 kN belastet. Bestimmen Sie das Trägerprofil (S235). 30 % der Last ist aus dem Eigengewicht und 70 % aus einer Verkehrslast (Nutzlast).

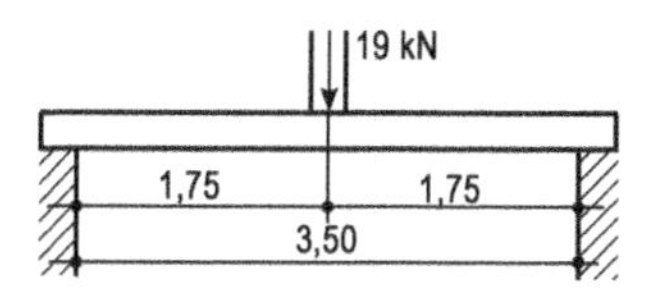

Bild 5.67 Pfosten auf einem Balken

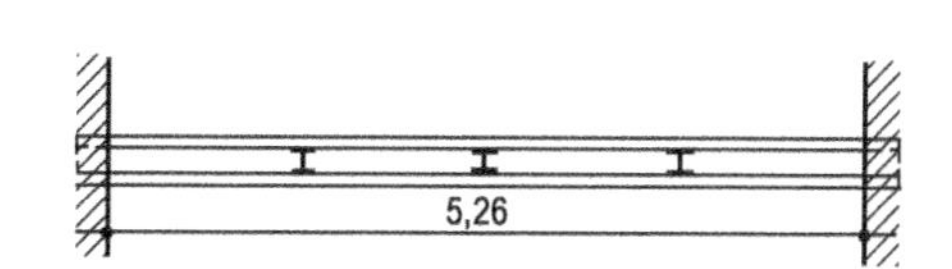

Bild 5.68 Unterzug mit Deckenträgern

5.9 Balken und Träger in einem Haus

Der erste Schritt bei einer Berechnung in der Praxis ist stets die Feststellung der Stützweiten und Lasten.

Beispiel 47
Für das mit Strangfalzziegeln gedeckte Dach Bild **5.**69 sind die Sparren zu berechnen. Sparrenabstand $e = 90$ cm, $\alpha = 50°$, Schneelastzone 1.

Es ist zunächst die Belastung zu ermitteln. Die Sparren haben außer der Eigenlast die Dachhaut und die Belastung durch Schnee und/ oder Wind aufzunehmen, oft auch noch Ausbaulasten.

a) **Belastung**

Sparreneigenlast geschätzt		= 0,10 kN/m² Dachfläche
Dachdeckung nach Tabelle **12.**1		= 0,60 kN/m² Dachfläche
Vermörtelung		= 0,10 kN/m² Dachfläche
Dacheigenlast	g_k	= 0,80 kN/m² Dachfläche

Schnee

Für einen Standort in der Schneelastzone 1 (Tabelle **12.**4) und eine Geländehöhe bis 200 m über NN ergibt sich nach Tabelle **12.**5 eine charakteristische Schneelast von $s_k = 0,65$ kN/m^2. Mit der hier vorliegenden Dachneigung von $\alpha = 50°$ folgt aus Tabelle **12.**6 der Formbeiwert $\mu = 0,27$. Damit berechnet sich die Schneelast zu:

$$s = s_k \cdot \mu = 0,65 \cdot 0,27 = 0,18 \text{ kN/m}^2 \text{ Grundrissfläche.}$$

Wind

Der Standort soll in Windlastzone 1 (Tabelle **12.**7) liegen, dann folgt aus Tabelle **12.**8 für eine Gebäudehöhe bis 18 m der Geschwindigkeitsdruck von $q = 0,65$ kN/m². Für einen Sparren innerhalb der Dachfläche ist nach Tabelle **12.**11 der Bereich „H" anzusetzen. Die Ablesung aus Tabelle **12.**11 ergibt für $\alpha = 50°$ durch Interpolation für den Außendruckbeiwert:

Windrichtung 0° $c = +0,60 + 0,10/3 = +0,63$ Winddruck

Windrichtung 90° $c = -0,90 + 0,10/3 = -0,87$ Windsog

Damit berechnen sich die Windbelastungen zu:

Winddruck $w_D = +0,63 \cdot 0,65 = +0,41$ kN/m² Dachfläche

Windsog $w_S = -0,87 \cdot 0,65 = -0,57$ kN/m² Dachfläche

Die Last wird zur Vereinfachung der weiteren Berechnung auf 1 m² Grundrissfläche umgerechnet.

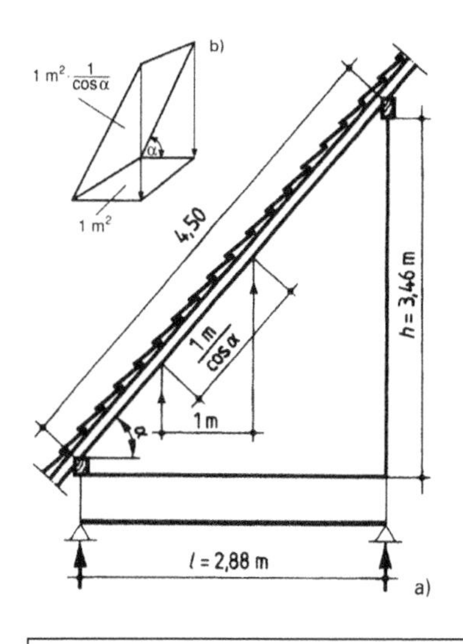

Bild 5.69

a) Teil eines Satteldaches. 1 m Grundrissbreite ≙ 1 m · 1/cos α Sparrenlänge,

b) 1 m² Grundrissfläche ≙ 1 m² · 1/cos α Dachfläche

$$\text{Last je m}^2 \quad \text{Grundrissfläche} = \frac{\text{Last je m}^2 \ \text{Dachfläche}}{\cos\alpha}$$

α ist der Winkel der Dachneigung. Er wird mit dem Winkelmesser genügend genau in der Konstruktionszeichnung gemessen.

Hier sind $\alpha = 50°$ und $\cos\alpha = 0{,}64$, also ist die Dacheigenlast g_k je m² Grundrissfläche

$$\bar{g}_k = \frac{0{,}80\ \text{kN/m}^2\ \text{Dachfläche}}{0{,}64} = 1{,}25\ \text{kN/m}^2\ \ \text{Grundrissfläche.}$$

Wir merken uns: Die auf 1 m² Grundrissfläche projizierte Dachlast vergrößert sich gegenüber dieser um den Faktor $\frac{1}{\cos\alpha}$ (Bild **5.**69a und b).

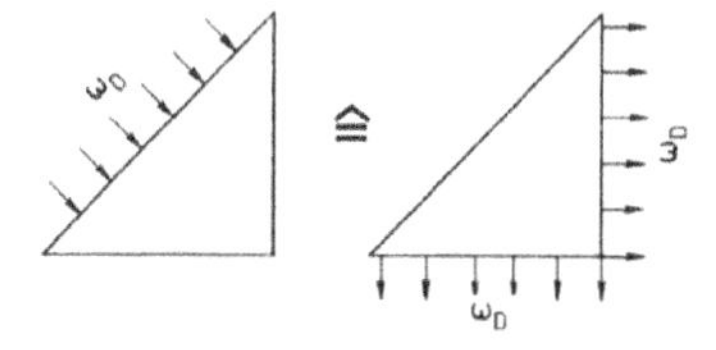

Bild 5.70
Die ⊥ zur Dachfläche wirkende Windkraft kann mit gleichem Wert auch vertikal und horizontal angesetzt werden

b) **Biegemoment**

Weil wir die Dachlasten auf 1 m² Grundfläche umrechnen, müssen wir als Stützweite auch das Grundmaß $l = 2{,}88$ m wählen. Die Windkraft jedoch lassen wir gleichermaßen horizontal und vertikal einwirken. Nach dem Lehrsatz des Pythagoras erhalten wir das gleiche Biegemoment wie beim rechtwinklig zum Sparren wirkenden Wind (Bild **5.**70).

Da die abhebende Windsogbelastung von 0,57 kN/m² Dachfläche merklich kleiner als das Dacheigengewicht von 0,80 kN/m² ist, braucht für diese Aufgabe der Fall Windsog nicht weiter verfolgt zu werden!

Für einen Sparrenabstand von e = 0,90 m berechnen sich nun folgende charakteristische Biegemomente in der Mitte für einen Sparren:

Eigengewicht $M_{gk} = 0,90 \text{ m} \cdot \frac{1,25 \text{ kN/m}^2 \cdot (2,88 \text{ m})^2}{8} = 1,17 \text{ kNm}$

Schneelast $M_{sk} = 0,90 \text{ m} \cdot \frac{0,18 \text{ kN/m}^2 \cdot (2,88 \text{ m})^2}{8} = 0,17 \text{ kNm}$

Winddruck $M_{wk} = 0,90 \text{ m} \cdot \frac{0,41 \text{ kN/m}^2 \cdot \left[(2,88 \text{ m})^2 + (3,46 \text{ m})^2\right]}{8} = 0,93 \text{ kNm}$

Diese Momente der drei Lastfälle sind nun noch mit Teilsicherheitsbeiwerten zu multiplizieren und zu überlagern. Dabei sind mehrere Fälle zu berücksichtigen. Der Fall mit dem größten Biegemoment ist dann für die Bemessung maßgebend!

Überlagerungen (s. auch Kapitel 2 Sicherheitskonzept):

$g+s \quad 1,35 \cdot 1,17 + 1,50 \cdot 0,17 = 1,83 \text{ kNm}$

$g+w \quad 1,35 \cdot 1,17 + 1,50 \cdot 0,93 = 2,97 \text{ kNm}$

$g+s+w \quad : 1,4 \cdot (1,17 + 0,17 + 0,93) = 3,18 \text{ kNm}$

genauer

$1,35 \cdot 1,17 + 1,50 \cdot (0,50 \cdot 0,17 + 0,93) = 3,10 \text{ kNm}$

oder

$1,35 \cdot 1,17 + 1,50 \cdot (0,17 + 0,60 \cdot 0,93) = 2,67 \text{ kNm}$

c) **Bemessung**

Nadelholz S10 $f_d = \frac{f_k}{2,17} = \frac{24}{2,17} = 11,10 \text{ N/mm}^2 = 1,11 \text{ kN/cm}^2$ (s. Tabelle **12.**17a)

$\text{erf } W_y = \frac{M_d}{f_d} = \frac{318 \text{ kNcm}}{1,11 \text{ kN/cm}^2} = 286 \text{ cm}^3$

gewählt: 8/16 mit $W_y = 341 \text{ cm}^3 > 286 \text{ cm}^3$

> Dieser Berechnungsgang ist bei allen Sparrenberechnungen sinngemäß zugrundezulegen.

Beispiel 48

Die Abfangträger für eine Schaufensteröffnung in einem Altbau von 4,08 m lichter Weite sind zu berechnen (Bild **5.**71). Das Dachgeschoss ist nicht ausgebaut.

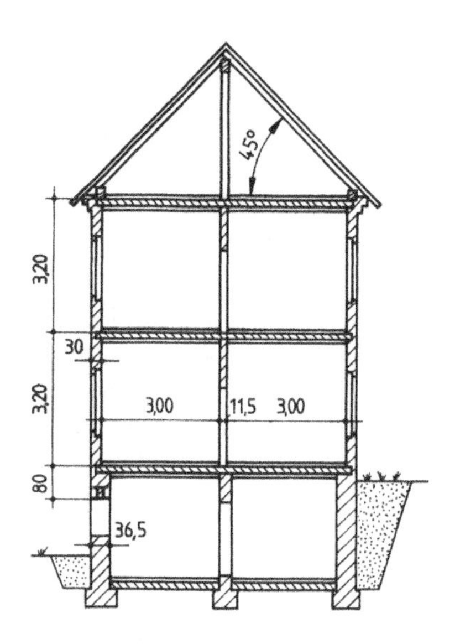

Bild 5.71
Hausquerschnitt (vereinfacht)

a) **Belastung je lfd. m Mauer bzw. Träger**

Dachlast

1 m² Deutsches Schieferdach mit großen Platten nach Tabelle **12.1**

	0,50 kN/m²	Dachfläche
	0,10 kN/m²	Sparrenlast wie Beispiel 47 Dachfläche
Dachlast g_k =	0,60 kN/m²	Dachfläche

Umrechnung je m² Grundrissfläche

$$\bar{g}_k = \frac{0,60\,\text{kN/m}^2 \text{ Dachfläche}}{\cos\alpha} = \frac{0,60\,\text{kN/m}^2 \text{ Dachfläche}}{0,71} = 0,845\,\text{kN/m}^2$$

Dachlast	= 0,845 kN/m² Grundrissfläche
Schneelast ≈ 0,65 · 0,40	= 0,260 kN/m² Grundrissfläche
Winddruck ≈ 0,65 · 0,70	= 0,460 kN/m² Grundrissfläche

Deckenlast

Eigenlast der Holzbalkendecke (geschätzt)	= 2,50 kN/m²
Nutzlast (s. Tabelle **12.2**)	= 2,00 kN/m²

Mauerlast

Mauer der beiden oberen Geschosse aus Steinen

der Rohdichte 0,8 $0{,}30\ \text{m} \cdot 6{,}40\ \text{m} \cdot 10\ \text{kN/m}^3 = 19{,}20\ \text{kN/m}$

Mauer des Untergeschosses bis Unterkante Träger [1)]

Steinrohdichte 1,8 $0{,}365\ \text{m} \cdot 0{,}80\ \text{m} \cdot 18\ \text{kN/m}^3 = 5{,}26\ \text{kN/m}$

b) **Zusammenstellung der Lasten**

Die Lasten sind getrennt nach „ständige Einwirkungen" und nach „veränderliche Einwirkungen" zu ermitteln und anschließend mit den zugehörigen Teilsicherheitsbeiwerten $\gamma_G = 1{,}35$ und $\gamma_Q = 1{,}50$ zu beaufschlagen.

Charakteristische Lasten für 1 m Wandlänge:

Stützweite $\approx 1{,}05 \cdot 3{,}00 = 3{,}15$ m

Ständige Einwirkungen:

aus Dach: $0{,}845 \frac{\text{kN}}{\text{m}^2} \cdot \frac{3{,}15\ \text{m}}{2} = 1{,}33\ \text{kN/m}$

aus 3 Decken: $3 \cdot 2{,}50 \frac{\text{kN}}{\text{m}^2} \cdot \frac{3{,}15\ \text{m}}{2} = 11{,}81\ \text{kN/m}$

Mauerwerk: $19{,}20 \frac{\text{kN}}{\text{m}} + 5{,}26 \frac{\text{kN}}{\text{m}} = 24{,}46\ \text{kN/m}$

$g_k = 37{,}60\ \text{kN/m}$

Veränderliche Einwirkungen:

Schnee: $0{,}26 \frac{\text{kN}}{\text{m}^2} \cdot \frac{3{,}15\ \text{m}}{2} = 0{,}41\ \text{kN/m}$

Wind: $0{,}46 \frac{\text{kN}}{\text{m}^2} \cdot \frac{3{,}15\ \text{m}}{2} = 0{,}73\ \text{kN/m}$

Nutzlasten aus 3 Decken: $3 \cdot 2{,}00 \frac{\text{kN}}{\text{m}^2} \cdot \frac{3{,}15\ \text{m}}{2} = 9{,}45\ \text{kN/m}$

$q_k = 10{,}59\ \text{kN/m}$

Hinweis: Da es sehr unwahrscheinlich ist, dass alle Verkehrlasten (Schnee, Wind, Decken Nutzlasten) gleichzeitig mit ihrer vollen Größe auftreten, erlaubt die Norm hier eine Abminderung. Wir wollen es hier nicht tun, sondern wir rechnen, auf der „sicheren Seite liegend", mit dem vollen Wert q_k weiter!

[1)] Die Eigenlast der Träger kann hier entfallen, weil sie annähernd durch die bis Unterkante Träger berechnete Mauerlast berücksichtigt ist.

Bemessungslasten:

$$1{,}35 \cdot g_k + 1{,}50 \cdot q_k = 1{,}35 \cdot 37{,}60 \frac{\text{kN}}{\text{m}} + 1{,}50 \cdot 10{,}59 \frac{\text{kN}}{\text{m}}$$

$$= 50{,}76 \frac{\text{kN}}{\text{m}} + 15{,}89 \frac{\text{kN}}{\text{m}} = 66{,}65 \frac{\text{kN}}{\text{m}}$$

c) **Schnittgrößenermittlung**

Stützweite: $l \approx 1{,}05 \cdot 4{,}08 = 4{,}28$ m

Auflagerkräfte;

$$A_d = B_d = 66{,}65 \frac{\text{kN}}{\text{m}} \cdot \frac{4{,}28 \text{ m}}{2} = 142{,}60 \text{ kN}$$

Biegemoment: $M_d = 66{,}65 \frac{\text{kN}}{\text{m}} \cdot \frac{(4{,}28 \text{ m})^2}{8} = 152{,}60 \text{ kNm}$

d) **Bemessung: Baustahl S235**

$f_d = 23{,}50 \text{ kN/cm}^2$

$$\text{erf } W_y = \frac{M_d}{f_d} = \frac{15260 \text{ kN cm}}{23{,}50 \text{ kN/cm}^2} = 649 \text{ cm}^3$$

Gewählt: 2 I 240 mit $2 \cdot 354 \text{ cm}^3 = 708 \text{ cm}^3 > 649 \text{ cm}^3$

e) **Nachweis der Auflager:**

Siehe Beispiel 9, dort aber für eine größere Auflagerkraft als in diesem Beispiel.

Übung 49 Für den in Bild **5.**72 skizzierten Aufbau einer Werkstatt mit Lagerraum im Obergeschoss sind zu berechnen.

a) Die Holzbalken der Dachdecke mit $e = 85$ cm Achsabstand,
b) das maximale Biegemoment für einen 1 m breiten Deckenstreifen der Stahlbetondecke,
c) die zwei I-Träger über der Garageneinfahrt,
d) die zwei I-Träger über der Tür, S235,
e) der Mauerpfeiler in der Gebäudeecke (24/24), ohne einen Kicknachweis,
f) das Außenwandfundament für einen Sohlwiderstand von 150 kN/m² zu bemessen.

Das Gebäude befindet sich in der Schneelastzone 1 (350 m über NN).

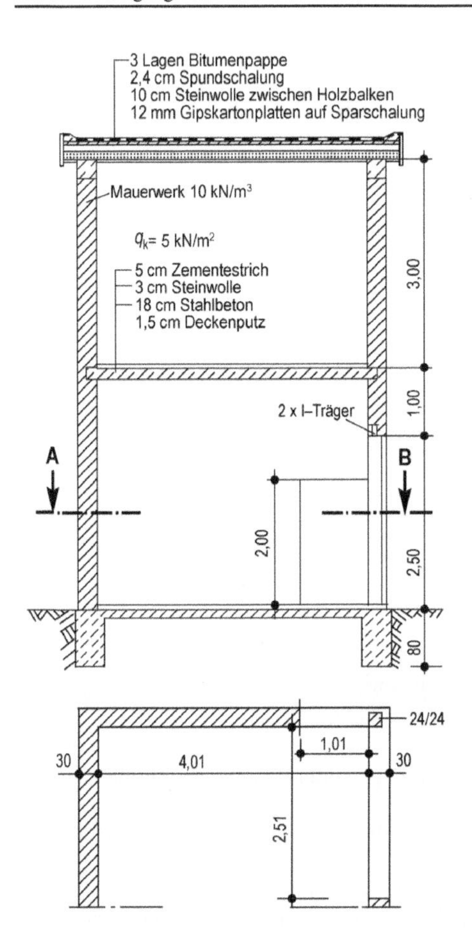

Bild 5.72
Werkstattanbau und Lagerraum

5.10 Spannung bei einachsiger Ausmittigkeit

Spannungen dürfen wir nur dann als gleichmäßig verteilt annehmen, wenn die Normalkraft mittig (zentrisch) eingeleitet wird. Ein ausmittiger Kraftangriff erzeugt ungleichmäßige Spannungsverteilung, auf der Seite der ausmittigen Belastung größere als auf der gegenüberliegenden Seite. Der Spannungsabfall ist linear (Bild **5.**73a). Im Extremfall entstehen auf einer Seite Druckspannungen, auf der anderen Zugspannungen oder eine klaffende Fuge, wenn keine Zugspannung aufgenommen wird. (Bild **5.**73b).

Bei einachsiger ausmittiger Belastung entstehen an der Außenkante maximale Randspannungen, die sich zur weniger belasteten Seite hin geradlinig verringern.

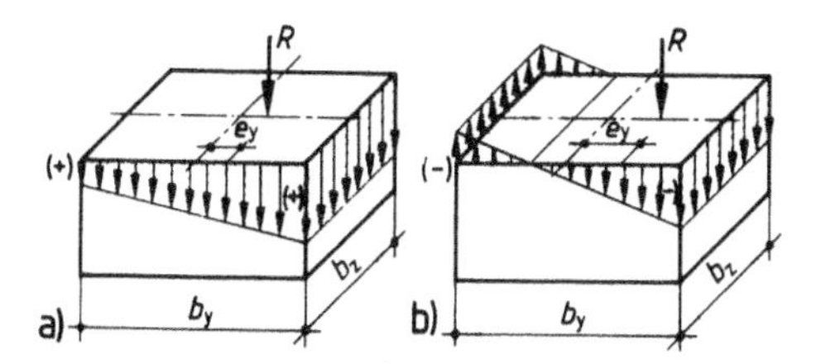

Bild 5.73

a) Ungleichmäßige Spannungsverteilung bei kleiner Ausmittigkeit der Resultierenden (Kraft) R (Druckspannungen auf der ganzen Fläche)

b) Bei größerer Ausmittigkeit verursacht die Resultierende R Druckspannungen auf einer und Zugspannungen (klaffende Fuge!) auf der Gegenseite

Randspannungen σ_R berechnen wir nach der Formel

$$\sigma_R = \frac{N}{A} \pm \frac{M}{W}.$$

σ_R = Randspannungen an der Bauteilaußenkante der belasteten bzw. weniger belastete Seite

A = gedrückte Fläche

M = Moment der Ausmittigkeit

M = $R_v \cdot e$ (R_v = resultierende Vertikalkraft, e = Maß der Ausmittigkeit = Abstand R_v bis Mittelachse)

W = Widerstandsmoment der gedrückten Fläche. Bei Rechtecken $W = \frac{b_z \cdot b_y^2}{6}$ mit b_z und b_y als Rechteckseiten

Wir unterscheiden:

Geringe Ausmitte, wenn die Resultierende R_v noch im mittleren Drittel der gedrückten Fläche liegt. Dabei gilt für das Maß der Ausmitte $e < b/6$, für den Randabstand $c > b/3$ (Bild **5.**74a).

Ausmitte mit $e = b/6$, wobei der Randabstand $c = b/3$ beträgt. Die Randspannung am rechten Rand verringert sich auf 0. Dieser Fall darf infolge Eigenlast nicht überschritten werden (Bild **5.**74b).

Ausmitte mit $\frac{b}{6} < e \leq \frac{b}{3}$ und demzufolge Randabstand $\frac{b}{6} \leq c < \frac{b}{3}$. In diesem Fall ergeben sich Zugspannungen auf der weniger belasteten Seite, die jedoch vom Mauerwerk, Beton oder Erdreich nicht aufgenommen werden können (Bild **5**.74c).

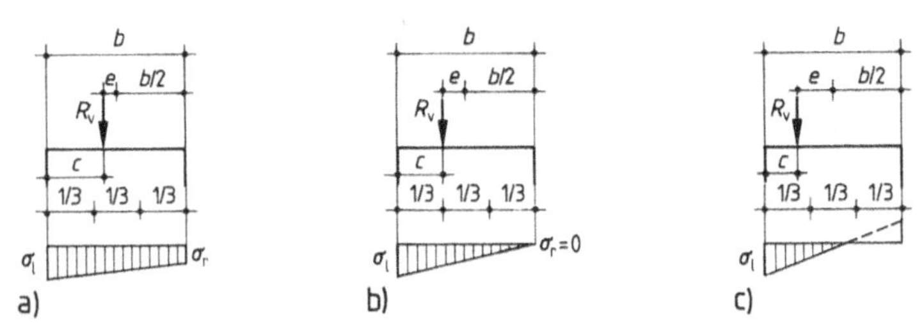

Bild 5.74 Spannungsverteilung bei unterschiedlicher Ausmittigkeit der Belastung
a) $e < \frac{b}{6}$, b) $e = \frac{b}{6}$, c) $\frac{b}{6} < e \leq \frac{b}{3}$

> Für ausmittig belastete Fundamente gilt die **rechnerisch maßgebende Bodenpressung** $\sigma_{\text{vorh}} = \frac{R_v}{A'}$ (Bild **5**.75).

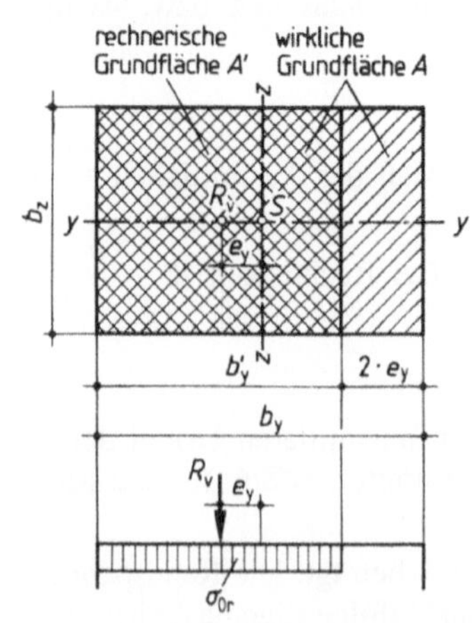

Bild 5.75 Theoretisch angenommene, gleichmäßig verteilte Bodenpressung auf der Teilfläche A' bei geringer einachsiger Ausmitte

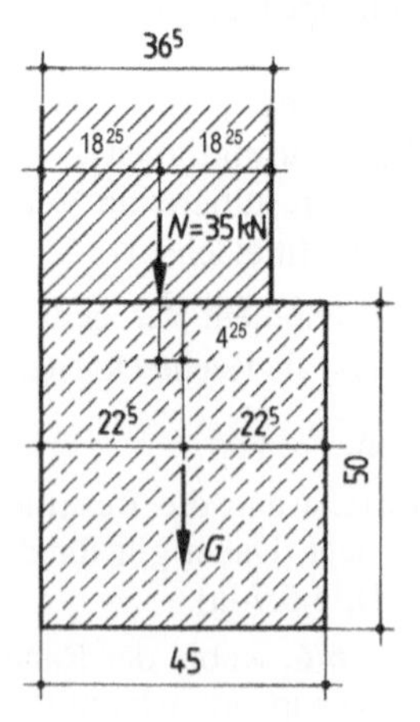

Bild 5.76 Fundament, ausmittig durch Wandlast $N = 35$ kN belastet

Dabei muss die wirkliche Fundamentfläche A auf die Teilfläche A' verkleinert werden, die eine verkürzte Länge $b'_y = b_y - 2 \cdot e_y$ hat. Der neue Schwerpunkt ist zugleich der Angriffspunkt der Resultierenden R_V (Bild **5.75**).

Beispiel 49

Für das Fundament Bild **5.76** sind die Kantenpressung (Randspannung) und die rechnerisch maßgebende Bodenpressung σ_{or} zu berechnen. Die zulässige Bodenpressung sei 150 kN/m².

Hier erfolgt die Berechnung nur mit charakteristischen Werten!

a) **Belastung**

Wandlast (s. Bild **5.76**) N	=	35,00 kN/m
Fundamenteigenlast $G = 0{,}45\text{ m} \cdot 0{,}50\text{ m} \cdot 24\text{ kN/m}^3$	=	5,40 kN/m
Gesamtlast = Resultierende Rv	=	40,40 kN/m

b) **Randabstand *c***

aus ΣM um die linke untere Fundamentkante

$$M = R \cdot c = N \cdot \frac{0{,}365\text{ m}}{2} + G \cdot \frac{0{,}45\text{ m}}{2}. \text{ Somit:}$$

$$c = \frac{35\text{ kN} \cdot 0{,}1825\text{ m} + 5{,}40\text{ kN} \cdot 0{,}225\text{m}}{40{,}40\text{ kN}} = 0{,}188\text{ m}$$

c) **Maß der Ausmitte**

$$e_y = \frac{0{,}45\text{m}}{2} - c = 0{,}225\text{ m} - 0{,}188\text{ m} = 0{,}037\text{ m} < \frac{0{,}45\text{ m}}{6}$$

Es liegt eine kleine Ausmitte ($< b_y/6$) vor.

d) **Moment der Ausmittigkeit**

$M_e = R \cdot e_y = 40{,}40\text{ kN} \cdot 0{,}037\text{ m} = 1{,}49\text{ kNm}$

e) **Normalspannung**

$$\sigma_N = \frac{N + G}{A} = \frac{40{,}40\text{ kN}}{0{,}45\text{ m} \cdot 1{,}00\text{ m}} = 89{,}80\text{ kN/m}^2$$

f) **Widerstandsmoment der Fundamentfläche**

$$W = \frac{b_z \cdot b_y^2}{6} = \frac{1{,}00\text{ m} \cdot (0{,}45\text{ m})^2}{6} = 0{,}034\text{ m}^3$$

g) **Randspannungen**

$$\sigma_{links} = \sigma_N + \frac{M}{W} = 89{,}80\text{ kN/m}^2 + \frac{1{,}49\text{ kNm}}{0{,}034\text{ m}^3} = 133{,}60\text{ kN/m}^2 < 150\text{ kN/m}^2$$

$$\sigma_{rechts} = \sigma_N - \frac{M}{W} = 89{,}80\text{ kN/m}^2 - \frac{1{,}49\text{ kNm}}{0{,}034\text{ m}^3} = 46{,}00\text{ kN/m}^2$$

h) **Rechnerisch maßgebende Bodenpressung σ_0**

$A' = b_z \cdot (b_y - 2 \cdot e_y) = 1{,}00\ \text{m} \cdot (0{,}45\ \text{m} - 2 \cdot 0{,}037\ \text{m}) = 0{,}376\ \text{m}^2$

$$\sigma_0 = \frac{R_v}{A'} = \frac{40{,}40\ \text{kN}}{0{,}376\ \text{m}^2} = \mathbf{107{,}40\ kN/m^2 < 150\ kN/m^2}$$

Beispiel 50

Die Gartenmauer Bild **5.77** ist außer der Normalkraft N dem Winddruck W ausgesetzt. Kippsicherheit und Bodenpressung σ_{0r} (zul σ = 102 kN/m²) sind für 1 m Wandlänge zu untersuchen. Hier erfolgt die Berechnung nur mit charakteristischen Werten.

a) **Eigenlast**

der Wand $N_1 = 0{,}30\ \text{m} \cdot 2{,}00\ \text{m} \cdot 1{,}00\ \text{m} \cdot 20\ \text{kN/m}^3$	= 12,00 kN
des Fundaments $N_2 = 0{,}65\ \text{m} \cdot 0{,}60\ \text{m} \cdot 1{,}00\ \text{m} \cdot 24\ \text{kN/m}^3$	= 9,40 kN
Resultierende $R_v = N_1 + N_2$	= 21,40 kN

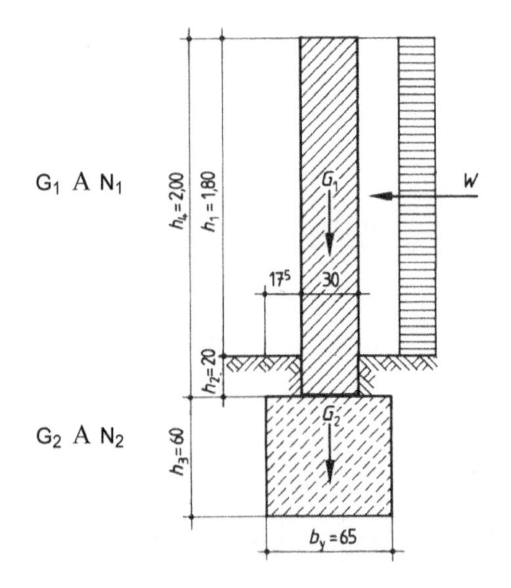

Bild 5.77
Bodenpressung für eine windbelastete Gartenmauer

b) **Winddruck**

$W = c \cdot q \cdot h_1 \cdot l = 1{,}20 \cdot 0{,}50\ \text{kN/m}^2 \cdot 1{,}80\ \text{m} \cdot 1{,}00\ \text{m} = 1{,}08\ \text{kN}$

Der Druckbeiwert 1,20 berücksichtigt den Winddruck auf der Vorderseite (0,80) und den Windsog auf der Rückseite (0,40).

c) **Kippsicherheit Unterkante Wand**

Standmoment $M_S = N_1 \cdot \frac{b_1}{2} = \frac{12\ \text{kN} \cdot 0{,}30\ \text{m}}{2} = 1{,}80\ \text{kNm}$

Kippmoment $M_k = W \cdot \left(\frac{h_1}{2} + h_2\right) = 1{,}08\ \text{kN} \cdot \left(\frac{1{,}80\ \text{m}}{2} + 0{,}20\ \text{m}\right)$

$M_k = 1{,}19\ \text{kNm}$

Nachweis der Kippsicherheit

früher: $\eta_k = \frac{M_S}{M_k} = \frac{1{,}80\ \text{kNm}}{1{,}19\ \text{kNm}} = 1{,}51 > 1{,}50$, also kippsicher

heute, nach Eurocode, stabilisierend/destabilisierend:

$$E_{\text{dst,d}} \leq E_{\text{stb,d}}$$

$$\gamma_Q \cdot M_k \leq \gamma_{G,\,\text{stab}} \cdot M_S$$

$$1{,}50 \cdot 1{,}19 \leq 1{,}15 \cdot 1{,}80$$

$$1{,}785\ \text{kNm} \leq 2{,}07\ \text{kNm}$$

d) **Fundamentsohle**

Moment aus Wind um untere Fundamentkante

$$M = W \cdot \left(\frac{h_1}{2} + h_2 + h_3\right) = 1{,}08\ \text{kN}\left(\frac{1{,}80\ \text{m}}{2} + 0{,}20\ \text{m} + 0{,}60\ \text{m}\right) = 1{,}84\ \text{kNm}$$

Maß der Ausmitte

$$e_y = \frac{M}{R_v} = \frac{1{,}84\ \text{kNm}}{21{,}40\ \text{kN}} = 0{,}086\ \text{m} < \frac{b_y}{6} = 0{,}108\ \text{m}$$

Normalspannung

$$\sigma_N = \frac{R_v}{A} = \frac{21{,}40\ \text{kN}}{0{,}65\ \text{m} \cdot 1{,}00\ \text{m}} = 32{,}90\ \text{kN/m}^2$$

Widerstandsmoment der Fundamentfläche

$$W = \frac{b_z \cdot b_y^2}{6} = \frac{1{,}00\ \text{m} \cdot (0{,}65\ \text{m})^2}{6} = 0{,}0704\ \text{m}^3$$

Randspannung (Kantenspannung)

$$\sigma_{\text{links}} = \sigma_N + \frac{R_v \cdot e_y}{W} = 32{,}90\ \text{kN/m}^2 + \frac{21{,}40\ \text{kN} \cdot 0{,}086\ \text{m}}{0{,}0704\ \text{m}^3}$$

$$\sigma_{\text{links}} = 32{,}90\ \text{kN/m}^2 + 26{,}10\ \text{kN/m}^2 = 59\ \text{kN/m}^2$$

$$\sigma_{\text{rechts}} = \sigma_{\text{N}} - \frac{R \cdot e_{\text{y}}}{W} = 32{,}90\ \text{kN/m}^2 - 26{,}10\ \text{kN/m}^2 = 6{,}80\ \text{kN/m}^2$$

e) **Rechnerisch maßgebende Bodenpressung σ_0**

$$A' = b_{\text{z}} \cdot (b_{\text{z}} - 2 \cdot e_{\text{y}}) = 1{,}00\ \text{m} \cdot (0{,}65\ \text{m} - 2 \cdot 0{,}086\ \text{m}) = 0{,}478\ \text{m}^2$$

$$\sigma_{\text{o}} = \frac{R_{\text{v}}}{A'} = \frac{21{,}40\ \text{kN}}{0{,}478\ \text{m}^2} = 44{,}80\ \text{kN/m}^2 < 102\ \text{kN/m}^2$$

Übung 50 Das Fundament Bild **5.78** ist ausmittig durch Wandlasten $N = 40$ kN belastet. Die Betonwichte sei 24 kN/m³, die zulässige Bodenpressung 200 kN/m². Berechnen Sie für 1 m Fundamentlänge

a) die Gesamtlast R_{v} aus N und G,
b) das Maß der Ausmitte e_{y} (Hinweis: $e_{\text{y}} = N \cdot a/R_{\text{v}}$),
c) das Widerstandsmoment W_{y} des Fundaments,
d) die Randspannungen σ_{links} und σ_{rechts},
e) die verkleinerte Fundamentbreite b'_{y} und die verkleinerte Fundamentfläche A',
f) die rechnerisch maßgebende Bodenpressung σ_{o}.

Alle Berechnungen nur mit charakteristischen Werten!

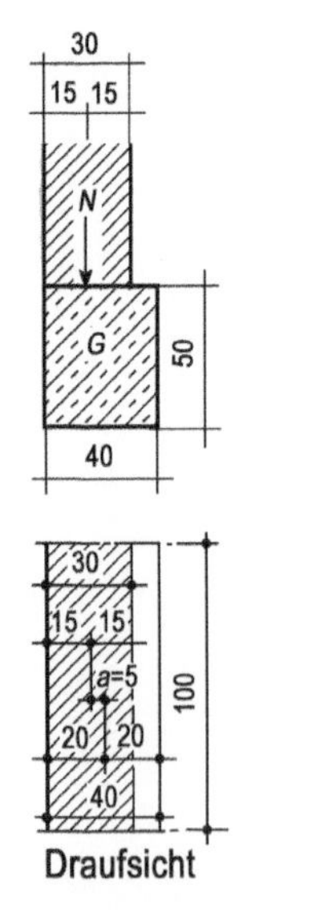

Bild 5.78 Fundament

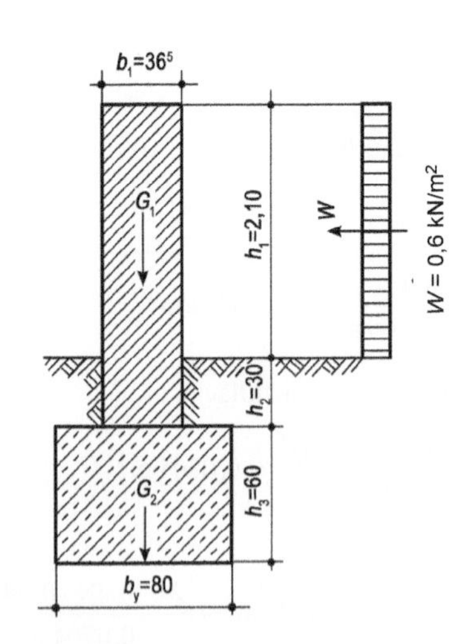

Bild 5.79 Gartenmauer

Übung 51 Kippsicherheit und Bodenpressung der windbelasteten Gartenmauer Bild **5.**79 sind zu untersuchen (für 1 m Länge). Für das Mauerwerk gilt = 20 kN/m³, für das Fundament 24 kN/m³. Ermitteln Sie

a) G_1 und G_2,
b) den Winddruck W,
c) das Kippmoment M_K,
d) das Standmoment M_S,
e) die Kippsicherheit η_K,
f) das Moment M für die Fundamentuntersuchung,
g) die Gesamtlast R_v,
h) die Ausmitte e_y,
i) die Randspannungen σ_{links} und σ_{rechts},
k) die verkleinerte Fundamentbreite b'_y,
l) die rechnerisch maßgebende Bodenpressung σ_o.

Alle Berechnungen nur mit charakteristischen Werten!

Ausmittig belasteter Stahlträger

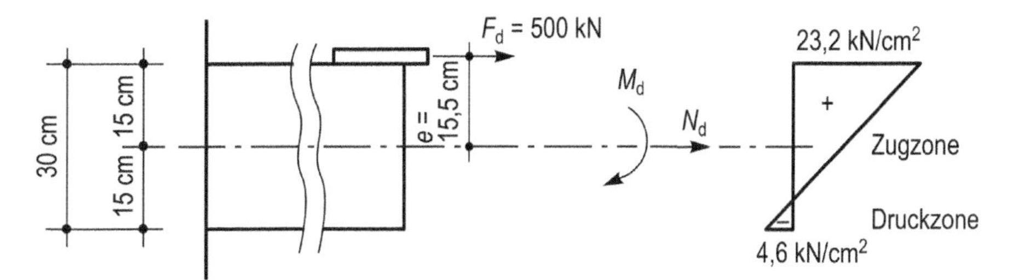

Bild 5.80 Ausmittig angeschlossene Zugkraft an einem Stahlbauprofil

Profil IPE300 mit $A = 53{,}80\ \text{cm}^2$ und $W_y = 557\ \text{cm}^3$ (s. Tabelle **12.**28).

$$M_d = F_d \cdot e = 500\ \text{kN} \cdot 15{,}50\ \text{cm} = 7750\ \text{kNcm}$$

$$N_d = F_d = 500\ \text{kN}$$

Spannungen (Bemessungswerte)

$$\sigma_{\mathrm{d,oben}} = \frac{N_{\mathrm{d}}}{A} + \frac{M_{\mathrm{d}}}{W_{\mathrm{y}}} = \frac{500}{53{,}80} + \frac{7750}{557} = 9{,}30 + 13{,}9 = +23{,}20\ \frac{\mathrm{kN}}{\mathrm{cm}^2}$$

$$\sigma_{\mathrm{d,unten}} = \frac{N_{\mathrm{d}}}{A} - \frac{M_{\mathrm{d}}}{W_{\mathrm{y}}} = \frac{500}{53{,}80} - \frac{7750}{557} = 9{,}30 - 13{,}90 = -4{,}60\ \frac{\mathrm{kN}}{\mathrm{cm}^2}$$

Baustahl S235 kann auf Biegung und Zug

$f_{\mathrm{d}} = f_{\mathrm{k}} = 235\ \frac{\mathrm{N}}{\mathrm{mm}^2} = 23{,}50 \frac{\mathrm{kN}}{\mathrm{cm}^2}$ aufnehmen.

Damit ist der Nachweis für S235 erfüllt!

6 Kräftedarstellung

6.1 Zeichnerische Darstellung von Kräften

Kräftemaßstab und Kräftepfeil. In Schaubildern stellt man häufig die Größe einzelner Angaben (z. B. über Produktionsentwicklungen, über die Bautätigkeit, über Ein- und Ausfuhr) in Säulen oder Geraden dar, um einen anschaulichen Vergleich zu ermöglichen. Ebenso lassen sich die auf Bauwerke wirkenden Kräfte und Lasten darstellen. Der Last von 100 N (links in Bild **6.**1) entspricht die daneben gezeichnete Strecke. Man wählt hierzu einen geeigneten Kräftemaßstab. Soll z. B. eine Strecke von 1 cm Länge eine Kraft von 100 N darstellen, schreibt man: 1 cm ≙ 100 N (in Worten: 1 cm entspricht 100 N). Der gewählte Maßstab ist in der Zeichnung entweder zeichnerisch (wie in Bild **6.**1) oder in Zahlen (1 mm ≙ 40 N) anzugeben. In Bild **6.**1 gehört also zur lotrecht wirkenden Last von 100 N ein ebenfalls lotrecht nach unten gerichteter Kräftepfeil von

$$100\ \text{N} \cdot \frac{1\ \text{mm}}{40\ \text{N}} = 2{,}50\ \text{mm}\ \ \text{Länge.}$$

Für das Mauerstück ist der – gleichfalls lotrecht verlaufende – Kräftepfeil

$700\ \text{N} \cdot \frac{1\ \text{mm}}{40\ \text{N}} = 17{,}50\ \text{mm}$ lang. Der schräge Strebendruck erfordert einen Kräftepfeil in der gleichen Schräglage. (Berechnen Sie dessen Länge.)

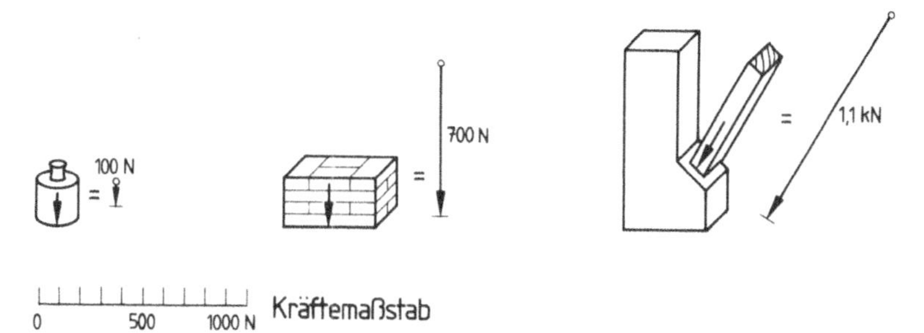

Bild 6.1 Zeichnerische Darstellung von Lasten und Kräften

> Kräfte kann man zeichnerisch als Pfeile darstellen. Die Pfeillänge entspricht maßstäblich der Kraftgröße, der Pfeil gibt die Kraftrichtung an. Die Lage des Pfeils bestimmt die Wirkungslinie der Kraft.

H. Herrmann und W. Krings, *Kleine Baustatik*,
https://doi.org/10.1007/978-3-658-30219-1_7

Übung 52 Die Kräfte und Lasten in Bild **6**.2a bis d sind zeichnerisch darzustellen.

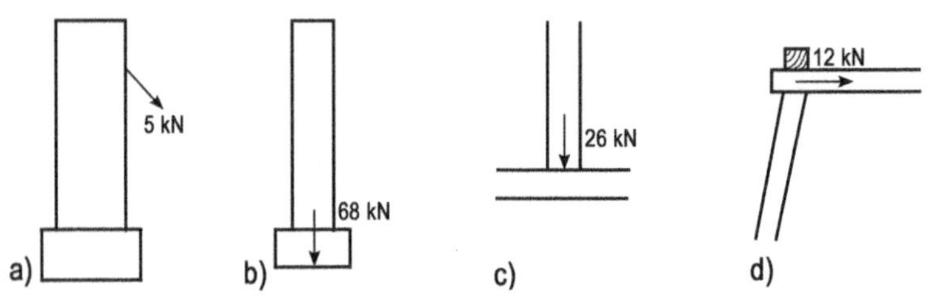

Bild 6.2 a) Zug an einem Pfeiler, b) Fundamentlast, c) Pfostendruck, d) Druck in einer Zange

6.2 Zusammensetzen und Zerlegen von Kräften

6.2.1 Zusammensetzen von Kräften mit dem Kräfteparallelogramm

Resultierende. Oft wirken zwei oder mehr Kräfte aus verschiedenen Richtungen auf ein Bauteil. In Bild **6**.3 z. B. hat jedes Einzelfundament die lotrechte Stützen- und die schräge Strebenkraft des Hallenbinders aufzunehmen. Im Zusammenwirken vereinigen sich beide Kräfte zu einer neuen Größe gleicher Wirkung. Wir nennen sie *Mittelkraft*, *Ersatzkraft* oder *Resultierende R*.

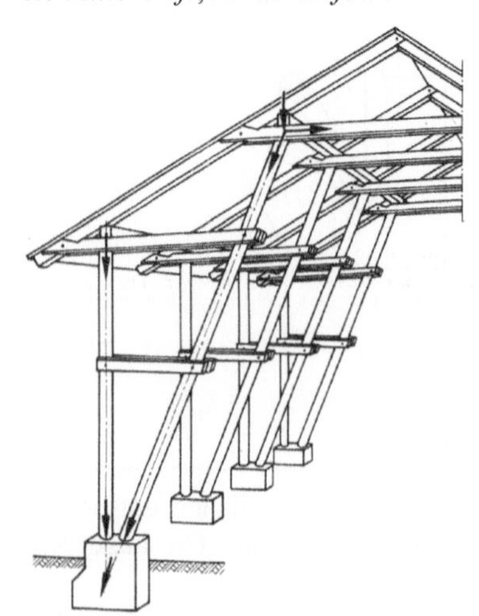

Bild 6.3
Kräfte in den Bindern einer Scheune historischer Bauart

Der Zusammenhang zwischen zwei Kräften und ihrer Resultierenden veranschaulicht Bild **6**.4. Dort wird das Boot A mit der Motorkraft F_1 in Richtung B gesteuert. Zugleich treibt die Strömung das Boot mit der Kraft F_2 in Richtung D. Tatsächlich aber fährt das Boot mit der Kraft der Resultierenden R in Richtung C. Die Wirkung der Kraft R ist also gleich der Wirkung von F_1 und F_2.

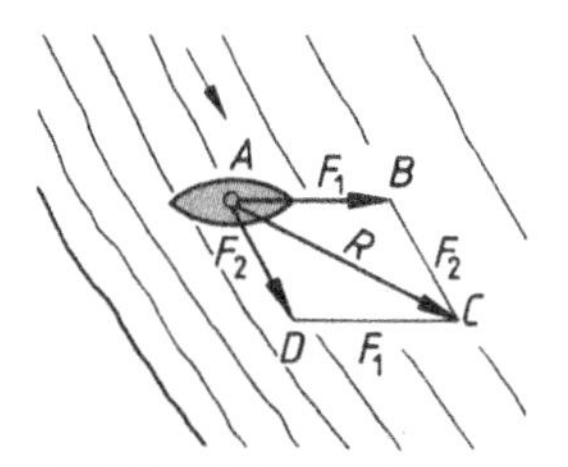

Bild 6.4
Kräfteparallelogramm an einem Boot

> Die Wirkung von zwei Kräften (Teilkräften) kann durch die Wirkung *einer* Kraft, der Resultierenden R, ersetzt werden.

Kräfteparallelogramm. Wenn wir die Kräfte F_1 und F_2 nach Lage und Größe maßstäblich auftragen, lässt sich daraus leicht ein Parallelogramm ergänzen (Bild **6**.4). Wir nennen es Kräfteparallelogramm. Die vom gemeinsamen Ausgangspunkt beginnende Diagonale entspricht der Resultierenden R.

> Die Resultierende R von zwei Kräften (Teilkräften) wird als die Diagonale eines *Kräfteparallelogramms* gefunden, dessen Seiten die Teilkräfte sind.

Beispiel 51

Welchen Druck üben die beiden Streben zusammen auf den Pfeiler in Bild **6**.5 aus? $F_1 = 40$ kN, $F_2 = 60$ kN.

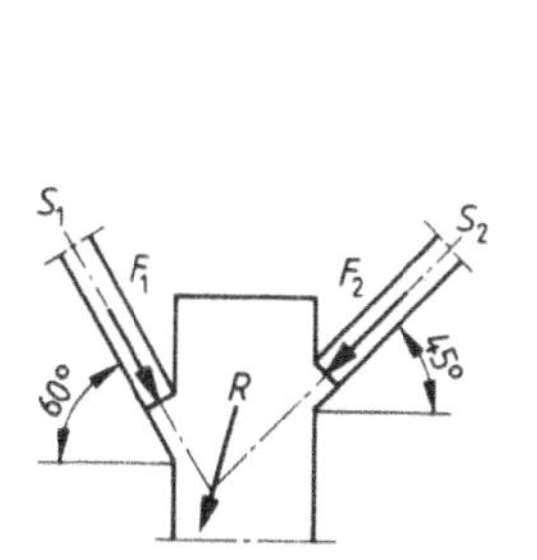

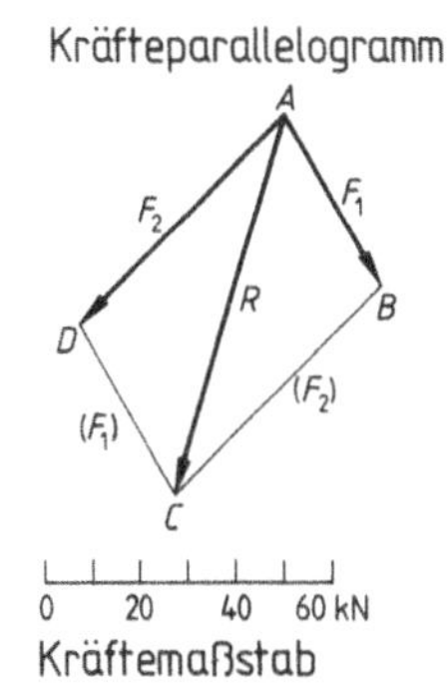

Bild 6.5 Zusammensetzung zweier Strebenkräfte an einem Pfeiler

Es ist also die Resultierende R der beiden Teilkräfte F_1 und F_2 zu suchen. In einem geeigneten Kräftemaßstab (hier 1 cm ≙ 30 kN)[1] werden von A aus F_1 und F_2 als Strecken AB und AD aufgetragen und mit Pfeil und Beschriftung versehen. Dann ziehen wir zu F_2 (d. h. zu AD) eine Parallele durch B und durch D eine Parallele zu F_1 (d. h. zu AB). So erhalten wir das Kräfteparallelogramm aus F_1 und F_2 mit der Diagonalen AC als Resultierende R. Ihre Länge messen wir zu 27 mm. Mit dem Kräftemaßstab erhalten wir dann

$$R = 2{,}70 \text{ cm} \cdot 30 \text{ kN/cm} \approx 80 \text{ kN}.$$

Mit der gleichen Wirkung wie die Kräfte F_1 und F_2 könnte also auch deren Resultierende R auf den Pfeilerdrücken.

> Die Resultierende zweier Teilkräfte übt die gleiche Wirkung aus wie ihre Teilkräfte.

Wir haben bisher sowohl die Größe als auch die Richtung von R ermittelt. Es ist aber noch festzustellen, wo R an dem Pfeiler angreifen muss, damit sie in gleicher Weise wirkt wie F_1 und F_2. Denn je nach der Lage der Resultierenden würde der Pfeiler sehr verschieden beansprucht werden, z. B. wenn R an der rechten Pfeilerkante, an der linken Pfeilerkante oder in der Mitte angriffe.

> Die Wirkungslinie der Resultierenden geht stets durch den Schnittpunkt der Wirkungslinien ihrer beiden Teilkräfte.

In der Pfeilerzeichnung Bild **6.5** sind also die beiden Kräfte F_1 und F_2 zum Schnitt zu bringen. Durch den Schnittpunkt ist eine Parallele zu der Mittelkraft R im Kräfteparallelogramm zu zeichnen, wodurch auch die Lage von R im Pfeiler ermittelt ist.

> Eine Kraft ist eindeutig bestimmt, wenn von ihr bekannt sind: 1. die Größe, 2. die Richtung, 3. die Lage.

Übung 53 Welchen Druck üben die Stütze und die Strebe auf das Fundament aus (Bild **6.6**)? $F_1 = 20$ kN, $F_2 = 30$ kN. (Größe und Richtung von R werden gesucht.)

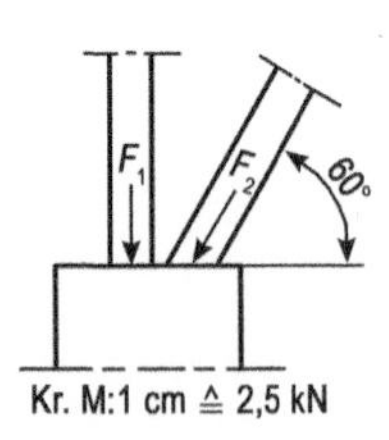

Bild 6.6 Stützen und Strebendruck auf ein Fundament

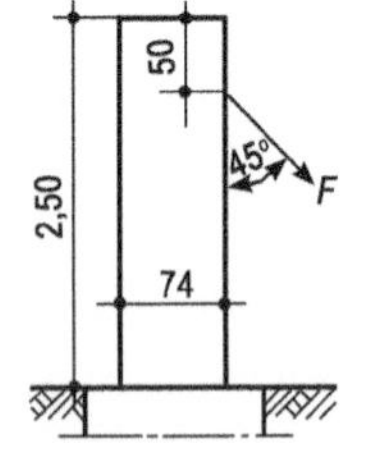

Bild 6.7 Zugkraft an einem Pfeiler

[1] Bei zeichnerischen Aufgaben liefern größere Kräftemaßstäbe, als sie hier im Buch angewendet werden können, genauere Ergebnisse. Für unser Beispiel wäre 1 cm ≙ 10 kN oder, noch größer, 1 cm ≙ 5 kN angebracht.

Übung 54 An einem 2,50 m hohen Pfeiler aus Ziegelmauerwerk (γ = 18 kN/m^3) mit den Querschnittsmaßen 74 cm × 74 cm wirkt eine Zugkraft F = 5 kN (Bild **6.**7). Es ist die Resultierende R aus F und der Pfeilerlast G zu ermitteln und festzustellen, ob diese Resultierende an der Seitenwand oder in der Bodenfuge des Pfeilers heraustritt. Im ersten Fall würde der Pfeiler kippen! (Größe, Richtung und Lage von R werden gesucht.)

Übung 55 Es ist der gemeinsame Druck der beiden Streben F_1 = 150 kN und F_2 = 120 kN auf den Pfeiler zu ermitteln (Bild **6.**8). (Größe und Richtung von R werden gesucht.)

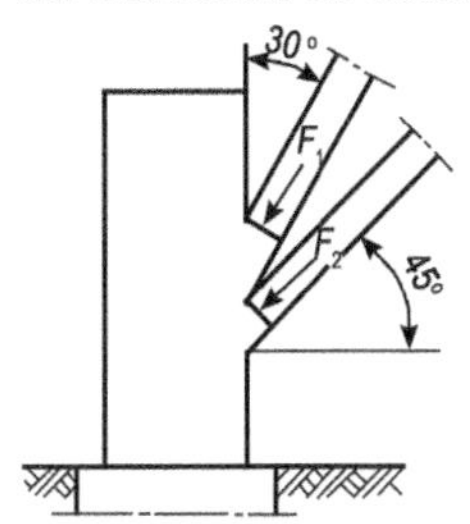

Bild 6.8
Streben an einem Pfeiler

6.2.2 Zusammensetzen von Kräften mit dem Kräftedreieck

Kräftedreieck. In Bild **6.**5 wurden die Teilkräfte F_1 und F_2 von Punkt A aus nebeneinander angetragen und das so entstehende Bild durch Parallelen zu einem Parallelogramm vervollständigt. Dessen Diagonale AC lieferte uns die Resultierende R. Bild **6.**4 konnten wir entnehmen, dass das Boot unter der Wirkung von F_1 und danach von F_2 von A über B nach C fährt. Auch die umgekehrte Reihenfolge (also erst F_2 und dann F_1) brächte das Boot (diesmal von A über D) nach C. Die gesuchte Diagonale AC erhält man also auch dadurch, dass man die Teilkräfte nacheinander anträgt, d. h. nur die Hälfte des Kräfteparallelogramms, ein *Kräftedreieck*, zeichnet.

> Zur Bestimmung der Resultierenden R von zwei Teilkräften genügt es, aus den beiden Teilkräften ein *Kräftedreieck* zu zeichnen.

Weil die Reihenfolge der darzustellenden Kräfte gleich ist, sind zwei (spiegelgleiche) Dreiecke und somit auch zwei Lösungswege möglich.

Beispiel 52

Die beiden Strebenkräfte F_1 = 40 kN und F_2 = 60 kN des Bildes Bild **6.**5 sind mit dem Kräftedreieck zu ihrer Resultierende zusammenzusetzen (Bild **6.**9).

Die Kräfte F_1 und F_2 werden in einem geeignten Kräftemaßstab in *ihrer Pfeilrichtung hintereinander* aufgetragen (Bild **6.**9a und b),und zwar entweder F_2 an F_1 oder F_1 an F_2. Die Verbindung der freien Anfangs- und Endpunkte von F_1 und F_2 ergibt Größe und Richtung der Resultierenden R.

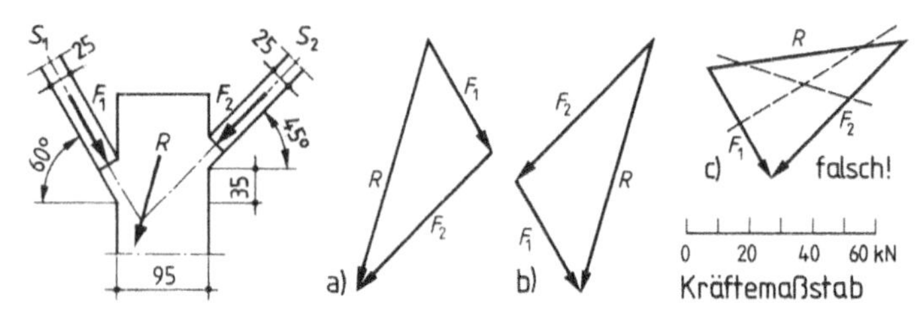

Bild 6.9 Kräftedreiecke für zwei Strebenkräfte. Die Strebenkräfte können in beliebiger Reihenfolge jeweils in Pfeilrichtung aneinandergefügt werden.

Trägt man die beiden Kräfte F_1 und F_2 *gegen-* statt nacheinanderlaufend an (Bild **6.**9c), ergibt sich zwar auch ein Kräftedreieck, aber die Richtung von R ist offensichtlich falsch, und auch seine Größe stimmt nicht.

Die Teilkräfte müssen in ihrer Pfeilrichtung aneinandergereiht werden; sie müssen sich „nachlaufen“ (Kräftezug). Die Reihenfolge ist beliebig.

Die Resultierende schließt das Dreieck. Sie hat die entgegengesetzte Pfeilrichtung der Teilkräfte, läuft ihnen „entgegen“.

Hätten alle drei Kräfte die gleiche Pfeilrichtung, wären sie im Gleichgewicht. Die Resultierende entspricht in der Größe stets der Gleichgewichtskraft ihrer Teilkräfte.

Skizzieren Sie das Beispiel in Bild **6.**9 maßstäblich auf. Ermitteln Sie Größe und Neigungswinkel der Resultierenden R nach dem vorgegebenen Lösungsweg (Bild **6.**9a oder b). Tragen Sie R auch in den Schnittpunkt der Strebenkräfte auf, womit seine Lage im Bauwerk bestimmt ist.

Übung 56 Führen Sie die Übungen 50 bis 51 mit Hilfe des Kräftedreiecks durch.

Übung 57 Welchen Druck üben die beiden Streben zusammen auf den Pfosten aus, wenn $F_1 = F_2 = 30$ kN ist (Bild **6.**10)?

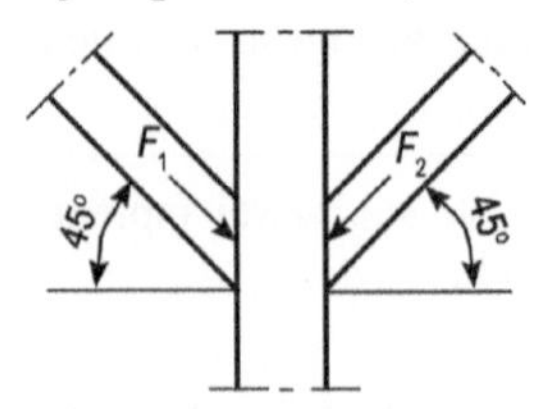

Bild 6.10 Pfosten mit zwei Streben

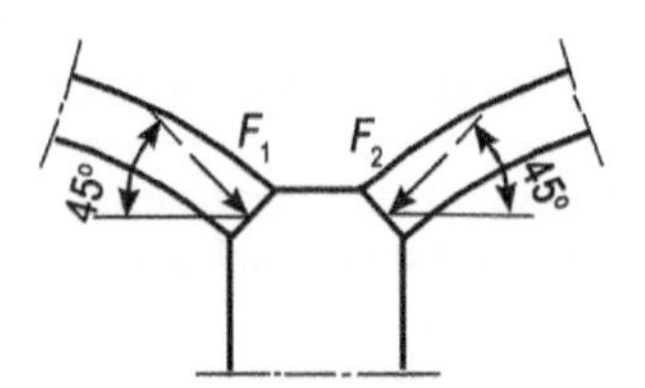

Bild 6.11 Kräfte an der Wand eines überschütteten Gewölbes

Übung 58 Ermitteln Sie den Druck, den die Gewölbe auf den Pfeiler ausüben. F_1 = 36 kN, F_2 = 28 kN (Bild **6.**11).

6.2.3 Zusammensetzen von mehr als zwei Kräften mit dem Kräftezug (Kräftepolygon)

Kräftezug. Auf die Sohle des Fundaments der Kellermauer Bild **6.**12 wirken der Kämpferdruck *K* des Gewölbes, der Erddruck *E*, die Eigenlast *G* der Wand und die des Fundaments. Zur Berechnung der Fundamentgröße müssen diese Kräfte zu ihrer Resultierenden *R* zusammengesetzt werden. Dazu benutzt man zweckmäßigerweise den Kräftezug, der sich aus dem Kräftedreieck ableitet. Für das folgende Beispiel wird aus Platzgründen auf die Ermittlung der Kraftgrößen von *K*, *G* und *E* verzichtet. Sie werden vorgegeben.

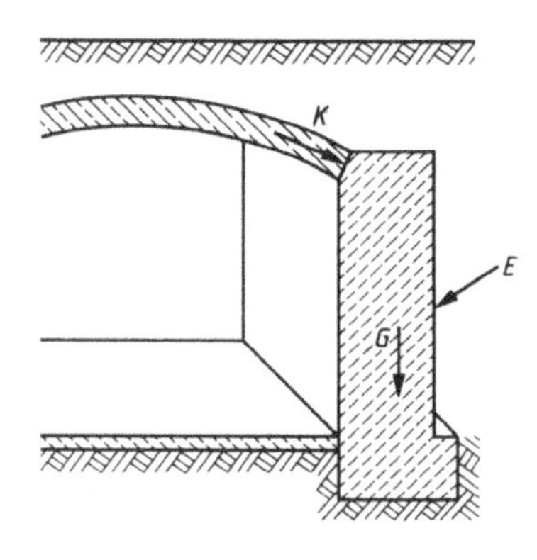

Bild 6.12
Kräfte an der Wand eines überschütteten Gewölbes

Beispiel 53
Es ist die Kraft festzustellen, die als Resultierende das Fundament der Wand Bild **6.**13 belastet; $K = 20$ kN, $G = 61$ kN, $E = 27$ kN.

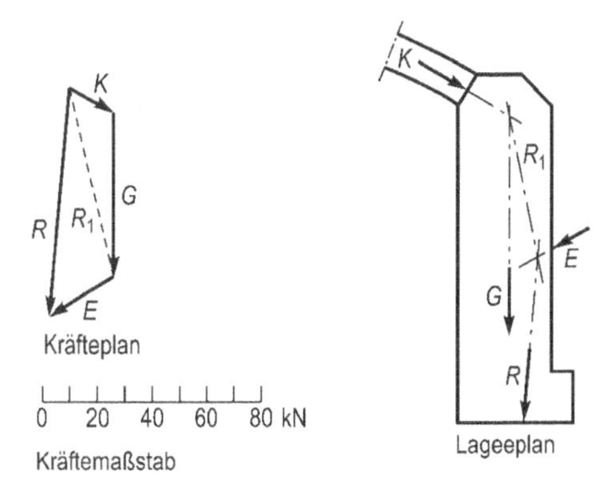

Bild 6.13
Kräftezug aus 3 Kräften

Wir können in zwei Schritten vorgehen. Zunächst werden die beiden Kräfte K und G in einem Kräftedreieck zu ihrer Resultierenden R_1 zusammengesetzt. Anschließend wird aus R_1 und E die endgültige Resultierende R ermittelt. Einfacher ist es, alle Teilkräfte aneinanderzureihen. Aus dem so entstehenden Kräftezug erhält man ohne Umwege die Größe und Richtung von R. Die zeichnerische Lösung ist aber nur möglich, wenn der Lageplan maßstäblich gegeben ist.

> Ist die Resultierende für mehrere Teilkräfte zu ermitteln, sind die Teilkräfte zu einem Kräftezug(-polygon) zusammenzusetzen, dessen Schlusslinie Größe und Richtung der Resultierenden ergibt.

Die im vorigen Abschnitt gegebenen Regeln über die Pfeilrichtungen gelten auch für den Kräftezug, ebenso die freie Wahl in der Reihenfolge der Kräfte.

Es fehlt uns noch die Lage der Resultierenden R im Lageplan. Zunächst bestimmen wir die Lage R_1 von K und G in bekannter Weise. Weil die Gesamtresultierende R die Resultierende aus R_1 und E ist, muss sie durch den Schnittpunkt von R_1 und E gehen.

> Wir bestimmen die Lage von R mit Hilfe von Zwischenresultierenden des Kräfteplans.
>
> Dreieckbildende Seiten des Kraftecks schneiden sich im Lageplan stets in einem Punkt.

Übung 59 Aus den Strebenkräften und der Eigenlast des 2 m langen Betonpfeilers ist die Resultierende R zu ermitteln (Bild **6.**14).

Übung 60 An der 1 m langen Ziegelmauer ist ein Schwenkkran angebracht (Bild **6.**15). Die Resultierende aus dem oberen Ankerzug, dem Auflagerdruck am Kranfuß und der Eigenlast der Mauer ($\gamma = 18$ kN/m³) ist zu ermitteln.

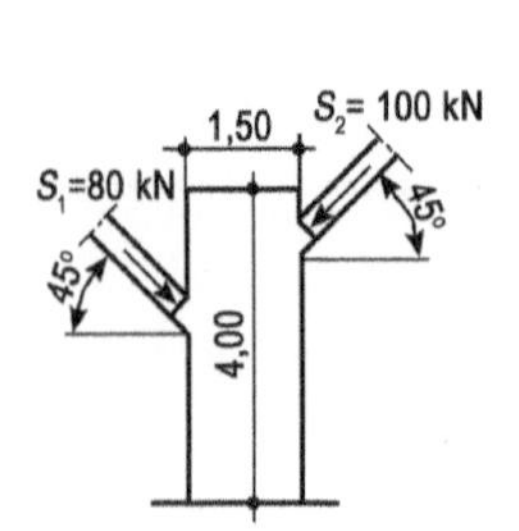

Bild 6.14 Pfeiler mit zwei Streben

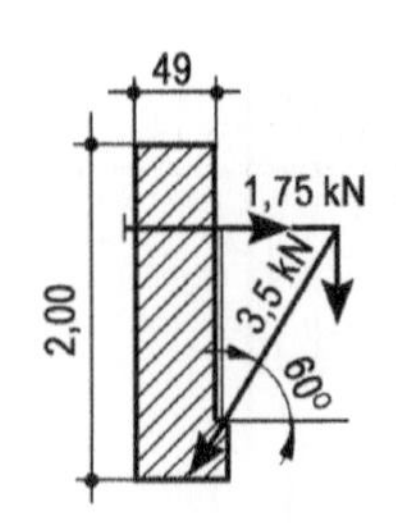

Bild 6.15 Schwenkkran an einer Mauer

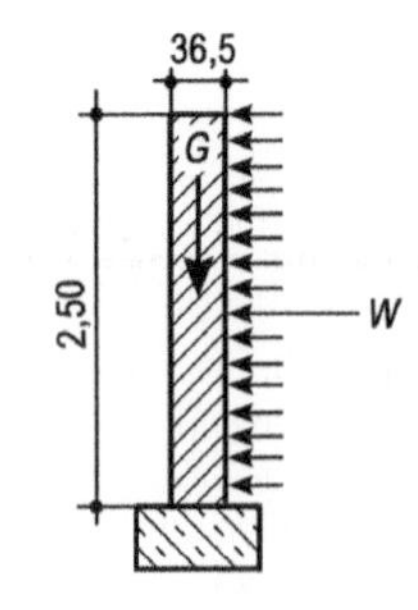

Bild 6.16 Wind auf frei stehender Mauer

Übung 61 Auf eine freistehende Ziegelmauer Bild **6.**16 drückt der Wind mit 0,6 kN/m^2. Es ist zu ermitteln, ob die Resultierende aus Winddruck w und Eigenlast G durch die Bodenfuge geht, d. h., ob die Mauer standsicher ist.

Hinweis: Es wird ein Stück der Mauer von 1 m Länge untersucht (s. Beispiel 5). Der über die ganze Mauerhöhe gleichmäßig verteilte Winddruck kann als waagerechte Einzellast in halber Mauerhöhe angenommen werden.

6.2.4 Zerlegen von Kräften mit dem Kräftedreieck

Die an der Hängesäule wirkende Brückenlast geht über die Streben als Horizontalkraft in den Hängebalken und als Vertikalkraft in die Auflager (Bild **6.**17). Die Strebenkräfte S_1 und S_2 ermitteln wir mit Hilfe des Kräftedreiecks aus der Brückenlast F in der Hängesäule.

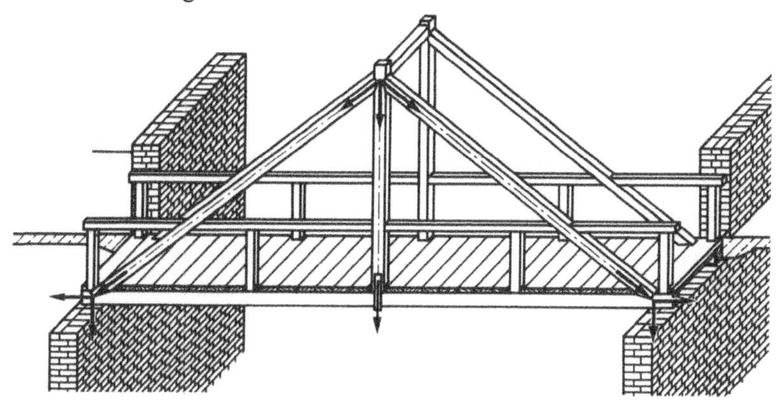

Bild 6.17 Kräftezerlegung an einer Hängewerkbrücke

Beispiel 54

Die an der Hängesäule wirkende Kraft F = 80 kN ist in die beiden Strebenkräfte S_1 und S_2 zu zerlegen (Bild **6.**18). Anschließend sind diese Strebenkräfte in ihre waagerechten (horizontalen) und lotrechten (vertikalen) Teilkräfte H und V zu zerlegen. Durch H und V werden der Hängebalken und die Auflager beansprucht.

Man trägt die gegebene Kraft F = 80 kN im gewählten Kräftemaßstab auf, zieht durch den einen Endpunkt (hier den unteren) eine Parallele zur Strebe S_2 und durch den anderen Endpunkt (hier den oberen) eine Parallele zu S_1. Die beiden Parallelen werden zum Schnitt gebracht und bilden dann mit F ein Kräftedreieck, aus dem sich die Größe S_1 und S_2 ablesen lässt.

Zum Zerlegen einer Kraft in zwei Teilkräfte dient das Kräftedreieck. Darin stellt die gegebene Kraft die Resultierende dar.

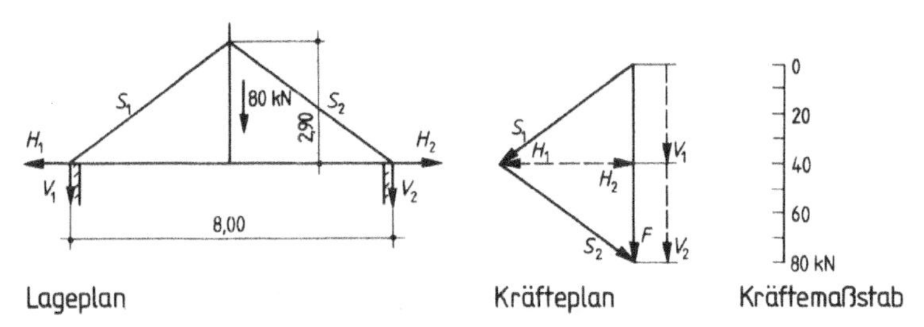

Bild 6.18 Kräftezerlegung an einem Hängewerk

Es sind zwei spiegelgleiche Kräftedreiecke möglich, die für S_1 und S_2 die gleichen Größen ergeben. Die Pfeilrichtung der Teilkräfte ist entgegengesetzt zur Pfeilrichtung der gegebenen Kraft, weil diese als Resultierende aufzufassen ist. Zur weiteren Zerlegung in H und V_1 bzw. V_2 benutzt man das bereits vorhandene Kräftedreieck. S_1 und S_2 brauchen wir also nicht noch einmal aufzutragen.

Übung 62 An einem Kran wirkt die Kraft F = 20 kN (Bild **6**.19). Es sind die Strebenkräfte S_1 und S_2 zu ermitteln.

Übung 63 Welche Beanspruchung haben die Jochstreben Bild **6**.20 durch die Last F = 16 kN aufzunehmen? Wie groß muss die Unterstützungsfläche unter jeder Strebe sein, wenn der Untergrund aus steifem Lehm besteht (zul σ = 150 kN/m^2)? Berechnung nur mit charakteristischen Werten!

Übung 64 Die von der Pfette übertragene Kraft F = 40 kN ist von der Strebe S und der Zange Z aufzunehmen (Bild **6**.21). Bestimmen Sie deren Belastung.

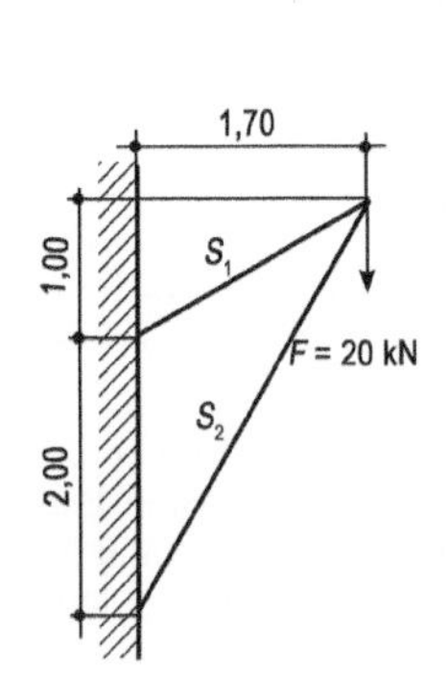

Bild 6.19 Last an einem Kranausleger

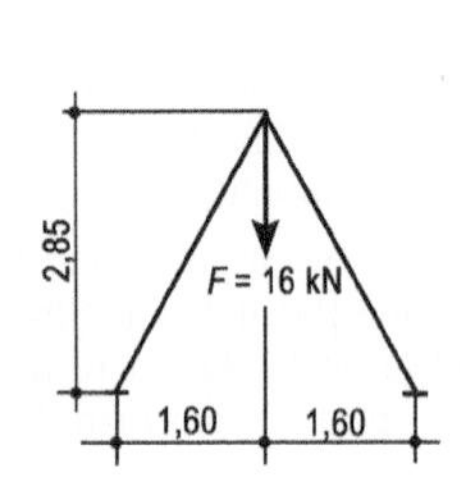

Bild 6.20 Last an einem Holzjoch

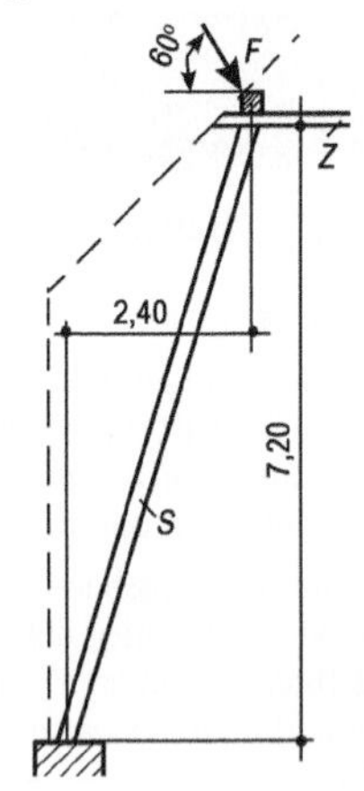

Bild 6.21 Pfettenlast auf dem Binder einer Feldscheune

6.2.5 Zusammensetzen von Kräften mit dem Seileck

Häufig lässt sich die Lage einer Resultierenden nicht dadurch bestimmen, dass man die Teilkräfte zum Schnitt bringt (z. B. wenn sie parallel laufen, Bild **6**.22). Aber auch bei nur wenig gegeneinander geneigten Teilkräften liegt der Schnittpunkt oft nicht mehr auf dem Zeichenbogen oder ergibt sich nur sehr ungenau.

> Bei Teilkräften, die wenig gegeneinander geneigt oder parallel sind, muss die Lage der Resultierenden mit dem Seileck bestimmt werden.

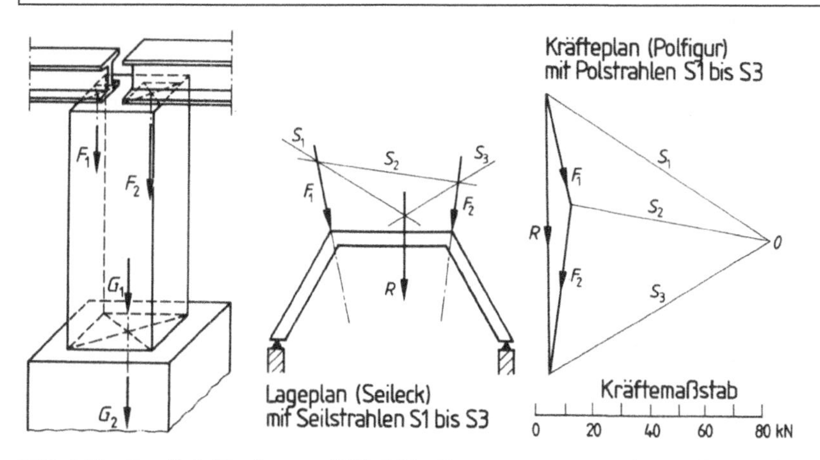

Bild 6.22 Parallele Kräfte an einem Pfeiler

Bild 6.23 Zusammensetzung der Kräfte an einem Dachbinder mit Seileck und Polfigur

Bei wenig geneigten Teilkräften erhält man die Größe und Richtung der Resultierenden wie bisher aus dem Kräftedreieck bzw. dem Kräftezug.

Bei parallelen Kräften ergeben sich Größe und Richtung von R durch Aneinanderreihen der Kräfte auf einer Geraden. In diesem Fall entspricht R der Summe aller Einzelkräfte ($R = F_1 + F_2 + ... F_n$).

Beispiel 55

Für die Kräfte $F_1 = 40$ kN und $F_2 = 60$ kN auf dem Stahldachbinder Bild **6**.23 sind Größe, Richtung und Lage der Resultierenden R (zeichnerisch) zu bestimmen.

Mit Hilfe des Kräftedreiecks finden wir R. Die geringen Richtungsunterschiede von F_1 und F_2 erschweren jedoch eine genaue Lösung für die Lage von R. Hier bietet das Seileckverfahren den besseren Lösungsweg.

In der Zeichnung des Kräftedreiecks (Kräfteplan) nehmen wir einen beliebigen Pol 0 an und verbinden ihm mit den Anfangs- und Endpunkten von F_1 und F_2 durch die Polstrahlen S_1,

S_2 und S_3. (Es ist zweckmäßig, den Pol *0* etwa in die mittlere Höhe des Kräftedreiecks zu legen, so dass der erste und der letzte Seilstrahl unter ≈ 45° verlaufen.) Im Lageplan ziehen wir eine Parallele zu S_1 von außen an F_1 heran, die F_1 in einem beliebigen Punkt schneidet. Durch diesen Schnittpunkt ziehen wir eine Parallele zu S_2 von F_1 nach F_2 und durch deren Schnittpunkt mit F_2 die Parallele zu S_3 nach außen. Die beiden äußeren Strahlen S_1 und S_3 werden nun zum Schnitt gebracht. Durch ihren Schnittpunkt geht die Mittelkraft R, und zwar parallel zu R im Kräfteplan. Ihre Lage ist damit bestimmt.

Seileck. Betrachten wir die Seilstrahlen als Kräfte, erkennen wir, dass dieser Lösungsweg die oben beschriebenen Zusammenhänge anwendet. Wir erinnern uns, dass die Resultierende und ihre beiden Teilkräfte stets ein geschlossenes Kräftedreieck bilden und im Lageplan einen gemeinsamen Schnittpunkt haben. Kräfte- und Lageplan unseres Beispiels zeigen, dass F_1 von den Seilkräften S_1 und S_2 ersetzt wird, F_2 von den Seilkräften S_2 und S_3. Und auch R steht sowohl für die Teilkräfte F_1 und F_2 als auch für die Seilkräfte S_1 und S_3. Wir merken uns nochmals: **Stets ergeben drei Kräfte mit einem gemeinsamen Schnittpunkt im Lageplan ein geschlossenes (Kräfte-)Dreieck im Kräfteplan.**

> Beim Zeichnen des Seilecks ist die Wahl des Poles *0* in der Polfigur beliebig.

Beispiel 56

Die auf das Pfeilerfundament wirkende Resultierende aus den Trägerlasten und den Pfeilereigenlasten ist zu ermitteln (Bild **6.24**).

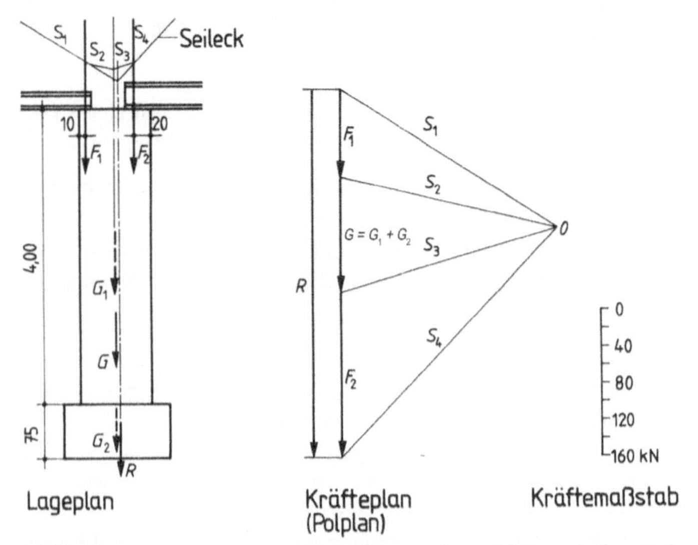

Bild 6.24 Zusammensetzung der Kräfte an einem Pfeiler mit dem Seileck

Alle Kräfte sind lotrecht abwärts gerichtet. Um die Größe und Richtung ihrer Resultierenden zu erhalten, werden sie aneinander gereiht, wodurch sich R aus der Länge der Gesamtstrecke – also als Summe aller Kräfte – ergibt. R muss gleichfalls abwärts gerichtet sein. Die Lage von R im Pfeilerfundament ergibt sich aus dem Seileck, das wie im Beispiel 55 gezeichnet wird. Wir erkennen, dass die Seilkräfte S_1 und S_4 mit R im Kräfteplan ein Dreieck bilden. Im Lageplan müssen sie daher einen gemeinsamen Schnittpunkt haben. R muss deshalb im Lageplan durch den Schnittpunkt von S_1 und S_4 führen.

Übung 65 Für einen 1 m breiten Plattenstreifen sind die Mauerlasten G_1 bis G_4 einschließlich der anteiligen Deckenlasten auf der Fundamentplatte zu ihrer Resultierenden R zusammenzusetzen (Bild **6.**25), γ des Mauerwerks = 18 kN/m³.

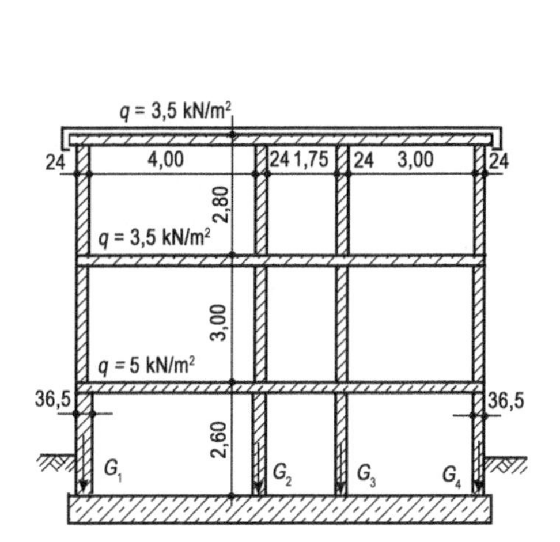

Bild 6.25 Mauerlasten auf einer Fundamentplatte

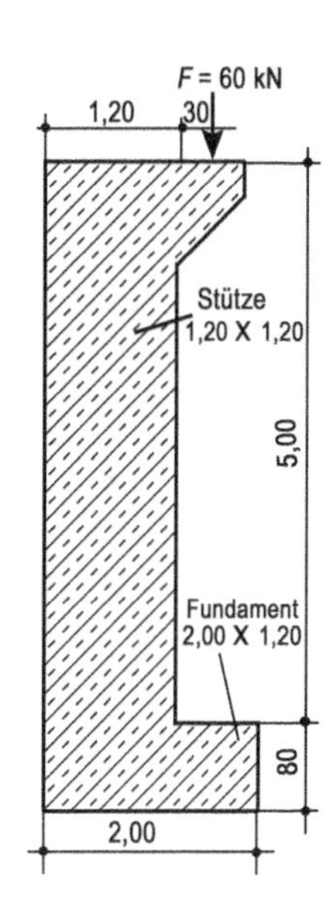

Bild 6.26 Kranbahnstütze aus Stahlbeton

Übung 66 Für die Fundamentberechnung der Stahlbeton-Kranbahnstütze Bild **6.**26 ist die Resultierende aus der Kranlast F = 60 kN, den Eigenlasten der Stütze und des Fundaments zu ermitteln. Die Eigenlast der Konsole kann außer Ansatz bleiben.

Übung 67 Die durch Schnee- und Windlast hervor gerufenen einseitigen Dachlasten Bild **6.**27 sind zu ihrer Resultierenden zusammenzusetzen.

F_1 = 3,2 kN, F_2 = 6,3 kN, F_3 = 8 kN, F_4 = 7,2 kN, F_5 = 3,6 kN.

Verwenden Sie dazu das Verfahren des Kräftezugs. Versuchen Sie auch die Lage der Resultierenden herauszufinden. Wenden Sie dafür Ihre gewonnenen Erkenntnisse über das Seileckverfahren an.

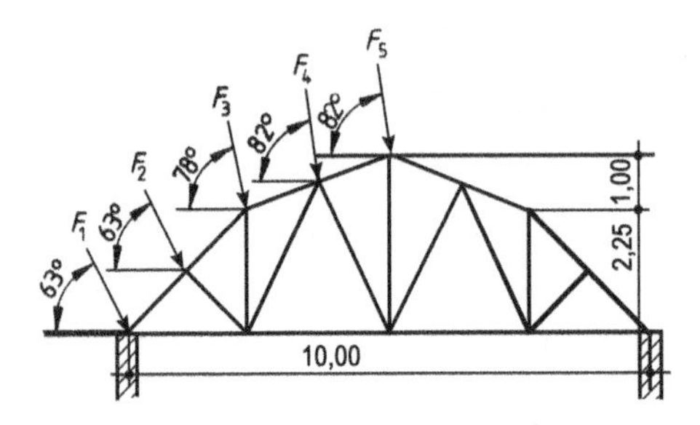

Bild 6.27
Einseitige Schnee- und Windlast auf einem Dachbinder

6.2.6 Zeichnerisches Bestimmen von Schwerpunkten

Außer der Größe von Eigenlasten ist häufig auch ihr Angriffspunkt für statische Berechnungen zu ermitteln (z. B. bei Stützmauern). Er entspricht stets der Lage der Resultierenden und in der Querschnittsfläche des Bauteils zugleich der Lage des Schwerpunkts. Zum Bestimmen des Schwerpunkts einer unregelmäßigen Fläche zerlegt man diese in mehrere Teilflächen (s. Kapitel 5.5) und betrachtet die Inhalte dieser Teilflächen (cm^2) als Kräfte. Statt durch Rechnung kann die Resultierende dieser „Flächenkräfte" mit dem Seileck auch zeichnerisch gefunden werden.

Beispiel 57

Für den Pfeilerquerschnitt Bild **6.**28 ist der Schwerpunkt zu ermitteln.

Der Gesamtquerschnitt A wird in beiden Teilflächen A_1 und A_2 zerlegt. Ihre Größe ist

$A_1 = 50 \text{ cm} \cdot 40 \text{ cm} = 2000 \text{ cm}^2$

$A_2 = 90 \text{ cm} \cdot 40 \text{ cm} = 3600 \text{ m}^2$.

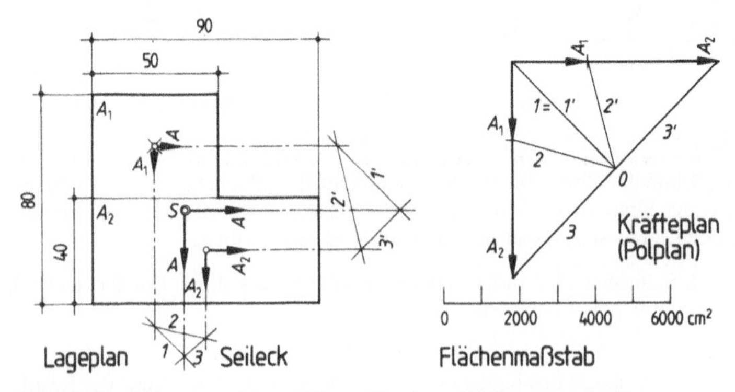

Bild 6.28 Schwerpunktermittlung für einen Pfeilerquerschnitt

Zunächst lassen wir diese beiden Flächen wie Kräfte lotrecht (in den Schwerpunkten von A_1 und A_2 angreifend) wirken und ermitteln in üblicher Weise die Lage der Resultierenden A mit dem Seileck. Auf der gefundenen Wirkungslinie von A, der lotrechten Schwerlinie, muss der Schwerpunkt liegen. Nun zeichnen wir ein zweites Seileck für die waagerecht wirkenden Flächenkräfte A_1 und A_2. Zur Vereinfachung kann der gleiche Pol wie beim ersten Seileck benutzt werden. Wir erhalten eine zweite Wirkungslinie von A, die waagerechte Schwerlinie. Deren Schnittpunkt mit der ersten ist der Schwerpunkt der Gesamtfläche A.

> Der Schwerpunkt einer Fläche liegt im Schnittpunkt ihrer lotrechten und waagerechten Schwerlinie.

Übung 68 Die Übungen 34 bis 36 sind zeichnerisch zu lösen.

6.2.7 Zerlegen von Kräften mit dem Seileck

So wie man Teilkräfte mit dem Seileck zu ihrer Resultierenden zusammensetzen kann, lassen sich damit auch Kräfte in parallele oder flach geneigte Teilkräfte zerlegen.

> Zum Zerlegen von Kräften in parallele oder flach gegeneinander geneigte Teilkräfte wird das Seileck verwendet.

Beispiel 58

Die Belastung der Jochpfähle Bild **6.**29 ist zu ermitteln.

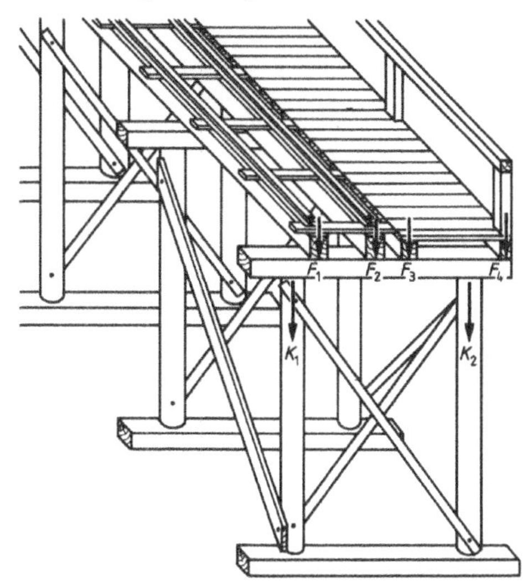

Bild 6.29
Kräftezerlegung für das Joch einer Behelfsbrücke

Mit anderen Worten: Die Kräfte F_1 bis F_4 auf dem Jochbalken sind in die Pfahlkräfte K_1 und K_2 zu zerlegen.

$F_1 = F_2 = 20$ kN

$F_3 = F_4 = 11$ kN

Im Kräfteplan werden die Kräfte F_1 bis F_4 aneinandergereiht (Bild **6**.30) und vom beliebig gewählten Pol *0* die Polstrahlen *1* bis *5* gezogen. Im Lageplan wird dann das Seileck gezeichnet. Der Schnittpunkt des ersten (*1*) mit dem letzten Seilstrahl (*5*) liefert uns wie bisher die Lage von *R*.

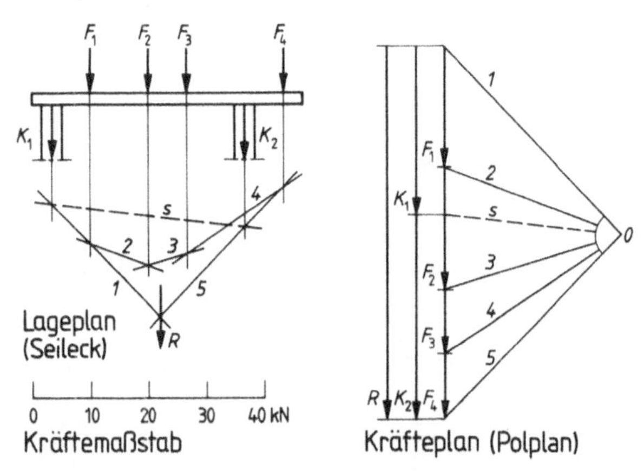

Bild 6.30 Zerlegung von parallelen Kräften in zwei parallele Teilkräfte

Wir wollen jedoch ermitteln, mit welchen Anteilen *R* die Pfosten K_2 und K_1 belastet. Dazu bringen wir den ersten (*1*) und den letzten Seilstrahl (*5*) mit den gegebenen (hier lotrechten) Wirkungslinien von K_2 und K_1 zum Schnitt. Die Schnittpunkte verbinden wir miteinander durch die *Schlusslinie s* und ziehen zu dieser im Kräfteplan die Parallele durch den Pol *0*. Sie zerlegt die aneinandergereihten Kräfte F_1 bis F_4 bzw. deren Resultierende *R* in K_1 und K_2. Dabei ist der obere Abschnitt K_1 (weil er zwischen *1* und *s* liegt), der untere K_2 (weil er zwischen *s* und *5* liegt).

> Die Parallele zur Schlusslinie eines Seilecks durch den Polpunkt teilt im Kräfteplan die Resultierende in die zwei Auflager- bzw. Stützkräfte auf.

Zur Prüfung der zeichnerischen Richtigkeit von Kräfte- und Lageplan dient die uns bekannte Bedingung:

> Linien, die sich im *Lageplan* in einem Punkt schneiden (z. B. Seilstrahl *1*, Kraft F_1 und Seilstrahl *2*), müssen im *Kräfteplan* ein geschlossenes Dreieck bilden. (Dies gilt ebenso für die Linien *R*, *1*, *5*, für K_1, *1*, *s* und K_2, *s*, 5.)

Übung 69 Welche Kräfte werden durch den Laufkran Bild **6.**31 auf die Kranbahnkonsolen ausgeübt?

Übung 70 Die Kräfte F_1 = 180 kN und F_2 = 100 kN sind in die beiden Pfahlkräfte zu zerlegen (Bild **6.**32).

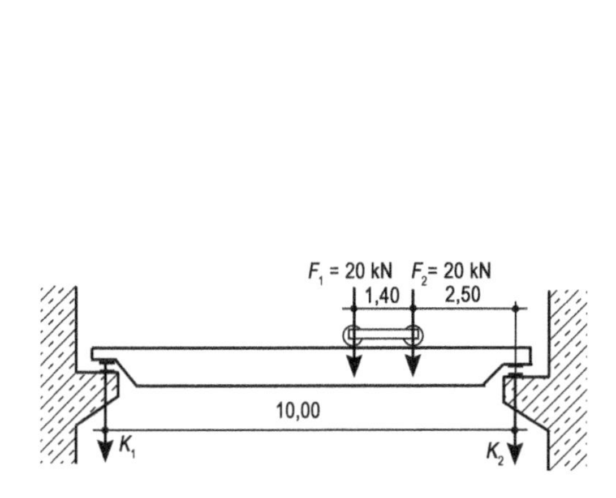

Bild 6.31 Laufkran auf Konsolen

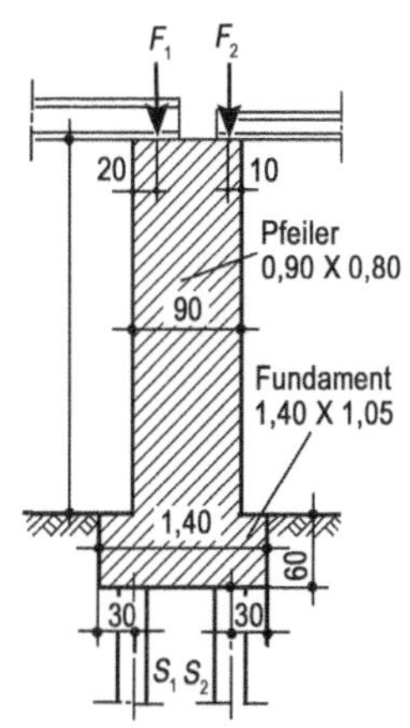

Bild 6.32 Betonpfeiler auf Pfahlgründung

6.3 Kräfte wirken auf Balken

6.3.1 Balken auf zwei Stützen mit Einzellasten

Im Kapitel 5 „Biegung" wurde die rechnerische Bemessung von Balken behandelt. Dazu wurden die Auflagerkräfte und das größte Biegemoment berechnet.

> Auflagerkräfte und Biegemomente von Balken auf zwei Stützen können mit dem Seileck auch zeichnerisch ermittelt werden.

Hierzu muss der Balken maßstäblich aufgetragen werden. Es ist also für die Zeichnung neben dem Kräftemaßstab (für das Seileck) ein Längenmaßstab (für den Balken) zu wählen.

Beispiel 59

Für den Balken Bild **6.**33 sind die Auflagerkräfte und das Größtmoment zeichnerisch zu ermitteln.

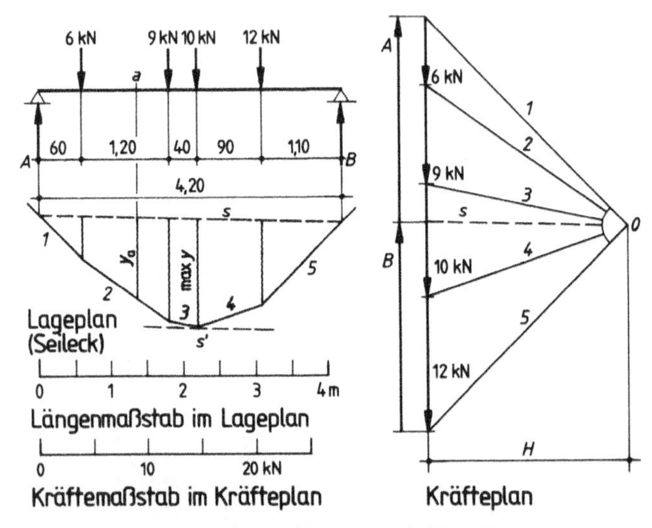

Bild 6.33 Momentenfläche für Träger mit Einzellasten

a) **Auflagerkräfte**

A und *B* werden wie die Jochkräfte K_1 und K_2 im Beispiel 58 mit der Schlusslinie s des Seilecks ermittelt. Als Stützkräfte, die das Gleichgewicht halten sollen, wirken sie nach oben.

> Die Parallele zur Schlusslinie *s* des Seilecks durch den Punkt *0* des Kräfteplans teilt die Resultierende in die Auflagerkräfte *A* und *B*.

b) **Größtmoment**

Mit dem Seileck lässt sich das Biegemoment an jeder beliebigen Stelle (z. B. im Punkt *a* des Balkens) feststellen. Die lotrechte Entfernung zwischen der Schlusslinie *s* und dem darunterliegenden Seilstrahl 2 des Seilecks sei ya. Die Entfernung des Pols von den aneinander gereihten Kräften (also das Lot von *0* auf die Kräfte), die *Polweite* sei *H*. Dann ist, wie sich mathematisch nachweisen lässt, das Biegemoment im Querschnitt *a*

$$M_a = H \cdot y_a.$$

Hierin ist die eine der beiden Strecken im Längen-, die andere im Kräftemaßstab zu messen. Es ist gleichgültig, welche der Strecken in dem einen und welche in dem anderen Maßstab gemessen wird, denn stets ergibt sich das gleiche Produkt. In Bild **6**.33 sind

y_a (gemessen im Längenmaßstab) = 1,10 m

H (gemessen im Kräftemaßstab) = 18,50 kN. Also ist

$M_a = H \cdot y_a = 18{,}50\ \text{kN} \cdot 1{,}10\ \text{m} = 20{,}35\ \text{kNm}.$

Offensichtlich ist dies noch nicht das Größtmoment, weil y_a, nicht die größte lotrechte Entfernung zwischen s und den Seilstrahlen ist. Das Größtmoment, d. h. den gefährdeten Querschnitt, kann man gemäß Kapitel 5.7.1 mit der Querkraftfläche ermitteln. Hier erkennen wir sofort, dass das maximale Moment in der Wirkungslinie der Einzellast von 10 kN liegt, denn max y ist der größte Lotabschnitt in der Seileckfläche. Dies können wir durch die Parallele s' zu s durch den Schnittpunkt von max y, 3, 4 nachprüfen.

Gemessen im Längenmaßstab ist max y = 1,45 m,
folglich ist max $M = H \cdot$ max y = 18,50 kN · 1,45 m = 26,80 kNm.

> Bei Einzellasten liegt der gefährdete Querschnitt bzw. das Größtmoment über der größten lotrechten Strecke max y in der Seileckfläche.

Es erleichtert die Rechnung, wenn H in der Polfigur in vollen cm gewählt wird.

> Die Fläche zwischen Seilstrahlen und Schlusslinie entspricht der Momentenfläche. Wir können daraus die Momente an jeder beliebigen Stelle des Balkenquerschnitts ermitteln.

c) **Bemessung**

Der Balken wird nun in gleicher Weise bemessen, wie im Kapitel 5 „Biegung" erläutert.

Übung 71 Für die Balken auf zwei Stützen sind die Auflagerkräfte und die Größtmomente zeichnerisch zu ermitteln und die Abmessungen zu berechnen für BSH (NH) GL32h (Bild **6.**34).

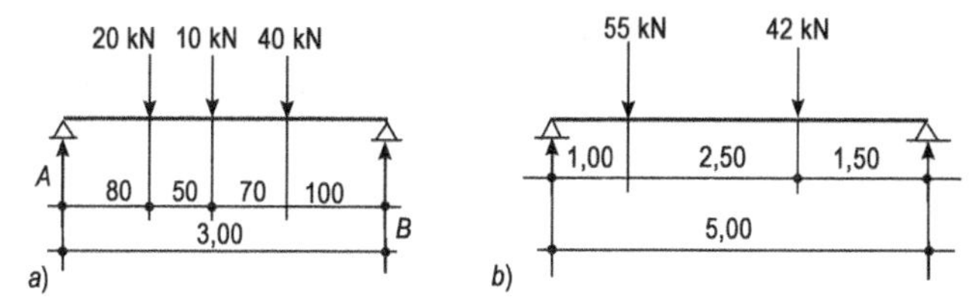

Bild 6.34 BSH-Träger mit Einzellasten

Übung 72 Der Träger muss im Punkt a gestoßen werden (Bild **6.**35). Für diese Stelle ist das Moment zeichnerisch zu bestimmen.

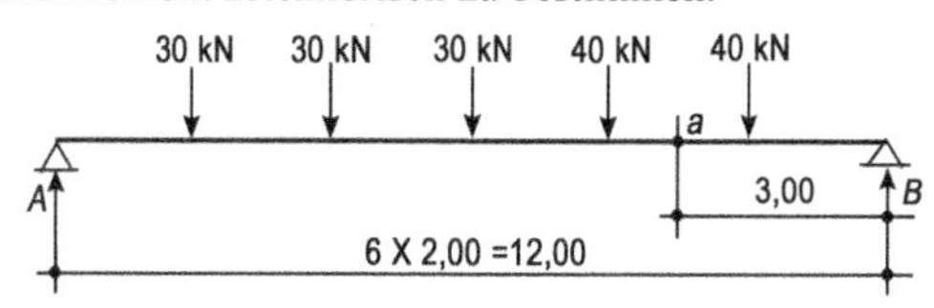

Bild 6.35 Träger mit Stoß

6.3.2 Balken mit Streckenlast und gleichmäßig verteilter Last

Bei der rechnerischen Behandlung der Balken mit Streckenlasten wurden diese Belastungen durch ihre Gesamtlasten ersetzt (vgl. Beispiel 24).

> Auch bei der zeichnerischen Lösung sind Streckenlasten zunächst durch ihre Gesamtlasten zu ersetzen.

Balken mit gleichmäßig verteilter Last auf ganzer Balkenlänge werden zweckmäßig nicht zeichnerisch, sondern mit den Formeln im Kapitel 5.8 (s. auch Tabelle **12.**45) bemessen. Bei Balken mit Teil-Streckenlasten erfordern beide Lösungen (zeichnerisch oder rechnerisch) etwa die gleiche Arbeit.

Beispiel 60

Für den Holzbalken Bild **6.**36 sind A, B und max M zeichnerisch zu ermitteln. Außerdem ist der Balken zu bemessen in NH, S10.

a) **Auflagerkräfte**

Die Streckenlast $q = 6$ kN/m wird ersetzt durch ihre Gesamtlast F_q.

$F_q = q \cdot l = 6$ kN/m $\cdot$ 2,00 m = 12 kN

Da der Balken jetzt nur mit der Einzellast F_q belastet ist, bietet die Ermittlung von A und B nichts Neues.

$A = 7{,}20$ kN $B = 4{,}80$ kN

b) **Größtmoment**

In Kapitel 5.8 wurde erörtert, dass Einzellasten in der Regel größere Momente hervorrufen als gleichgroße Streckenlasten. Deshalb kann das max y, das wir in Bild **6.**36a als Folge der Ersatzlast F_q, einer Einzellast erhalten haben, nicht das zu q gehörige max y sein.

Um zunächst einmal das tatsächliche max y angenähert zu erhalten, wird die Streckenlast q in 4 Einzellasten F_{q1} bis F_{q4} zerlegt und für diese Lasten das Seileck gezeichnet (Bild **6.**36b). Je weiter wir sie nun in Einzellasten aufteilen, um so mehr wird sich das Seileck unter der Streckenlast einer Kurve nähern. Die zeichnerische Lösung bestätigt also die Erkenntnisse aus der rechnerischen Behandlung der Biegemomente.

> Bei der Momentenfläche für eine Streckenlast bilden die Seilstrahlen unter der Streckenlast eine Kurve (Parabel).

Bild **6.**36c zeigt die Konstruktion dieser Kurve: Man zeichnet für F_q die Seilstrahlen *1* und *2* und die Schlusslinie *s*. Die Strecken *cd* und *de* werden in die gleiche Anzahl Abschnitte geteilt und wie im Bild beziffert. Dann verbindet man die Punkte mit gleichen Ziffern untereinander und erhält so eine Anzahl Tangenten für die Parabel, die sich nun mit dem Kurvenlineal leicht einzeichnen lässt.

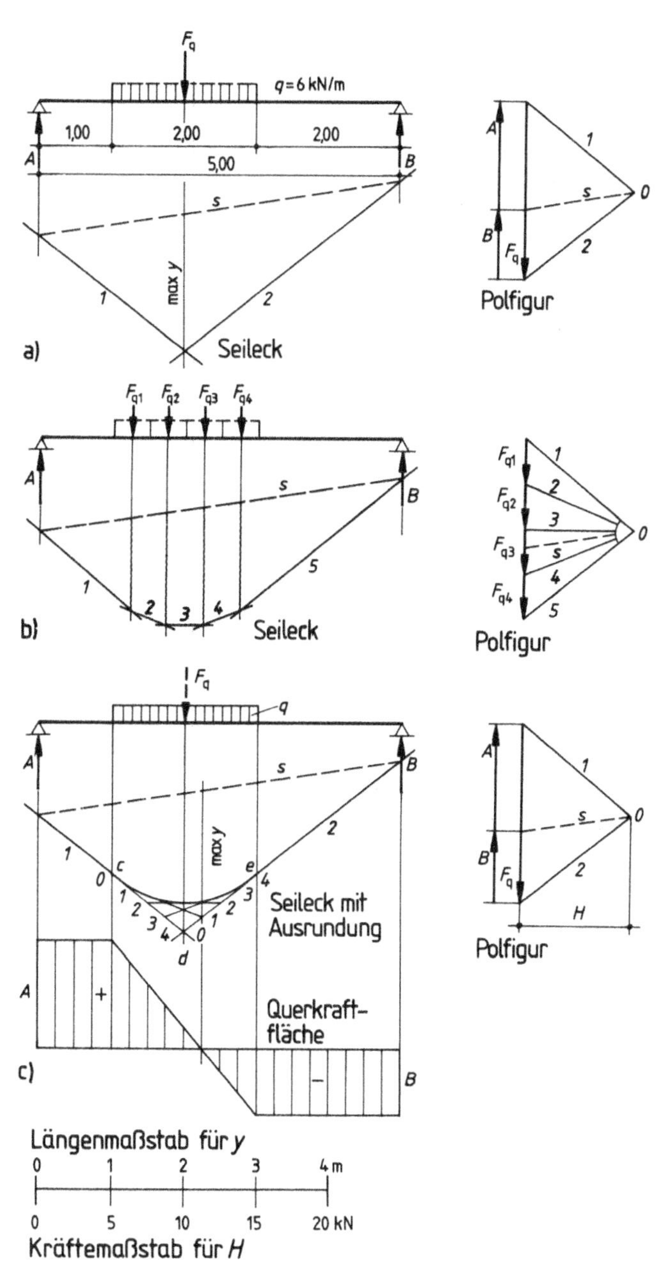

Bild 6.36
Balken auf zwei Stützen mit Streckenlast, Einteilung der Momentenfläche

Den gefährdeten Querschnitt erhält man mit der Querkraftfläche (Bild **6.**36c).

max $M = H \cdot$ max y

H (im Kräftemaßstab) = 7,50 kN

max y (im Längenmaßstab) = 1,50 m

max M = 7,50 kN · 1,50 m = **11,25 kNm**

c) **Bemessung**

$$\text{erf } W_y = \frac{1,40 \cdot 1125 \text{ kNcm}}{1,11 \text{ kN/cm}^2} = \mathbf{1419\ cm^3}$$

Gewählt: 16/24 cm mit W_y = **1536 cm³**

Übung 73 Für den mit einer 11,50 cm dicken Mauer belasteten Träger in Bild **6.**37 sind die Auflagerdrücke A und B sowie das Größtmoment zeichnerisch zu ermitteln.

Die Mauer bleibt unverputzt. Sie besteht aus Vollziegeln mit der Rohdichte 1,80. Die Aufgabe ist mit dem Beispiel 60 und Bild **6.**36 vergleichbar. Verwenden Sie für die Berechnung der Gewichtskraft Tabelle **12.**2.

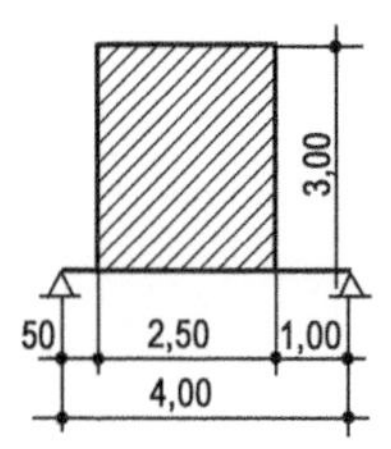

Bild 6.37
Mauer auf einem Träger

6.3.3 Balken mit Kragarm und Einzellasten

Für den Balken mit Kragarm gelten die gleichen Regeln wie für den einfachen Balken auf zwei Stützen.

> Die Auflagerkräfte werden auch beim Balken mit Kragarm mit Hilfe des Seilecks und Kräfteplans ermittelt.

Der Seilstrahl *5* muss hierbei vom Kragarmende nach links zurück verlängert werden, bis er das Auflager B schneidet. Die Dreieckstrecken B, *5*, s (Kräfteplan) müssen sich in einem Punkt des Lageplans schneiden.

Beispiel 61

Für den Träger mit Kragarm Bild **6.**38 sind die Auflagerkräfte und das Größtmoment zeichnerisch zu ermitteln. Das Trägerprofil ist zu berechnen.

a) **Auflagerkräfte**

Durch die Schnitte des ersten und des letzten Seilstrahls mit den Auflagersenkrechten erhalten wir wieder die Schlusslinie s. Deren Parallele zerlegt im Kräfteplan aneinander gereihten Kräfte in A und B.

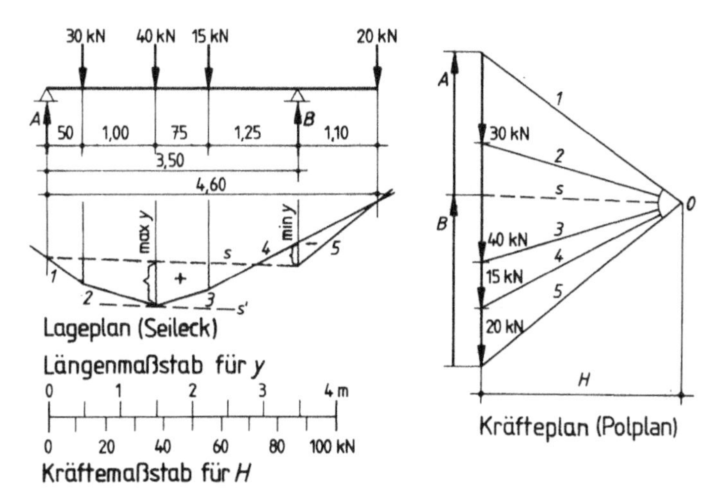

Bild 6.38 Momentfläche für Kragarmträger mit Einzellasten

b) **Größtmomente**

Legt man an das Seileck im Feld eine Tangente s', die zu s parallel ist, erhält man max y auf der Wirkungslinie der Einzellast von 40 kN.

Es gibt aber noch ein zweites, negatives Größtmoment über dem Auflager B – das *Stützmoment* (vgl. Kapitel 5.7.4). Dort liegt der zweite Größtwert von y, nämlich min y (minimum y = Größtwert des negativen y). Die beiden Momente haben entgegengesetzte Vorzeichen, und zwar ist für das Feldmoment max y positiv (+), für das Stützmoment min y negativ (–).

Es ist $\max M = H \cdot \max y$.

Mit dem Kräftemaßstab erhalten wir $H = 70$ kN

und mit dem Längenmaßstab $\max y = +0{,}60$ m.

Damit wird $\max M = 70 \text{ kN} \cdot (+0{,}60 \text{ m}) = \mathbf{+42\ kNm}$.

Mit $\min y = -0{,}30$ m

ist ferner $\min M = H \cdot \min y = 70 \text{ kN} \cdot (-0{,}30 \text{ m}) = \mathbf{-21\ kNm}$.

Die Zugspannungen entstehen im Feld (max M) auf der Unterseite des Balkens, über dem Auflager B (min M) und im Kragarm dagegen auf der Oberseite. Die Momentenfläche zeigt, dass das negative Biegemoment (min M) – und somit auch die Zugkräfte im oberen Balkenquerschnitt – über das Auflager B in das Feld hineinreichen. Das ist für die Anordnung der Bewehrungsstähle bei Stahlbeton-Kragarmen wichtig (s. Kapitel 9.5.2).

c) **Bemessung**

Der Balken muss für den zahlenmäßig größeren Wert von max M und min M bemessen werden.

Baustahl S235 mit $f_d = f_k = 235\ \frac{\text{N}}{\text{mm}^2} = 23{,}50 \frac{\text{kN}}{\text{cm}^2}$

Erforderliches Widerstandsmoment:

Von den beiden zuvor ermittelten extremen Biegemomenten max M und min M ist nur das betragsmäßig größte Biegemoment wichtig. Für dieses Moment wird der gesamte Träger mit dem Kragarm bemessen.

$$\text{erf}\ W_y = \frac{\max|M|}{f_d} = \frac{42\ \text{kNm}}{23{,}50\ \text{kN/cm}^2} = \frac{4200\ \text{kNcm}}{23{,}50\ \text{kN/cm}^2} = 179\ \text{cm}^3$$

Es gibt nun mehrere Möglichkeiten für die Auswahl eines Stahlträgers. Fünf Möglichkeiten für die Auswahl sind unten aufgeführt (s. Tabellen **12**.24 bis **12**.28):

I200 mit $W_y = 214\ \text{cm}^3 > \text{erf}\ W_y = 179\ \text{cm}^3$ mit $A = 33{,}40\ \text{cm}^2$ oder

HEA160 (IPBL160) mit $W_y = 220\ \text{cm}^3 > \text{erf}\ W_y = 179\ \text{cm}^3$ mit $A = 38{,}80\ \text{cm}^2$ oder

HEB140 (IPB140) mit $W_y = 216\ \text{cm}^3 > \text{erf}\ W_y = 179\ \text{cm}^3$ mit $A = 43{,}00\ \text{cm}^2$ oder

HEM100 (IPBv100) mit $W_y = 190\ \text{cm}^3 > \text{erf}\ W_y = 179\ \text{cm}^3$ mit $A = 53{,}20\ \text{cm}^2$ oder

IPE200 mit $W_y = 194\ \text{cm}^3 > \text{erf}\ W_y = 179\ \text{cm}^3$ mit $A = 28{,}50\ \text{cm}^2$

Alle oben aufgeführten Profile könnten gewählt werden! Aber das letzte Profil IPE200 hat die kleinste Querschnittfläche aller möglichen Profile. Weil das also zum geringsten Materialverbrauch führt, wird es endgültig gewählt; also

Gewählt: IPE200

Übung 74 Für den Balken in Bild **6**.39a und b sind A und B sowie max M und min M zeichnerisch zu ermitteln und die Balkenabmessungen zu berechnen für NH, S10.

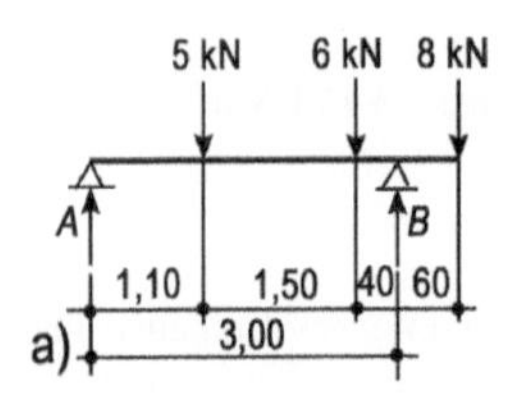

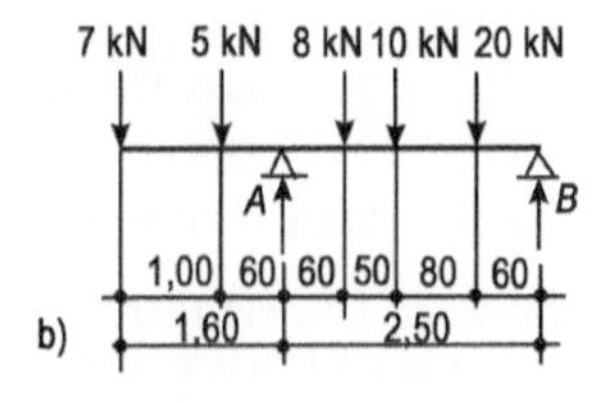

Bild 6.39
Kragarmträger mit Einzellasten

7 Knickgefahr und Knicksicherheit

7.1 Trägheit gegen Ausknicken

Auf Druck beanspruchte schlanke Pfosten oder Pfeiler (in der Statik „Druckstäbe" oder „Druckglieder" genannt) werden bei Überbelastung nicht zerdrückt, sondern knicken aus (s. auch Kapitel 3.4). Ein rechteckiger Pfeiler wird zuerst um seine Längsachse ausknicken wollen (vgl. Druck auf stehende Reißschiene). Ein Kantholz von z. B. 10/20 cm, mit 200 cm^2 Querschnitt könnte bei Knicken um die Längsachse nur zirka 1/4 derjenigen Knicklast tragen, die bei Knicken um die Querachse noch eben tragbar wäre. Deshalb muss bei der Berechnung eines Pfostens auf Knicken diese kleinere Tragkraft zugrundegelegt werden. Ein quadratisches Kantholz von 14/14 cm mit 196 cm^2, also fast gleichem Querschnitt, könnte um beide Achsen gleich viel Knicklast tragen – im Vergleich zum oben genannten Rechteckquerschnitt also mehr. Ebensoviel würde ein gleich großes Rundholz von ∅ 16 cm mit 201 cm^2 nach allen Seiten aushalten.

> Für knickbeanspruchte Bauteile (z. B. Stützen) eignen sich allseits symmetrische Querschnitte.

Der dritte Stützenquerschnitt in Bild **7**.1 (ein Hohlquerschnitt, der den gleichen Materialquerschnitt hat wie der Rechteck- oder der Rundquerschnitt) mit z. B. 19 cm Durchmesser, davon 4 cm Ringdicke, könnte sogar die 4,5-fache Knicklast des Rechteckquerschnitts aushalten.

Bei Schilfrohr und Getreidehalmen macht sich die Natur z. B. die hohe Knicksicherheit (und damit Tragfähigkeit) des Rohrquerschnitts zunutze.

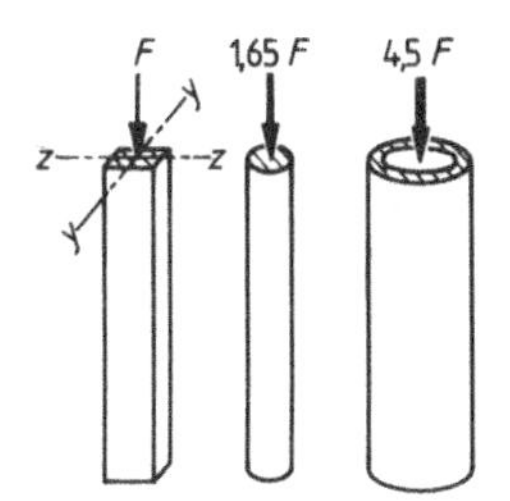

Bild 7.1
Drei Stäbe mit gleicher Querschnittsfläche

> Symmetrische Hohlquerschnitte (Kreis- oder Quadratrohre) bieten mehr Knicksicherheit als flächengleiche Vollquerschnitte.

Wie bei der Biegung (Kapitel 5) ist also auch hier nicht die Größe des Querschnitts allein, sondern auch seine Form für die Tragfähigkeit maßgebend.

H. Herrmann und W. Krings, *Kleine Baustatik*,
https://doi.org/10.1007/978-3-658-30219-1_8

7.2 Flächenmoment

Ein Maß für die Eignung eines Querschnitts für Knickbeanspruchung und damit für die Tragfähigkeit einer Stütze ist sein Flächenmoment I[1], früher Trägheitsmoment genannt.

Größtes und kleinstes Flächenmoment. Für einen nicht runden Querschnitt können unendlich viele Flächenmomente berechnet werden, je nachdem, welche Knickrichtung man dabei zugrundelegt. Meist interessieren jedoch nur das größte und das kleinste Flächenmoment. Aus dem ersteren (I_y) leitet sich das Widerstandsmoment W_y ab, das bei der Beanspruchung auf Biegen gebraucht wird (hochkant gelegte Balken). Das kleinste Flächenmoment (I_z) ist dagegen für die Größe der zulässigen Knickbelastung maßgebend.

Berechnung. Wir teilen einen Rechteckquerschnitt in unendlich viele kleinste Flächenteilchen a auf und berechnen für jedes dieser Teilchen das Produkt $a \cdot e^2$, wobei e der jeweilige Abstand von der y-Achse ist (Bild 7.2). Die Summe dieser Produkte ist das Flächenmoment I_y des Querschnitts. Berechnen wir in gleicher Weise das Flächenmoment I_z, bezogen auf die z-Achse, erhalten wir das kleinste Flächenmoment (min I) des Querschnitts.

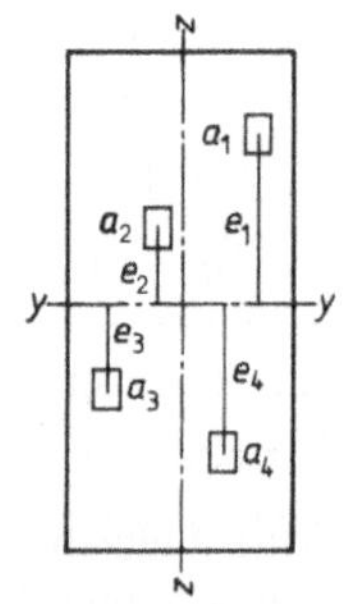

Bild 7.2
Trägheitsmoment eines Rechteckquerschnitts

Wir erkennen: Je weiter die Querschnitts-Flächenanteile und je mehr von ihnen vom Gesamtschwerpunkt entfernt liegen, je „gespreizter“ also ein Querschnitt ist, um so größer ist sein Flächenmoment und um so größer auch seine Steifigkeit gegen Knicken.

> Für die Knicksicherheit ist das kleinste Flächenmoment min I maßgebend.

Für die üblichen Rechteck-, Kreis- und Stahlprofile sind die I_y und I_z in den Tabellen **12**.21 bis **12**.32 enthalten. Sie werden, mit den Querschnittsmaßen in cm nach den folgenden Formeln berechnet.

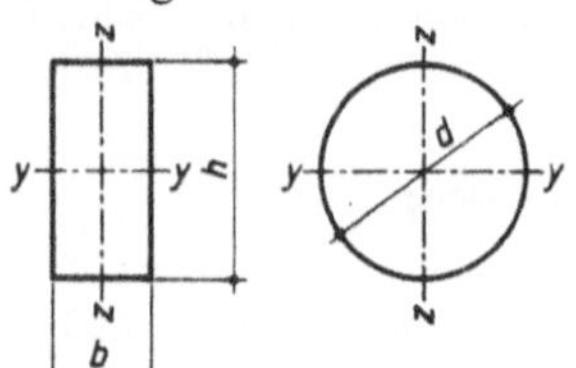

Bild 7.3
Rechteck- und Kreisquerschnitt

[1] I = inertia, lat. = Trägheit. Bezeichnung nach DIN 1080 T2 „Flächenmoment 2. Grades um die ... Achse“.

Für den Rechteckquerschnitt		Für den Kreisquerschnitt
$I_y = \frac{b \cdot h^3}{12}$ in cm⁴	$I_z = \frac{h \cdot b^3}{12}$ in cm⁴	$I_y = I_z = \frac{\pi \cdot d^4}{64}$ in cm⁴

Übung 75 Berechnen Sie für folgende Holzquerschnitte die Flächenmomente I_y und I_z und vergleichen Sie die Ergebnisse mit den Werten in den Tabellen **12**.21 und **12**.22:

a) 10 cm × 12 cm, b) 14 cm × 18 cm, c) 20 cm × 26 cm, d) ∅ 15 cm.

7.3 Stützen aus Stahl und Holz

Bei Bemessung einer Stütze aus Holz (Bild **7**.4) oder Stahl ist zunächst die Belastung der Stütze zu ermitteln. Im Verhältnis zu ihrer Eigenlast hat die Stütze in der Regel hohe Lasten aufzunehmen. Ihre Eigenlast kann daher meist vernachlässigt werden.

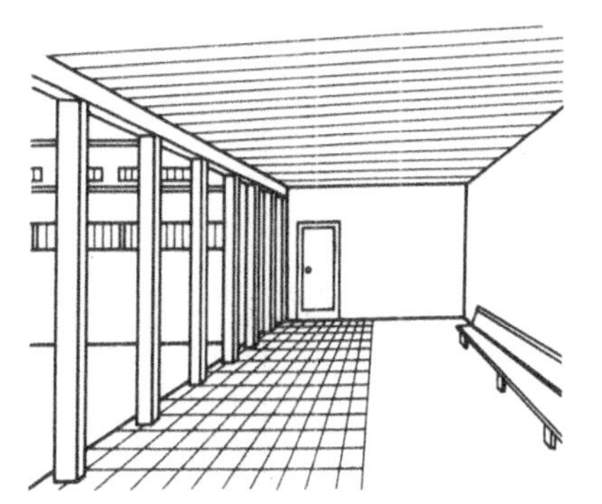

Bild 7.4 Vordach auf Holzstützen

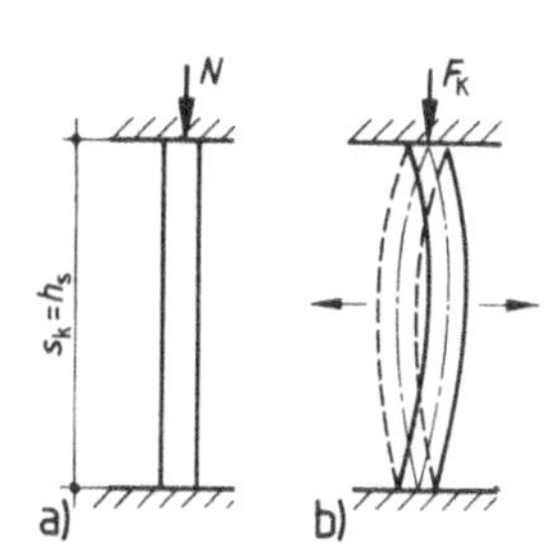

Bild 7.5 Stützen
a) Für beidseitig gehaltene Stützen gilt $s_K = h_s$
b) Stützen knicken, wenn die kritische Last F_K erreicht ist, „ohne Ankündigung" aus

Da die Stützenlast meist als Normalkraft parallel zur Längsachse wirkt, bezeichnen wir sie mit N. Die Last, die genau die Knickung verursacht, nennen wir kritische Knicklast(-kraft) F_K (Bild **7**.5b).

Die Knicklänge s_K ist der knickgefährdete Teil belasteter Stützen. Im Regelfall sind die Stützen am Fuß- und am Kopfende gehalten (Bild **7**.5a).

> Die Knicklänge s_K entspricht der Stützenlänge h_s, wenn die Stütze an den Enden unverschieblich gehalten ist (Regelfall). Im Holzbau ist auch die Bezeichnung l_{ef} hierfür üblich.

In Ausnahmefällen muss $s_K > h_s$ gewählt werden (z. B. freies Stützenkopfende). Bei oberer und/oder unterer Einspannung darf $s_K < h_s$ sein. Dafür sind bestimmte Korrekturfaktoren β_K festgelegt.

Der Trägheitsradius *i* (in cm) ist ein Maß für die Steifigkeit eines Querschnitts gegen Knicken. Er beschreibt das Verhältnis Flächenmoment/Querschnitt (I/A).

Es gilt der Trägheitsradius $\boldsymbol{i = \sqrt{\frac{I}{A}}}$.

Für die üblichen Handelsformen der Holzbalken und Stahlprofile sind die i-Werte in Tabellen zusammengefasst. Da je nach Achsbezug bei den meisten Querschnitten I_y und I_z unterschiedlich groß sind, ergeben sich auch unterschiedliche i_y- und i_z-Werte (s. Tabellen **12.**22 bis **12.**31). Wir erhalten z. B.

– für einen Rechteckquerschnitt mit b = kleinere Seite

$$\min i = \sqrt{\frac{h \cdot b^3}{12} \cdot \frac{1}{h \cdot b}} = \sqrt{\frac{b^2}{12}} = 0,289 \cdot b$$

– für den Kreisquerschnitt $i = \sqrt{\frac{\frac{\pi \cdot d^4}{64}}{\frac{\pi \cdot d^2}{4}}} = \sqrt{\frac{d^2}{16}} = \frac{d}{4} = 0,25 \cdot d$

– für ein dünnwandiges Rundrohr (Radius r) $i \approx r/\sqrt{2}$

Beispiel 62

Für eine Stahlstütze I 240 mit I_y = 4250 cm⁴, I_z = 221 cm⁴ und A = 46,10 cm² sind die Trägheitsradien i_y und i_z zu berechnen.

$$i_y = \sqrt{\frac{I_y}{A}} = \sqrt{\frac{4250\,\text{cm}^4}{46{,}10\,\text{cm}^2}} = \mathbf{9{,}59\,cm} \qquad i_z = \sqrt{\frac{I_z}{A}} = \sqrt{\frac{221\,\text{cm}^4}{46{,}10\,\text{cm}^2}} = \mathbf{2{,}20\,cm}$$

Der Schlankheitsgrad λ (lambda) kennzeichnet das Verhältnis zwischen Knicklänge s_K und Trägheitsradius i, zugleich die Knickempfindlichkeit eines Druckstabs.

$$\text{Schlankheitsgrad} = \frac{\text{Knicklänge}}{\text{Trägheitsradius}} \qquad \lambda = \frac{s_K}{i}$$

Für den Knicknachweis ist meist der kleinere i-Wert maßgebend. Es kommt jedoch auch vor, dass eine Stütze in den Achsen auf unterschiedlicher Höhe gehalten wird, so dass unterschiedliche Knicklängen s_{Ky} und s_{Kz} entstehen. In solchen Fällen sind die Schlankheitsgrade für beide Achsen zu berechnen.

$$\lambda_y = \frac{s_{Ky}}{i_y} \quad \text{und} \quad \lambda_z = \frac{s_{Kz}}{i_z}$$

Der größere der beiden Schlankheitsgrade ist dann für die weitere Berechnung maßgebend.

Stützen aus Holz

Der zulässige Schlankheitsgrad setzt Sicherheitsgrenzen. Für einteilige Druckstäbe aus Holz sollte früher zul $\lambda < 200$ sein. Nach Eurocode 5 dürfen heute auch größere Werte bis 250 zugelassen werden.

Der Knickabminderungsfaktor k_c – auch Knickbeiwert genannt – kennzeichnet das Verhältnis der erlaubten Knicklast zur erlaubten Last ohne eine Knickgefahr. Der Knickbeiwert ist eine dimensionslose Zahl kleiner als 1,00. Mit zunehmender Schlankheit λ fällt der Knickbeiwert ab.

In den Tabellen **12.**19 und **12.**20 kann in Abhängigkeit von der Schlankheit λ der zugehörige Knickbeiwert k_c abgelesen werden.

Nachweis:

früher: $\sigma_k = \omega \cdot \frac{N_d}{A} \leq f_d$ (Bemessungsfestigkeit)

heute: $\frac{N_d / A}{k_c \cdot f_d} \leq 1$

Rechengang:
1. Bemessungsstützenlast $N_d = 1{,}35 \cdot N_{G,k} + 1{,}50 \cdot N_{Q,k}$ und die Knicklänge s_K bestimmen.
2. Werkstoffart und -güte wählen, Querschnitt schätzen.
3. Querschnittwert A und i berechnen oder aus Tabelle ablesen.
4. Schlankheitsgrade berechnen (λ_y, λ_z). Größer Schlankheitsgrad ist maßgebend. Aus Tabelle den zugehörigen Knickbeiwert k_c ablesen.
5. Nachweis führen: $\frac{N_d / A}{k_c \cdot f_d} \leq 1$
6. Eventuell die Schritte 3, 4 und 5 solange wiederholen, bis ein sinnvoller Querschnitt gefunden ist.

Beispiel 63

Für die charakteristischen Druckkräfte $N_{G,k} = 50$ kN (ständige Last) und $N_{Q,k} = 80$ kN (Nutzlast) und der Knicklänge $s_K = 4{,}00$ m ist eine runde Holzstütze aus kombiniertem Brettschichtholz (Nadelholz) GL30h zu berechnen.

Bemessungslast: $N_d = 1{,}35 \cdot N_{G,k} + 1{,}50 \cdot N_{Q,k} = 1{,}35 \cdot 50\ \text{kN} + 1{,}50 \cdot 80\ \text{kN} = 187{,}50\ \text{kN}$

Festigkeiten: $f_k = 30\ \text{N/mm}^2$ (Tabelle **12.**18)

$$f_d = 0{,}60 \cdot \frac{f_k}{1{,}30} = 13{,}80\ \frac{\text{N}}{\text{mm}^2} = 1{,}38 \frac{\text{kN}}{\text{cm}^2}$$

Schätzung: ∅ 20 cm, $A = 314\ \text{cm}^2$, $i = 5{,}00\ \text{cm}$

Schlankheit: $$\lambda = \frac{s_K}{i} = \frac{400\ \text{cm}}{5{,}00\ \text{cm}} = 80$$

Knickbeiwert: $k_c = 0{,}518$ (Tabelle **12.**20)

Nachweis: $$\frac{N_d/A}{k_c \cdot f_d} = \frac{187{,}50\ \text{kN}/\ 314\ \text{cm}^2}{0{,}518 \cdot 1{,}38\ \text{kN}/\ \text{cm}^2} = \frac{0{,}597 \frac{\text{kN}}{\text{cm}^2}}{0{,}715 \frac{\text{kN}}{\text{cm}^2}} = 0{,}84 < 1$$ Nachweis erfüllt!

Beispiel 64

Für die charakteristische Eigengewichtslast von $N_{G,k} = 30$ kN und $s_K = 8{,}00$ m ist ein Nadelholzquerschnitt C24 zu bestimmen.

$$N_d = 1{,}35 \cdot 30\ \text{kN} = 40{,}50\ \text{kN}$$

$$f_k = 21\ \text{N/mm}^2;\quad f_d = 0{,}60 \cdot \frac{2{,}10\ \text{kN}/\ \text{cm}^2}{1{,}30} = 0{,}97 \frac{\text{kN}}{\text{cm}^2}$$ (Tabelle **12.**17a)

Schätzung

20/20, $A = 400\ \text{cm}^2$, $i = 5{,}78\ \text{cm}$

$$\lambda = \frac{s_K}{i} = \frac{800\ \text{cm}}{5{,}78\ \text{cm}} = 138$$

$k_c = 0{,}168$ (Tabelle **12.**19, interpoliert)

$$\frac{\frac{40{,}50\ \text{kN}}{400\ \text{cm}^2}}{0{,}168 \cdot 0{,}97 \frac{\text{kN}}{\text{cm}^2}} = \frac{0{,}101 \frac{\text{kN}}{\text{cm}^2}}{0{,}163 \frac{\text{kN}}{\text{cm}^2}} = 0{,}62 < 1$$

Dieser Querschnitt ist zu groß, weil der Wert 0,62 deutlich unter 1,00 liegt. Daher wird ein neuer Querschnitt gewählt:

neue Schätzung

18/18, $A = 324\ \text{cm}^2$, $i = 5{,}20\ \text{cm}$

$$\lambda = \frac{800\ \text{cm}}{5{,}20\ \text{cm}} = 154;\quad k_c = 0{,}136$$

Nachweis:

$$\frac{40{,}50\ \text{kN}/\ 324\ \text{cm}^2}{0{,}136 \cdot 0{,}97\ \text{kN}/\ \text{cm}^2} = \frac{0{,}125\ \text{kN}/\ \text{cm}^2}{0{,}132\ \text{kN}/\ \text{cm}^2} = 0{,}95 < 1$$

Übung 76 Für $N_{G,k}$ = 50 kN und $N_{Q,k}$ = 70 kN und s_K = 3,00 m ist eine quadratische Nadelholzstütze (C24) S 10 zu berechnen.

Übung 77 Für $N_{G,k}$ = 39 kN und s_K = 5,00 m ist eine runde Brettschichtholz-Stütze GL32h zu berechnen.

Stützen aus Baustahl

Der Nachweis bei Stahlstützen erfolgt ähnlich wie der Nachweis bei Holzstützen. Es sind nur folgende Änderung und andere Bezeichnungen zu beachten. Die Ablesung des Knickbeiwertes χ – auch Abminderungsfaktor genannt – erfolgt nicht in Abhängigkeit von der Schlankheit λ, sondern von dem Verhältnis $\bar{\lambda} = \lambda/\lambda_1$; mit $\lambda_1 = 93{,}90$ (für S235) und $\lambda_1 = 76{,}40$ (für S355). Zu guter Letzt ist auch noch die Ablesung in Abhängigkeit von der Knickspannungslinie zu tätigen. Siehe die Tabelle auf der folgenden Seite!

In Tabelle **12.**33 sind die Abminderungsfaktoren χ für die verschiedenen Knickspannungslinien aufgelistet.

Beispiel 65

Eine Stahlstütze (S235) mit der Knicklänge s_K = 4,00 m (im Stahlbau-Eurocode ist die Knicklänge nun mit L_{cr} bezeichnet) und der Eigengewichtlast von 20 kN und der Verkehrlast von 120 kN ist mit einem Profil HEA zu bemessen.

$$N_d = 1{,}35 \cdot 20\ \text{kN} + 1{,}50 \cdot 120\ \text{kN} = 207\ \text{kN}$$

$$f_d = \frac{235}{1{,}10}\ \text{N/mm}^2 = 214\ \text{N/mm}^2 = 21{,}40 \frac{\text{kN}}{\text{cm}^2} \quad \text{(s. Kapitel 2)}$$

Schätzung:

HEA 140 mit $A = 31{,}40\ \text{cm}^2$ und $i_z = 3{,}52$ cm,

$h\,/\,b$; 1,00 ergibt Knicklinie c (s. „Zuordnung der Knicklinien“ oben)

$$\text{Schlankheit:} \quad \lambda = \frac{400\ \text{cm}}{3{,}52\ \text{cm}} = 114$$

Baustahl S235 ergibt mit $\lambda_1 = 93{,}90$ $\quad \bar{\lambda} = \dfrac{\lambda}{\lambda_1} = \dfrac{114}{93{,}90} = 1{,}21$

Zuordnung der Querschnitte zu den Knickspannungslinien

Querschnitt			Begrenzungen	Ausweichen rechtwinklig zur Achse	Knicklinie S235 S355
gewalzte I-Querschnitte	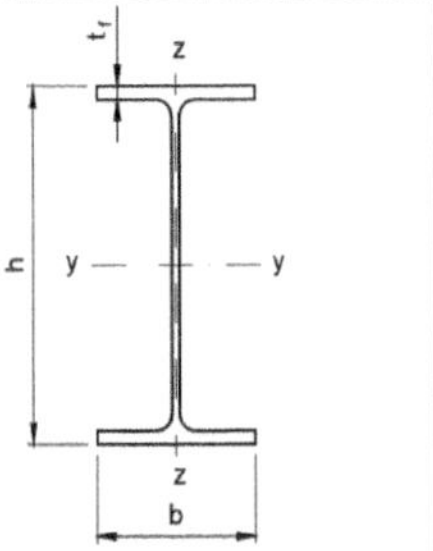	$h/b > 1{,}2$	$t_f \leqq 40$ mm	y-y z-z	a b
			40 mm < $t_f \leqq 100$	y-y z-z	b c
		$h/b \leqq 1{,}2$	$t_f \leqq 100$ mm	y-y z-z	b c
			$t_f > 100$ mm	y-y z-z	d d
Geschweißte I-Querschnitte	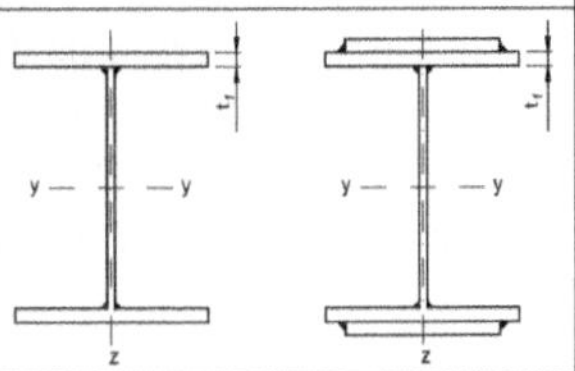		$t_f \leqq 40$ mm	y-y z-z	b c
			$t_f > 40$ mm	y-y z-z	c d
Hohlquerschnitte			warmgefertigte	jede	a
			kaltgefertigte	jede	c
Geschweißte Kastenquerschnitte	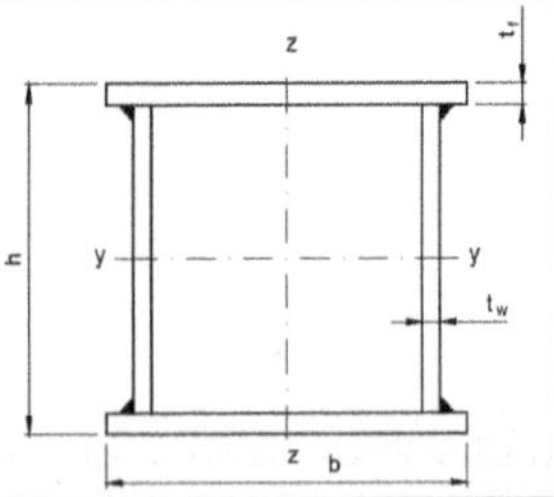		allgemein (außer den Fällen der nächsten Zeile)	jede	b
			dicke Schweißnähte: $a > 0{,}5t_f$ $b/t_f < 30$ $h/t_w < 30$	jede	c
U-, T- und Vollquerschnitte	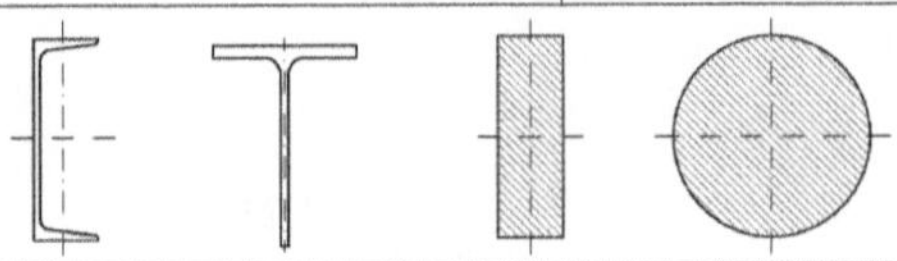			jede	c
L-Querschnitte	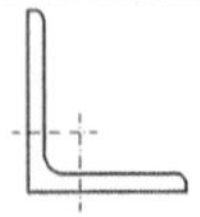			jede	b

Mit der Knickspannungslinie c folgt der Abminderungsfaktor aus Tabelle **12.**33 $\chi \cong 0{,}43$

$$\frac{\frac{N_d}{A}}{\chi \cdot f_d} = \frac{\frac{207\ \text{kN}}{31{,}40\ \text{cm}^2}}{0{,}43 \cdot 21{,}40 \frac{\text{kN}}{\text{cm}^2}} = \frac{6{,}59 \frac{\text{kN}}{\text{cm}^2}}{9{,}20 \frac{\text{kN}}{\text{cm}^2}} = 0{,}72 < 1 \qquad \text{Nachweis ist erfüllt!}$$

Übung 78 Bemessen Sie für das Beispiel 65 mit einem Profil IPE und auch mit einem Quadratrohr für Baustahl S355. Achtung eventuell andere Knickspannungslinien!

7.4 Stützen aus unbewehrtem Beton

Im Betonbau gelten solche Bauteile als Stützen, deren Querschnittsmaße $b \leq 4 \cdot h$ entsprechen. Querschnitte, deren Länge größer ist als die 4-fache Dicke ($b > 4 \cdot h$), gelten als Wände.

Bei Stützen richtet sich die zulässige Traglast

- nach der *Betonfestigkeitsklasse* C16, C20 usw.,
- nach dem dazugehörigen *Festigkeitswert*,
- nach einem *Sicherheitsbeiwert* γ (griech. gamma),
- nach dem *Schlankheitsgrad* λ (griech. lambda) der Stütze,
- nach einem *Abminderungsbeiwert*.

In Abhängigkeit von der Schlankheit λ und dem Quotienten e_0/h_{min} mit der Ausmittigkeit der Last e_0 und der Querschnittshöhe h_{min} erfolgt die Ablesung des Abminderungsbeiwertes Φ (s. Tabelle **12.**41). Die aufnehmbare Bemessungslast der Stütze beträgt dann:

N_{Rd} = Pfeilerquerschnitt · Bemessungsfestigkeit · Abminderungsbeiwert

Das nachfolgende Beispiel demonstriert die Vorgehensweise:

Beispiel 66

Wie groß ist die mittig aufnehmbare Belastung einer Stütze aus einem Beton C16 mit $h = s_K = 3{,}00$ m und dem quadratischem Querschnitt 35 cm × 35 cm?

Bemessungsfestigkeit:

$$f_d = 0{,}70 \cdot \frac{f_k}{1{,}50} = 0{,}70 \cdot \frac{16\ \text{N/mm}^2}{1{,}50}$$

$$f_d = 7{,}47 \frac{\text{N}}{\text{mm}^2} = 0{,}747 \frac{\text{kN}}{\text{cm}^2}$$

Schlankheit:

$$\lambda = \frac{300 \text{ cm}}{0{,}289 \cdot 35 \text{ cm}} = 30$$

planmäßige Ausmitte: $e_0 = 0$

Ablesung aus Tabelle **12.**41: Φ = 0,92 aufnehmbare Belastung:

$$N_{\text{Rd}} = b^2 \cdot f_{\text{d}} \cdot \Phi = (35 \text{ cm})^2 \cdot 0{,}747 \frac{\text{kN}}{\text{cm}^2} \cdot 0{,}92$$

$$N^*_{\text{Rd}} = 842 \text{ kN}$$

Da die Stütze auch ihre Eigenlast tragen muss, ist der obige Wert um diese Eigenlast multipliziert mit dem Teilsicherheitsbeiwert für ständige Lasten zu verringern.

$$(0{,}35 \text{ m})^2 \cdot 3{,}00 \text{ m} \cdot 24 \text{ kN/m}^3 \cdot 1{,}35 = 12 \text{ kN}$$

Die Stütze kann also eine Bemessungslast an der Oberkante von

$N_{\text{Rd}} = 842 \text{ kN} - 12 \text{ kN} = 830 \text{ kN}$ aufnehmen. Beispielweise könnten das dann

$N_{\text{G,k}} = 300 \text{ kN}$ und $N_{\text{Q,k}} = 283 \text{ kN}$ sein.

$$N_{\text{Rd}} = 1{,}35 \cdot N_{\text{G,k}} + 1{,}50 \cdot N_{\text{Q,k}}$$

$$N_{\text{Rd}} = 1{,}35 \cdot 300 \text{ kN} + 1{,}50 \cdot 283 \approx 830 \text{ kN}$$

Ein ungefähr vergleichbarer Mauerwerkspfeiler kann folgende Beanspruchung aufnehmen, s. dazu Kapitel 3.4:

Querschnitt $36{,}50 \text{ cm} \times 36{,}50 \text{ cm}$, Hochlochziegel, M.Gr. IIa, Steindruckfestigkeit 16

Tabelle **12.**12: $f_{\text{k}} = 5{,}90 \text{ N/mm}^2$ $f_{\text{d}} = 5{,}90 / 1{,}76 = 3{,}35 \text{ N/mm}^2$

Knicklänge $s_{\text{K}} = 3{,}00 \text{ m}$ (Bezeichnung nach EC 6: $h_{\text{ef}} = 3{,}00 \text{ m}$, vgl. Kapitel 3.4)

Sicherheitsfaktoren: $\Phi_2 = 0{,}85 - 0{,}0011 \cdot (3{,}00 / 0{,}365)^2 = 0{,}776$ maßgebend

Innenstütze/Innenauflager $\rightarrow$ Φ_1 ohne Berücksichtigung

zul $\sigma_{\text{D}} = 0{,}776 \cdot 3{,}35 \text{ N/mm}^2 = 2{,}60 \text{ N/mm}^2 = 2{,}60 \text{ MN/m}^2$

$N_{\text{Rd}} = (0{,}365 \text{ m})^2 \cdot 2{,}60 \text{ MN/m}^2 = 0{,}346 \text{ MN} = 346 \text{ kN}$

Reduziert um das Pfeilereigengewicht mal Sicherheitsfaktor ergibt sich endgültig:

$$N_{\text{Rd}} = 346 \text{ kN} - (0{,}365 \text{ m})^2 \cdot 3{,}00 \text{ m} \cdot 13 \text{ kN/m}^3 \cdot 1{,}35 = 339 \text{ kN}.$$

Also erheblich weniger als die vergleichbare unbewehrte Betonstütze!

Übung 79 Für N_{d} = 200 kN und s_{K} = 2,50 m ist ein Stützpfeiler aus Beton C16 nebst Fundament (0,50 cm hoch) zu berechnen. Die eine Stützseite soll h = 20 cm sein. Der Baugrund darf mit zul σ = 300 kN/m² belastet werden.

Übung 80 Eine Last N_{d} = 200 kN ist durch eine Stütze von 3,00 m Knicklänge aufzunehmen. Es sind vergleichsweise zu berechnen a) eine Mauerstütze in Vollziegeln Steinfestigkeitsklasse 12 in Mörtelgruppe II, b) eine Stütze aus unbewehrtem Beton C16, c) eine Rundholzstütze, d) eine quadratische Holzstütze.

8 Fachwerkträger und Stabkräfte

Fachwerkträger bestehen aus Einzelstäben, die untereinander zu unverschieblichen Dreiecken verbunden sind. Die äußeren Kräfte werden als Einzellasten auf die äußeren Knoten konzentriert und als Druck oder Zug in die Stäbe eingeleitet. Die Stabmittelachsen treffen sich in den Knotenpunkten, wo sie zentrisch zu Gelenken verbunden sind. Die praktische Ausführung weicht von diesen modellhaften Annahmen z. T. ab, was die Tragfähigkeit jedoch im Allgemeinen nicht beeinträchtigt. Form und Stabanordnung der Fachwerkträger und -binder sind unterschiedlich. Die übliche Bezeichnung der Stäbe zeigt Bild **8**.1.

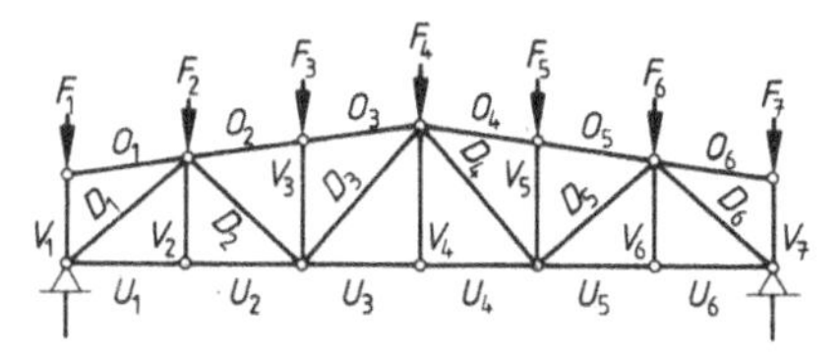

Obergurtstäbe O_1 bis O_6 Vertikalstäbe V_1 bis V_7
Untergurtstäbe U_1 bis U_6 Diagonalstäbe D_1 bis D_6

Bild 8.1
Beispiel eines Fachwerkträgers mit Benennung der Fachwerkstäbe

Der Kräfteplan nach Cremona – benannt nach dem italienischen Mathematiker L. Cremona, 1830–1903 – ist ein zeichnerisches Lösungsverfahren zum Ermitteln der Stabkräfte. Es beruht auf dem Prinzip des uns bereits bekannten Kräftepolygons (Kräftezug). Da alle in einem Knotenpunkt angreifenden Kräfte im Gleichgewicht stehen müssen, ergibt sich für jeden Knoten ein geschlossener Kräftezug. Der Cremonaplan fasst die Einzelpolygone lediglich in einem Gesamtplan zusammen.

Nullstäbe ergeben sich manchmal aus der Stabanordnung. Sie sollten vor Lösungsbeginn aufgesucht werden. Wir merken uns die beiden wichtigsten Regeln:

1. Besteht ein belasteter Knoten aus nur 2 Stäben, ist der unbelastete ein Nullstab (z. B. O_1 und O_6 in Bild **8**.1).
2. Tritt an einem unbelasteten Knoten ein Füllstab (z. B. V-Stab) auf 2 Gurtstäbe, die innerhalb der gleichen Wirkungslinie liegen, ist dieser Füllstab ein Nullstab (z. B. V_2, V_4 und V_6 in Bild **8**.1).

Druck- und Zugstäbe unterscheiden wir durch die Vorzeichen. Stabkräfte für Druckstäbe erhalten negative Vorzeichen (–), Stabkräfte für Zugkräfte positive (+). Druck- und Zugstäbe erkennen wir an der Pfeilrichtung der Kräfte, die wir beim Zeichnen des Cremonaplans in die Knotenpunkte des Fachwerkträgers übertragen (Bild **8**.2 und **8**.4).

H. Herrmann und W. Krings, *Kleine Baustatik*,
https://doi.org/10.1007/978-3-658-30219-1_9

Zum Knoten gerichtete Pfeile kennzeichnen Druckstäbe, vom Knoten weg gerichtete Pfeile kennzeichnen Zugstäbe.

Lösungsweg(-regeln)

1. Lastannahmen anteilig auf die Knoten als Einzellasten verteilen.
2. Systemskizze des Fachwerkbinders aus den Mittelachsen der Stäbe maßstäblich auftragen, Stäbe mit *U*, *D*, *V*, *O* usw. bezeichnen.
3. Kräftemaßstab für Cremonaplan wählen.
4. Auflagerkräfte bestimmen (bei Bindern auf 2 Stützen am einfachsten durch Berechnung). Alle Auflagerkräfte und Einzellasten im Kräfteplan eintragen (Reihenfolge: Uhrzeigersinn).
5. Knoten mit 2 unbekannten Stabkräften aufsuchen (meist der Auflagerpunkt). Kreisschnitt um den Knoten führen und die Kräfte der Reihenfolge nach im Uhrzeigersinn als Kräftepolygon auftragen.
6. Nachbarknoten mit 2 unbekannten Stabkräften aufsuchen und den Kräftezug unter Verwendung der bereits gezeichneten zugehörigen Stäbe weiterentwickeln. Reihenfolge *immer* im Uhrzeigersinn!
7. Nach Regel 6 alle noch fehlenden Knotenkräfte ermitteln. Bei symmetrischen Systemen und symmetrischer Lastenanordnung genügt die Darstellung (Untersuchung) bis zur Symmetrieachse, weil für die andere Hälfte das gleiche Bild entsteht, sich also gleiche Stabkräfte ergeben.

Geringfügige Abweichungen bei der zeichnerischen Lösung sind normal und für die Gesamtkonstruktion unwesentlich.

Beispiel 67

Für den Fachwerkbinder des Vordachs Bild **8.**2 sind die Stabkräfte und die Auflagerreaktionen *A* und *B* mit Hilfe des Cremonaplans zu ermitteln. Das Auflager *B* sei vertikal verschieblich, so dass die Richtung der Auflagerkraft *B* horizontal ist

1. Nach der (2.) Regel für Nullstäbe erkennen wir sofort, dass der nichtbelastete Stab V_2 auf die in einer Wirkungslinie verlaufenden Untergurtstäbe U_1 und U_2 trifft. V_2 ist daher ein Nullstab.
2. Wir wählen einen geeigneten Kräftemaßstab und beginnen den Kreisschnitt in der Binderspitze bei der Kraft F_3, die mit O_2 und U_2 ein Dreieck bildet (Bild **8.**3).
3. Den 2. Knoten bei F_2 beginnen wir mit F_2 oder O_2 und erhalten zusammen mit *D* und O_2 ein Polygon.
4. Den 3. Knoten bei *A* beginnen wir mit *D* und schließen das Polygon über U_1, *A* und V_1.
5. Schließlich beginnen wir den letzten Knoten bei *B* mit V_1 oder *O*, und schließen das Polygon mit *B* und F_1.

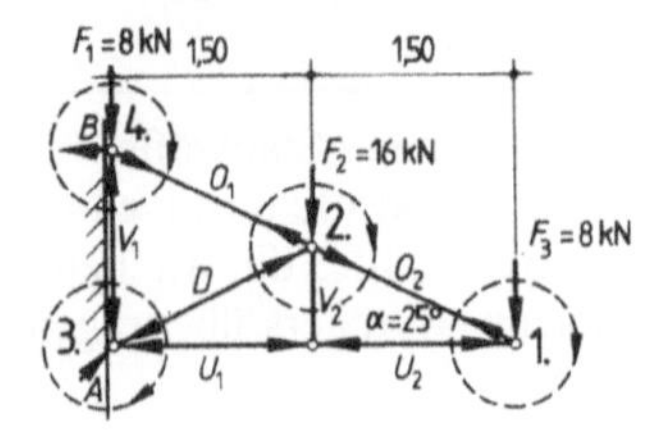

Bild 8.2
Fachwerk für ein Vordach

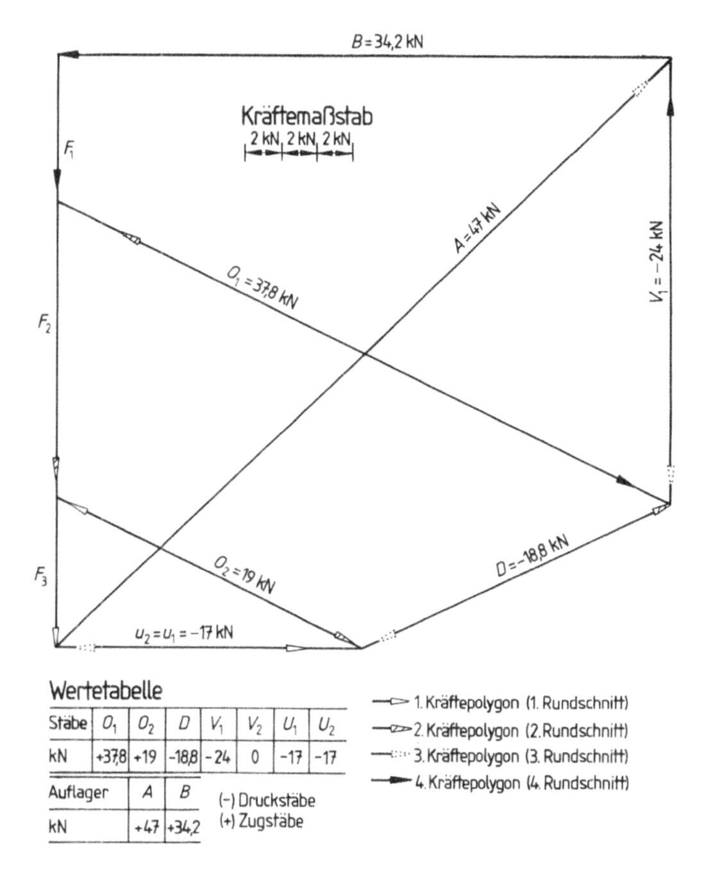

Wertetabelle

Stäbe	O_1	O_2	D	V_1	V_2	U_1	U_2
kN	+37,8	+19	−18,8	−24	0	−17	−17

Auflager	A	B
kN	+47	+34,2

Bild 8.3 Cremonaplan für den Fachwerkbinder in Bild **8**.2. Die 4 Lösungsschritte sind durch unterschiedliche Pfeildarstellungen unterschieden

Zweckmäßig übertragen wir jeden Pfeil, der sich beim Zeichnen des Cremonaplans für jede Stabkraft ergibt, mit der vorgegebenen Richtung sofort in den jeweils bearbeiteten Knoten der Systemskizze. Die Darstellung ist richtig, wenn jeder Stab sowohl im System- als auch im Cremonaplan mit 2 entgegengesetzt gerichteten Pfeilen versehen ist.

In einer Wertetabelle tragen wir die im Cremonaplan abgemessenen Kräfte mit den zugehörigen Vorzeichen ein (Druck negativ, Zug positiv).

Beispiel 68

Für den Dachbinder Bild **8.4** sind die Stabkräfte zu ermitteln.

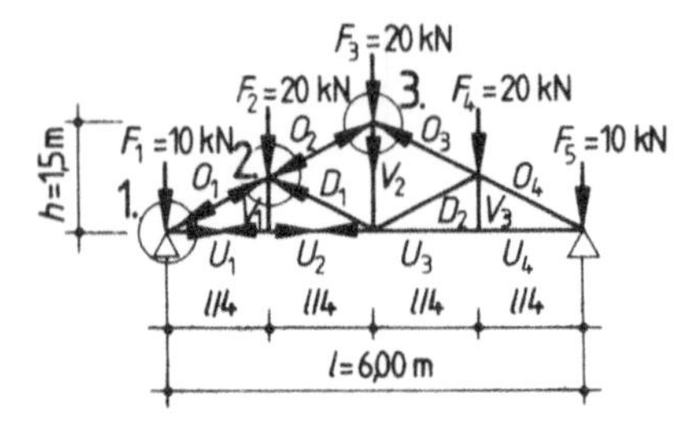

Bild 8.4
Fachwerkbinder für ein Satteldach

1. Als Nullstäbe erkennen wir nach der oben genannten Regel die Stäbe V_1 und V_3.
2. Die Auflagerkräfte $A = B$ ergeben sich zu $A = B = 10\text{ kN} + 20\text{ kN} + \frac{20\text{ kN}}{2} = 40\text{ kN}$.
3. Für die symmetrische Last- und Stabanordnung genügt der Cremonaplan für eine Binderhälfte, denn die symmetrisch liegenden Stäbe erhalten gleichgroße Stabkräfte.
4. Wir wählen die linke Binderhälfte und beginnen mit dem Knoten in A (Bild **8.5**). Dann entwickeln wir den Cremonaplan weiter, indem wir nacheinander die Nachbarknoten in F_2 und F_3 untersuchen. Druck- und Zugstäbe erkennen wir an den Kräftepfeilen, die wir aus dem Cremonaplan in die Knotenpunkte übertragen.

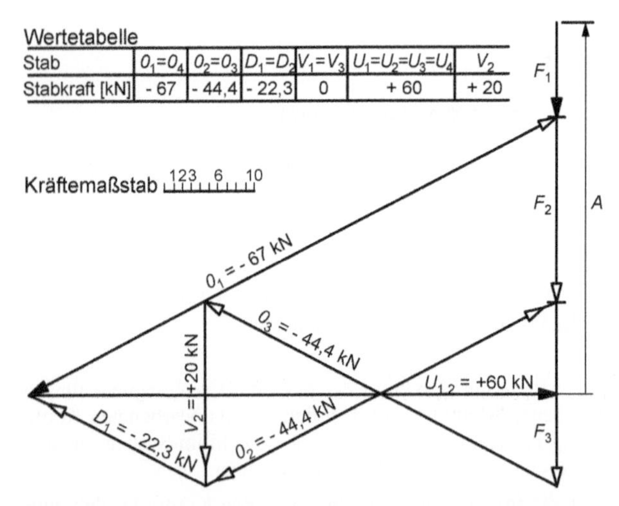

Wertetabelle

Stab	$O_1=O_4$	$O_2=O_3$	$D_1=D_2$	$V_1=V_3$	$U_1=U_2=U_3=U_4$	V_2
Stabkraft [kN]	- 67	- 44,4	- 22,3	0	+ 60	+ 20

Bild 8.5 Cremonaplan für den Fachwerkbinder in Bild **8.4**

Die Größe der abgemessenen Stabkräfte tragen wir unter Berücksichtigung der Vorzeichen in die Wertetabelle ein. Ein weiterer Cremonaplan müsste noch für die Windbelastung erstellt werden. Darauf verzichten wir hier.

Übung 81 Ermitteln Sie die Stabkräfte für den Dachbinder Bild **8.6** nach dem Cremonaplan. Belastung: $F_1 = F_5 = 4{,}10$ kN, $F_2 = F_3 = F_4 = 8{,}20$ kN.

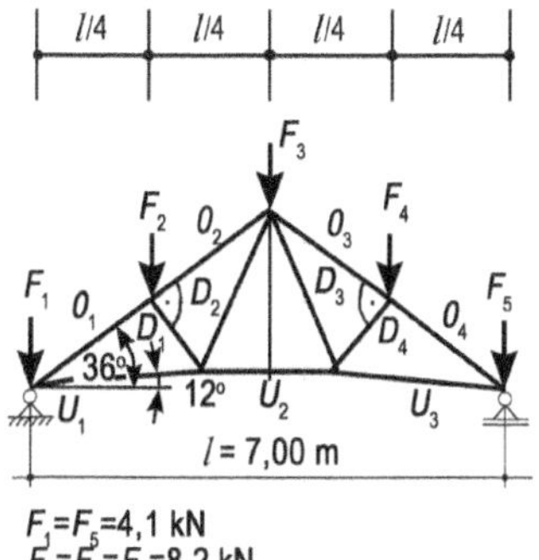

Bild 8.6 Dachbinder

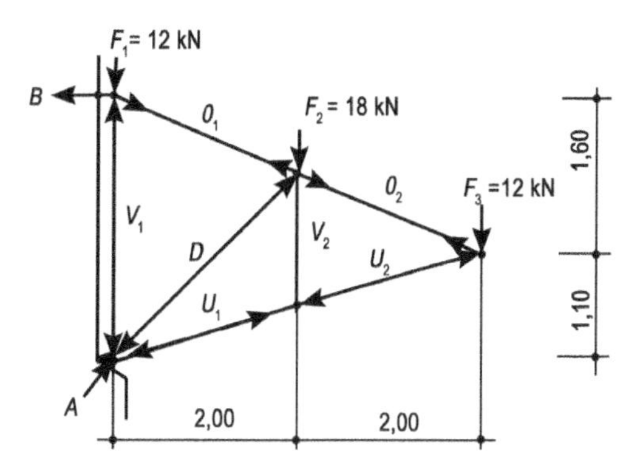

Bild 8.7 Fachwerk

Übung 82 Bestimmen Sie die Auflagerreaktionen A und B und die Stabkräfte des Fachwerks von Bild **8.7**. (Beachten Sie: Stab $V_2 = 0$.)

Siehe auch Bild **8.8** auf folgender Seite.

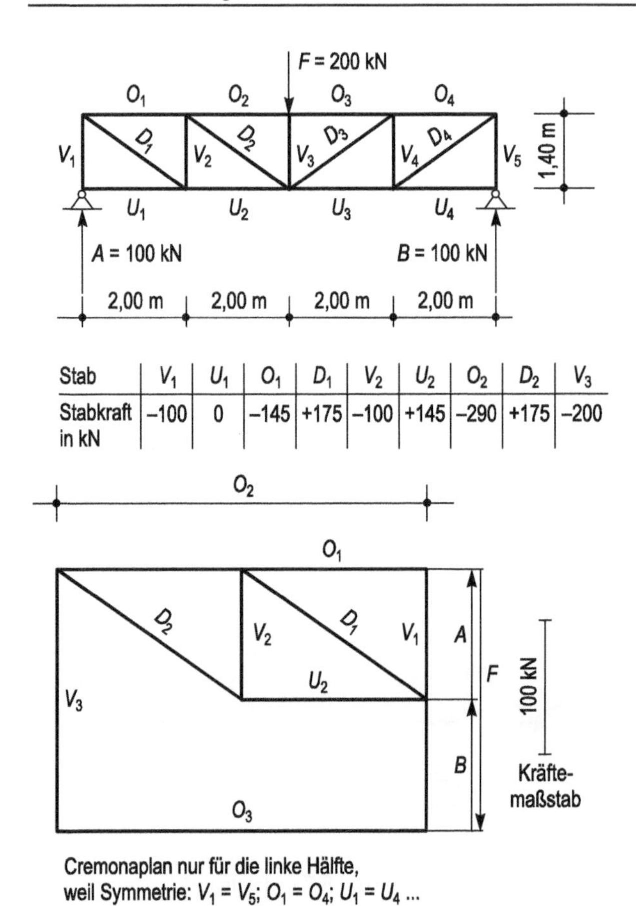

Stab	V_1	U_1	O_1	D_1	V_2	U_2	O_2	D_2	V_3
Stabkraft in kN	−100	0	−145	+175	−100	+145	−290	+175	−200

Bild 8.8 Parallelfachwerk mit Cremonaplan

9 Stahlbeton-Bauteile

9.1 Beton und Stahl wirken zusammen

Die Bezeichnung „Stahlbeton“ besagt, dass dieser Baustoff aus Stahl und Beton besteht. Beton ist bekanntlich ein Gemenge aus Gesteinskörnern verschiedener Größe, die unter Zugabe von Wasser durch Zement miteinander verkittet sind. Bei sorgfältiger Herstellung wird Beton sehr druckfest, und zwar umso mehr, je weniger Hohlräume er enthält. Weil die einzelnen Gesteinskörner allein durch die Klebkraft des Zements miteinander verbunden sind, kann jedoch Beton nur geringe Zugkräfte aufnehmen. Die Vorschriften verbieten daher jegliche Zuweisung von Zugkräften an den Beton. Dies ist Aufgabe der Bewehrung mit Stahl, der sehr zugfest ist.

Im Stahlbeton nimmt der Beton die Druckkräfte, die Stahlbewehrung dagegen die Zugkräfte auf.

Beide Baustoffe, Beton und Stahl, wirken zusammen (Verbundbaustoff), weil Beton fest am gerippten Stahl haftet. Deshalb ergibt sich in einem Stahlbetonbauteil bei Belastung für beide Baustoffe die gleiche Längenänderung. Wegen seiner erheblich höheren Festigkeit kann Stahl sehr viel größere Spannungen aufnehmen als Beton.

9.2 Biegebeanspruchte Bauteile

Biegebeanspruchung, Spannungsnulllinie. Wenn sich ein Balken auf zwei Stützen unter einer Belastung durchbiegt, wird er im oberen Teil seines Querschnitts (in seinen oberen Fasern) gedrückt und im unteren gezogen (Bild **9.**1). Zwischen diesen beiden verschieden beanspruchten Teilen liegt die „Neutrale Schicht“, die weder gedrückt noch gezogen, sondern nur gebogen wird. Diese Schicht liegt

- bei den Rechteckquerschnitten der Holzbalken und bei den symmetrischen Querschnitten der I-Träger auf halber Höhe,
- beim Stahlbeton, der sich aus zwei verschiedenen Baustoffen zusammensetzt, dagegen ausmittig.

H. Herrmann und W. Krings, *Kleine Baustatik*,
https://doi.org/10.1007/978-3-658-30219-1_10

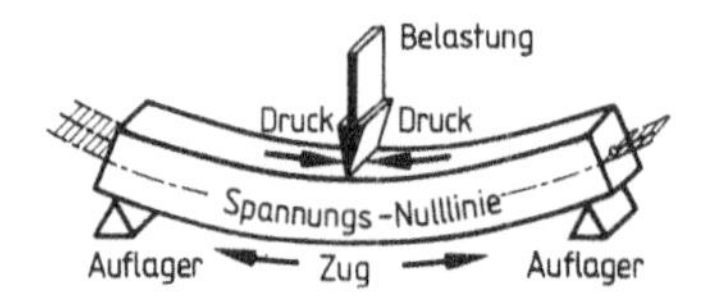

Bild 9.1
Druck- und Zugspannungen im gebogenen Balken auf zwei Stützen

Die Beanspruchung der einzelnen Fasern nimmt nach der neutralen Schicht hin immer mehr ab. Dort sind sie Null. Die größte Zugspannung wirkt also am unteren Rand, die größte Druckspannung am oberen Rand. Die neutrale Schicht wird auch Spannungsnulllinie genannt, da dort weder Druck noch Zug wirken.

Schubkräfte. Wird ein Körper gedrückt, verkürzt er sich, wird er gezogen, verlängert er sich, und zwar umso mehr, je größer die im Querschnitt wirkende Beanspruchung ist. Für einen durch Biegekräfte beanspruchten Querschnitt folgt daraus, dass jede Faserschicht eine andere Längenänderung hat als die benachbarten Faserschichten. Die Faserschichten wollen sich also in der Achsrichtung des Balkens gegeneinander verschieben. Denkt man sich einen Holzbalken in einzelne Bretter aufgelöst (Bild **9.**2), so kann man bei starker Biegung dieses Verschieben der einzelnen Faserschichten gegeneinander an den Bretterenden erkennen. Außerdem wirken auch beim Stahlbeton die Querkräfte, die in Kapitel 5.7 bei der Biegung der Balken behandelt wurden.

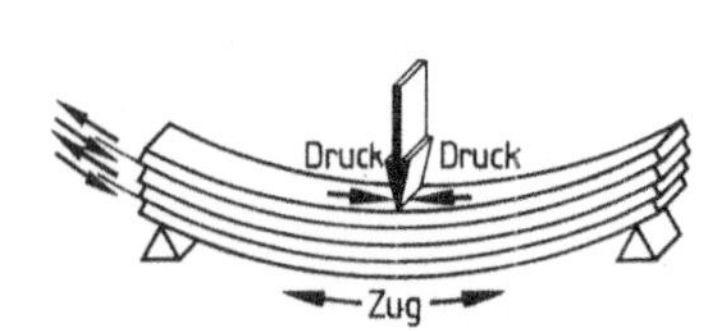

Bild 9.2 Druck- und Zugkräfte verschieben im gebogenen Bretterstapel die Bretter an den Auflagern gegeneinander

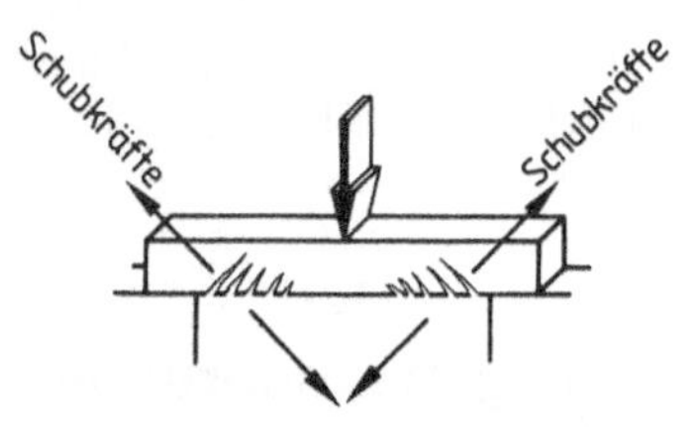

Bild 9.3 Schubspannungen können bei Biegung Schrägrisse an Stahlbetonbalken hervorrufen

Die Kräfte, die die Faserschichten in der Achsrichtung verschieben wollen, und die Querkräfte, die den Balken abscheren wollen, fasst man zusammen unter dem Begriff Schubkräfte. Schubkräfte bewirken schrägen Zug, den der Beton allein nicht aufnehmen kann. Wenn eine entsprechende Stahlbewehrung fehlt, verursachen sie Risse in Auflagernähe (Bild **9.**3).

> Die Stahlbewehrung ist so anzuordnen, dass sie auch Schubkräfte aufnehmen kann.
>
> Hierzu dienen die Aufbiegungen der Tragstäbe und bei Balken vorzugsweise die Bügel.

9.3 Bezeichnungen im Stahlbetonbau

Eurocode 2 regelt die Bezeichnungen im Stahlbetonbau (Bild **9**.4). Im Rechteckquerschnitt mit der Breite b und der Höhe h gelten folgende Bezeichnungen:

F_c = Resultierende der Summe aller Betondruckspannungen
F_s = Zugkraft in der Zugbewehrung
σ_c = Randspannung Beton
x = Höhe der Druckzone
z = Hebelarm der inneren Kräfte
d = Nutzhöhe des Querschnitts von seiner Oberkante bis Mittelachse der Stahleinlagen

$\left.\begin{array}{l}\varepsilon_c \\ \varepsilon_s\end{array}\right\}$ = Randdehnungen für Beton und für Stahl

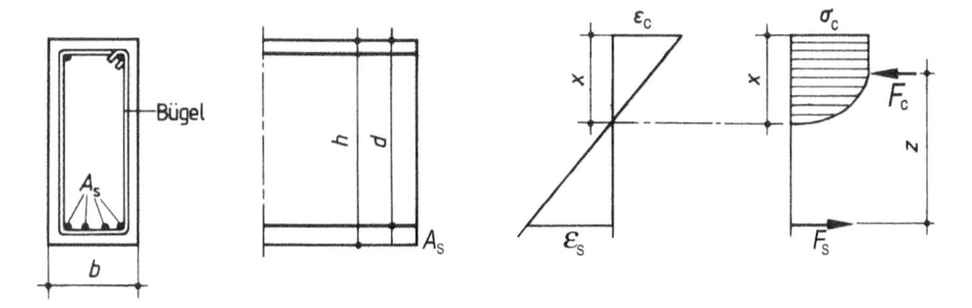

Bild 9.4 Bezeichnungen bei Rechteckbalken und Platten

9.4 Bestimmungen für die Ausführung von Stahlbetonarbeiten

Für den Entwurf und die Berechnung sind die Bestimmungen des Eurocode 2 für die Ausführung von Bauwerken aus Stahlbeton maßgebend. Aus dieser Norm werden hier die wesentlichen Vorschriften für Rechteckquerschnitte (Rechteckbalken und Platten) erläutert.

Die Betondeckung c zwischen Stahl und Betonoberfläche soll den Stahl dauerhaft gegen Rosten schützen und den Verbund zwischen Beton und Stahl sicherstellen. Für Planung und Berechnung gilt $c_{nom} = c_{min} + \Delta c$. Das Maß c_{min} darf bei der Bauausführung nirgendwo unterschritten werden. Das Vorhaltemaß Δc beträgt je nach vorherrschenden Umgebungsbedingungen (Festlegung der Expositionsklassen, s. Tabelle **12.**42) 1,0 oder 1,5 cm. Die Betondeckung c_{nom} und die Mindestbetonfestigkeit hängen von der Expositionsklasse ab. Die erforderlichen Maße für c_{nom} enthält Tabelle **12.**43.

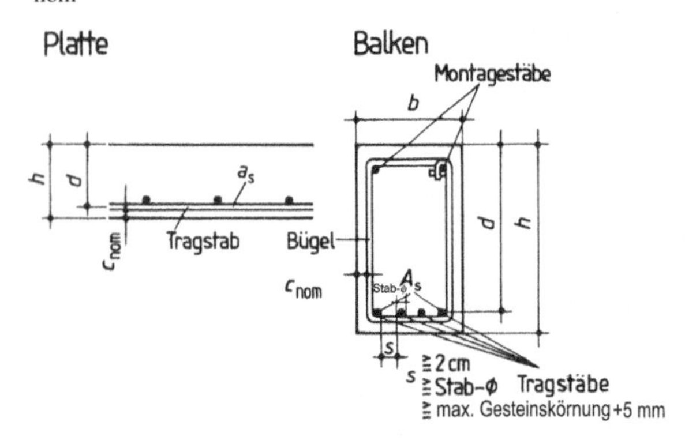

Bild 9.5
Betondeckung *c* und Mindestabstände der Bewehrungsstäbe

Der lichte Abstand der Bewehrungsstähle beträgt $s \geq 2$ cm. Bei Stabdurchmesser > 2 cm ist mindestens der Stab-∅ als lichter Abstand einzuhalten. Außerdem soll der Stababstand *s* (s. Bild **9.**5) nicht kleiner sein als der maximale Gesteinskorndurchmesser des Betons plus 5 mm.

Vorschriften für Platten

Stützweite (Spannweite) *l* ist bei beiderseits frei aufliegenden Platten die lichte Spannweite plus Entfernung der vorderen Drittelpunkte der Auflagertiefe *t*, also $l = l_w + 2/3\ t$. Vereinfacht darf für die Stützweite auch die um 5 % vergrößerte Lichtweite verwendet werden ($l = 1{,}05\ l_w$, Bild **9.**6). Bei auskragenden Platten gilt die Wandmitte als Auflagerpunkt.

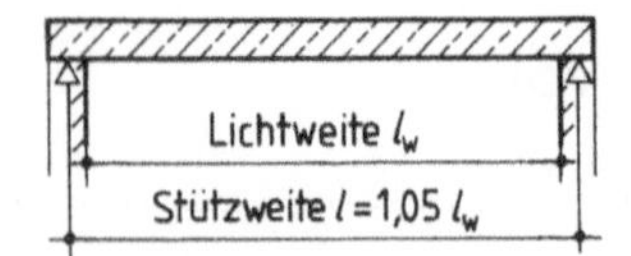

Bild 9.6
Stützweite bei Platten

Die Auflagertiefe ist so zu wählen, dass die zulässige Pressung in der Auflagerfläche nicht überschritten wird und die erforderliche Verankerungslänge der Bewehrung untergebracht werden kann. Sie sollte aber mindestens betragen

- auf Mauerwerk und Beton C12 ≥ 7 cm,
- auf Beton C16 bis C50 und Stahlbauteilen ≥ 5 cm,
- auf Stahlbeton- und Stahlträgern ≥ 3 cm, wenn seitliches Ausweichen der Träger verhindert ist und die Stützweite der Platte ≤ 2,50 m ist.

Mindestdicke. Sofern nicht mit Rücksicht auf die Tragfähigkeit und den Bautenschutz (vor allem Schall- und Brandschutz) dickere Decken erforderlich sind, betragen die Mindestdeckendicken 7 cm, bei Platten mit Aufbiegungen mindestens 16 cm (Bild **9.7**) und für Platten mit Bügeln als Querkraftbewehrung mindestens 20 cm.

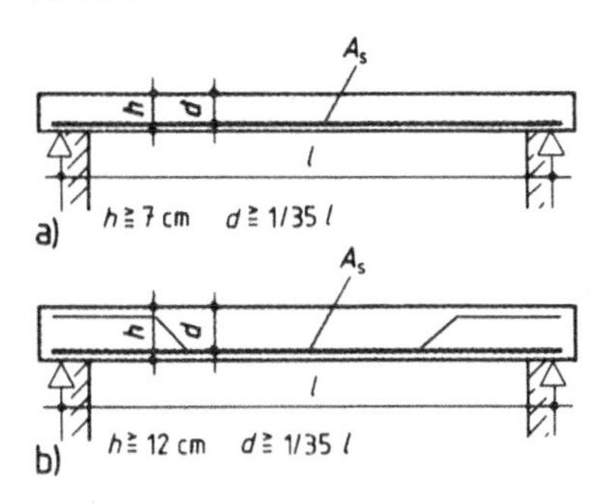

Bild 9.7 Mindestdicken h und Nutzhöhen d von
a) Platten allgemein,
b) bei Platten mit Aufbiegungen mindestens 16 cm

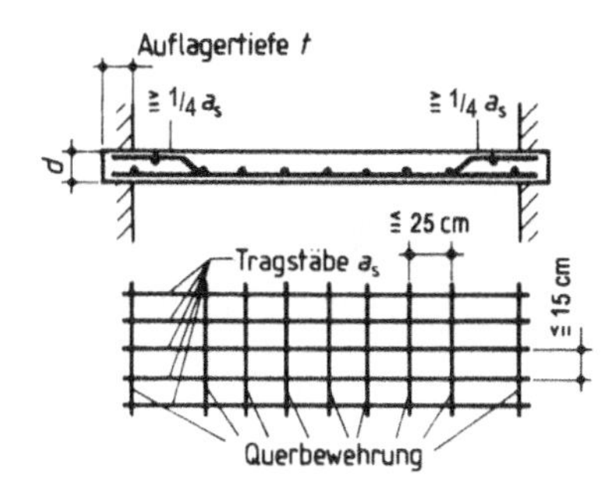

Bild 9.8 Bewehrung einer Platte

Mindestmaß der statischen Höhe *d*. Wegen der notwendigen Beschränkung der Durchbiegung ist stets darauf zu achten, dass die statische Höhe $d \geq l/35$ erreicht (Bild **9.7**). Bei aufstehenden leichten Trennwänden auf einer Platte sollte auch $d\,[\mathrm{cm}] \geq l^2\,[\mathrm{cm}]/15000$. Bei Kragplatten ist dabei für die Kragarmstützweite l der 2,4-fache Wert einzusetzen.

Bewehrung. Zu unterscheiden ist bei einachsig gespannten Platten zwischen *Hauptbewehrung* a_s aus Tragstäben und *Querbewehrung* aus Verteilerstäben (Bild **9.8**). Die Querbewehrung ist erforderlich, um die Beanspruchung möglichst gleichmäßig auf eine größere Fläche und damit auf eine größere Anzahl Tragstäbe zu verteilen. Sie muss mit $\geqq 1/5\ a_s$ bemessen werden.

Tragstäbe. Ihr Abstand darf in der Gegend der größten Biegemomente (also meist in Feldmitte) für Platten bis zu einer Dicke von h = 15 cm s = 15 cm und für Platten größer einer Dicke von h = 25 cm s = 25 cm betragen. Zwischenwerte interpolieren. Im Bereich des Endauflagers muss zur Deckung des Moments aus einer rechnerisch nicht berücksichtigten Einspannung eine obere Bewehrung von mindestens $1/4$ der Feldbewehrung angeordnet werden.

Tragstäbe in Stahlbetonplatten erhalten Endhaken nur noch in Ausnahmefällen (z. B. bei knapper Auflagertiefe). Die heute üblichen Betonstähle mit verformten Oberflächen (Nocken, Rippen u. Ä.) bieten günstige Verankerungsbedingungen auch bei geraden Stabenden. Bei Plattenbewehrungen aus Stabstahl (Einzelstäbe) wurden früher im Allgemeinen bis zur Hälfte der Tragstäbe in einer Entfernung von $0,2 \cdot l$ vor dem Auflager aus der Zugzone in die Druckzone aufgebogen, und zwar meist unter 30°, bei dickeren Platten auch unter 45°. Die Aufbiegungen können Schubkräfte aufnehmen. Die nach oben aufgebogenen Stabteile gelten zugleich als Randbewehrung. Sie sichern die Platten gegen obere Zugkräfte aus ungewollter Randeinspannung (vgl. vorhergehenden Absatz). Diese Aufbiegungen sind heutzutage nur noch in absoluten Ausnahmefällen anzutreffen.

Vorschriften für Balken

Für Stützweiten und Nutzhöhe gelten dieselben Vorschriften wie für Platten. Die *Auflagertiefen* sollten mindestens 10 cm betragen (Bild **9**.9).

Tragstäbe. Ihr lichter Abstand soll mindestens gleich dem Stabdurchmesser, jedoch mindestens 2 cm und auch nicht kleiner als der Größtkorndurchmesser des Betons +5 mm sein (Bild **9**.5 und Tabelle **12**.39). Tragstäbe in der Zugzone sollen in nicht mehr als zwei Lagen angeordnet werden.

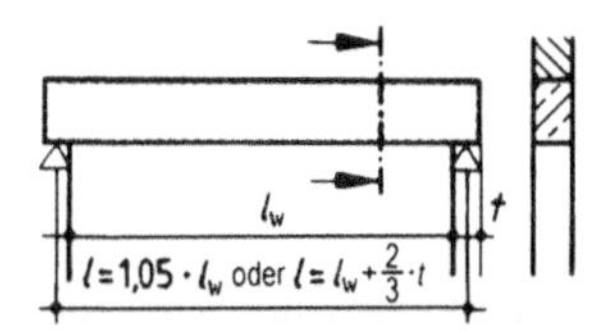

Bild 9.9
Stützweite bei Balken

Endhaken sind auch hier nur bei knapper Auflagerlänge erforderlich, meist als Winkelhaken. Zur Aufnahme der Schubkräfte können innen liegende Tragstäbe in $\approx 1/8\ l$ vor den Auflagern unter 45° aus der Zugzone in die Druckzone aufgebogen werden, bei hohen Balken auch unter 60°. Auch die Aufbiegungen sind nur noch in Ausnahmefällen anzutreffen. Wegen des zu hohen Arbeitsaufwands werden sie weitgehend durch enger liegende Bügelbewehrung in Auflagernähe ersetzt.

Bügel über die ganze Höhe des Balkens haben den Zusammenhang zwischen Zug- und Druckzone zu sichern und nehmen Schubbeanspruchungen auf (Bild **9**.5). In Auflagernähe erhalten sie oft engere Abstände, so dass die früher üblichen Aufbiegungen der Tragstäbe entbehrlich werden. Die Bügel umschließen die obere und die untere Bewehrung.

Montagestäbe liegen in den oberen Bügelecken (Bild **9**.5). Sie haben keine tragende Funktion, sondern erleichtern den Einbau und die Lagesicherung der Bewehrung.

9.5 Berechnen von Stahlbeton-Bauteilen

9.5.1 Stahlbeton-Deckenplatte

Holzbalken und Stahlträger werden nach der Größe des Biegemoments berechnet (s. Kapitel 5.6.3). Aus diesem ergeben sich über das Widerstandsmoment die Form und Größe des erforderlichen Querschnitts.

> Auch bei Stahlbeton-Bauteilen, die auf Biegung beansprucht werden, ist die Größe des Biegemoments für Größe und Form des Querschnitts maßgebend.

Die erforderliche Nutzhöhe d ist

$$d = k_\mathrm{d} \cdot \sqrt{M_\mathrm{d}/b} \geq \frac{l\,[\mathrm{cm}]}{35}$$ bei Platten in cm mit b in m und M_d in kNm,

$$d\,[\mathrm{cm}] \geq \frac{l^2\,[\mathrm{cm}]}{15000}$$ bei Platten mir leichten Trennwänden!

Der erforderliche Querschnitt A_s der Stahleinlagen

$$A_\mathrm{s} = k_\mathrm{s} \cdot \frac{M_\mathrm{d}}{d}$$ in cm² mit d in cm und M_d in kNm.

Bei Deckenbewehrungen bezeichnen wir den Stahlquerschnitt mit a_s in cm²/m.

> Die Berechnung von d und A_s ist für das größte Biegemoment bzw. für den gefährdeten Querschnitt durchzuführen.

Die Indizes der Beiwerte k in Tabelle **12.**35 zeigen, zu welchen Werten sie gehören (Bild **9.**4):

- k_d zur Nutzhöhe d
- k_s zur Stahleinlage A_s
- k_x zur Höhe x der Druckzone
- k_z zum Abstand z zwischen F_c und F_s ≙ Hebelarm der inneren Kräfte

Je größer der k_d-Wert ist (in der Tabelle die oberen Werte), um so geringer ist die dazu nötige Zugbewehrung und um so geringer daher auch der k_s-Wert. Umgekehrt wächst bei sehr kleinen k_d-Werten die Zugbewehrung so an, dass sie u. U. im Querschnitt nicht mehr untergebracht werden kann, d. h., der gewählte Querschnitt wird unwirtschaftlich bzw. unausführbar. In solchen Fällen muss der Querschnitt vergrößert werden, am vorteilhaftesten die Bauteilhöhe.

Als Betonfestigkeitsklasse gilt im Regelfall C20/25 oder kurz C20. Die Festigkeitsklasse C12/15 darf nicht für Stahlbeton verwendet werden. Als Stahlsorte kennen wir den Betonstahl B500 als Stabstahl oder als Mattenstahl.

Beispiel 69

Die Stahlbetondecke in einem Wohnhaus ist zu berechnen (Bild **9.**10 und **9.**11). Sie ist in Beton C20 auszuführen und mit Betonstahlmatten B500 zu bewehren.

Die Eigenlast der Stahlbetonplatte macht einen wesentlichen Teil der Gesamtlasten aus. Die Mindestdicke der Platte entwickeln wir am Sichersten aus der Vorschrift erf $d \geq l/35$. Für unser Beispiel ist

$$\text{erf } d \geq \frac{315 \text{ cm}}{35} = 9 \text{ cm.}$$

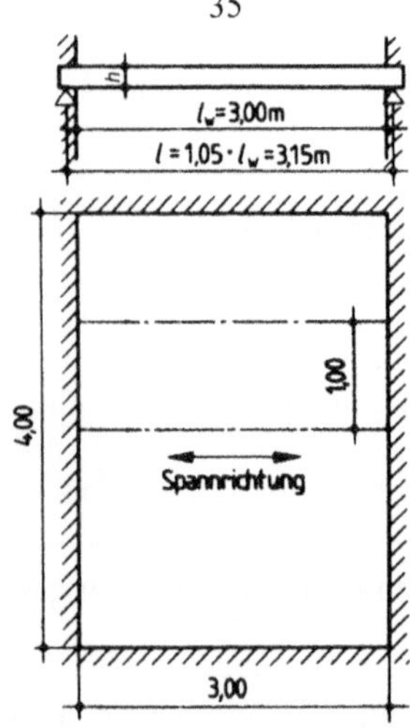

Bild 9.10 Stahlbetondecke in einem Wohnhaus

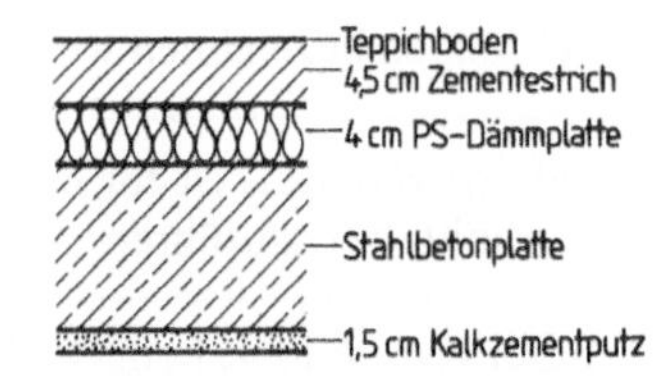

Bild 9.11 Aufbau der Wohnhausdecke von Bild **9.**10

> Bei der Berechnung von Stahlbetonplatten wird stets ein Streifen von 1,00 m Breite untersucht.

Als Mindestdicke für h ergibt sich bei Berücksichtigung von 2 cm Betondeckung (s. Tabelle **12.**43 und **12.**42) und einer geschätzten Stabdurchmesserhälfte von

$$\frac{\varnothing_s}{2} = \frac{1{,}00 \text{ cm}}{2} = 0{,}50 \text{ cm eine Dicke von}$$

$$h = 9 \text{ cm} + 2 \text{ cm} + 0{,}50 \text{ cm} = 11{,}50 \text{ cm.}$$

Wir wählen $h = 12$ cm.

Lastannahmen (Tabelle **12.**1)

Teppichboden		0,03 kN/m
4,50 cm Zementestrich	$4,50\,\text{cm} \cdot 0,22\frac{\text{kN}}{\text{m}^2 \cdot \text{cm}} \cdot 1,00\,\text{m}$	= 0,99 kN/m
4,00 cm PS-Dämmplatten	$4,00\,\text{cm} \cdot 0,02\frac{\text{kN}}{\text{m}^2 \cdot \text{cm}} \cdot 1,00\,\text{m}$	= 0,08 kN/m
12,00 cm Stahlbeton	$0,12\,\text{cm} \cdot 25,00\frac{\text{kN}}{\text{m}^3} \cdot 1,00\,\text{m}$	= 3,00 kN/m
1,50 cm Kalkzementputz	$0,015\,\text{m} \cdot 20,00\frac{\text{kN}}{\text{m}^3} \cdot 1,00\,\text{m}$	= 0,30 kN/m
Eigenlast		g_k = 4,40 kN/m
Nutzlast (Tabelle **12.**2)	q_k= 1,50 kN/m² · 1,00 m	= 1,50 kN/m

> Eine Deckenplatte wird stets über die kleinere Lichtweite des Raumes gespannt, in diesem Fall also über l_w = 3,00 m.

Spannweite $l = l_w \cdot 1,05 = 3,00\,\text{m} \cdot 1,05 = 3,15\,\text{m}$ (Bild **9.**12)

Diese Decke in einem Wohnhaus ist nach Tabelle **12.**42 in die Expositionsklasse XC1 einzuordnen. Als Mindestbetonfestigkeitsklasse ist dann C16/20 erforderlich. Wir wählen einen C20/25. Das Nennmaß der Betondeckung folgt nach Tabelle **12.**43 für XC1 und einem Betonstahldurchmesser nicht größer als 10 mm zu c_{nom} = 20 mm = 2 cm.

Damit ergibt sich die Nutzhöhe

$$d = h - c_{\text{nom}} - \text{geschätzten 1/2 Stabdurchmesser}$$

$$d = 12\,\text{cm} - 2\,\text{cm} - 1,00\,\text{cm}/2 = 9,50\,\text{cm} > \frac{315\,\text{cm}}{35} = 9,00\,\text{cm}$$

Die oben ermittelten charakteristischen Belastungen sind noch mit Teilsicherheitsbeiwerten zu multiplizieren und danach kann dann das Bemessungsmoment M_d bestimmt werden:

$$M_d = \left(1,35 \cdot 4,40\frac{\text{kN}}{\text{m}} + 1,50 \cdot 1,50\frac{\text{kN}}{\text{m}}\right) \cdot \frac{(3,15\,\text{m})^2}{8} = 10,16\,\text{kNm}$$

$$k_d = \frac{d\,[\text{cm}]}{\sqrt{\frac{M_d\,[\text{kNm}]}{b\,[\text{m}]}}} = \frac{9,50}{\sqrt{\frac{10,16}{1,00}}} = 2,98$$

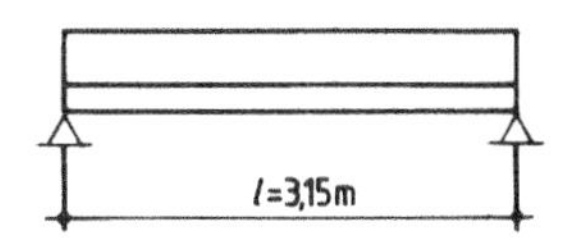

Bild 9.12

Als nächst kleineren Wert liefert Tabelle **12.**35 k_d = 2,81 für C20/25. Damit liest man k_s = 2,45 ab.

Es ist dann $\text{erf}\ a_s = k_s \cdot \dfrac{M_d\ [\text{kNm}]}{d\ [\text{cm}]} = 2{,}45 \cdot \dfrac{10{,}16}{9{,}50}$

$\text{erf}\ a_s = 2{,}62\ \text{cm}^2/\text{m}$

Gewählt wird aus der Tabelle **12.**38 die **Lagermatte R 335 A** mit der Längsbewehrung 3,35 cm²/m > 2,62 cm²/m und der Querbewehrung von 1,13 cm²/m > 1/5 · Längsbewehrung.

Beispiel 70

Die Kellerdecke in Bild **9.**13a unter einem Büroraum ist als Stahlbetondecke (Bild **9.**13b) in C20/25 und mit B500 M (Lagermatte) zu berechnen.

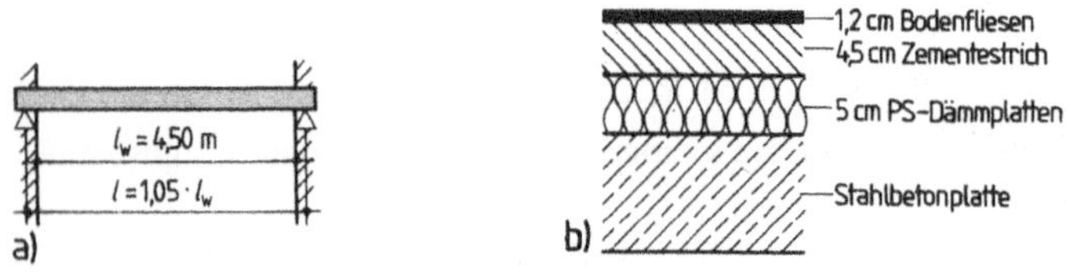

Bild 9.13 a) Kellerdecke unter einem Büroraum,
b) Aufbau der Decke

Die Plattendicke wird auf 18 cm geschätzt. Damit ergibt sich bei einer Plattenbreite von 1,00 m folgende Belastung je lfd. m:

1,20 cm Bodenfliesen	(Tabelle **12.**2)	0,26 kN/m
4,50 cm Zementestrich		0,99 kN/m
5 cm PS-Platten		0,10 kN/m
h = 18 cm Stahlbeton		4,50 kN/m
Eigenlast		g_k = 5,85 kN/m
Nutzlast (Tabelle **12.**3)		q_k = 2,00 kN/m

Bemessungsgesamtbelastung

$1{,}35 \cdot g_k + 1{,}50 \cdot q_k = 10{,}90\ \text{kN/m}$

Die Spannweite ist l = 4,50 m · 1,05 = 4,73 m.

Das größte Biegemoment der Platte ist

$$M = 10{,}90 \frac{\text{kN}}{\text{m}} \cdot \frac{(4{,}73\ \text{m})^2}{8} = 30{,}48\ \text{kNm}$$

Aus der gewählten Plattendicke h = 18 cm ergibt sich die

Nutzhöhe $d = 18\ \text{cm} - 2{,}00\ \text{cm} - 0{,}50\ \text{cm} = 15{,}50\ \text{cm} > \dfrac{l}{35} = 13{,}50\ \text{cm}.$

Wir haben hier auch die Expositionsklasse XC1 mit c_{nom} = 2,0 cm. Für einem Beton C20/25 folgt:

$$k_{\text{d}} = \frac{15,50}{\sqrt{\frac{30,48}{1,00}}} = 2,81$$

Für den Wert liefert Tabelle **12.**35 $k_{\text{s}} = 2,45$

$$\text{erf}\, a_{\text{s}} = 2,45 \cdot \frac{30,48}{15,50} = 4,81 \frac{\text{cm}^2}{\text{m}}$$

Gewählt: R 524 A

Übung 83 Die Decke in einem Wohnhaus mit der Lichtweite l_{w} = 3,50 m ist als Stahlbetondecke mit C20/25 und Betonstahlmatten B500 M zu berechnen (Bild **9.**14).

c_{nom} sei 2 cm.

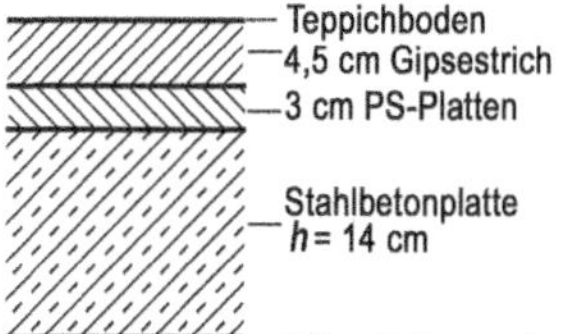

Bild 9.14
Stahlbetondecke in einem Wohnhaus

Übung 84 Die Stahlbetondecke in einem Krankenhaus nach Bild **1.**10 ist für l_{w} = 4,00 m mit C20/25 und Betonstahlmatten B500 M zu berechnen.

Übung 85 Die im Querschnitt dargestellte Dachdecke in Bild **9.**15 hat eine Stützweite von 4,20 m. Als Schneelast sind 0,75 kN/m² anzusetzen. Ermitteln Sie die notwendige Bewehrung aus B500 M für C25/30.

Übung 86 Die im Querschnitt dargestellte Dachdecke in Bild **9.**16 ist begehbar. Sie hat eine Stützweite von 3,80 m. Als Verkehrslast sind 4,00 kN/m² anzusetzen. Berechnen Sie die erforderliche Bewehrung B500 M für C25/30.

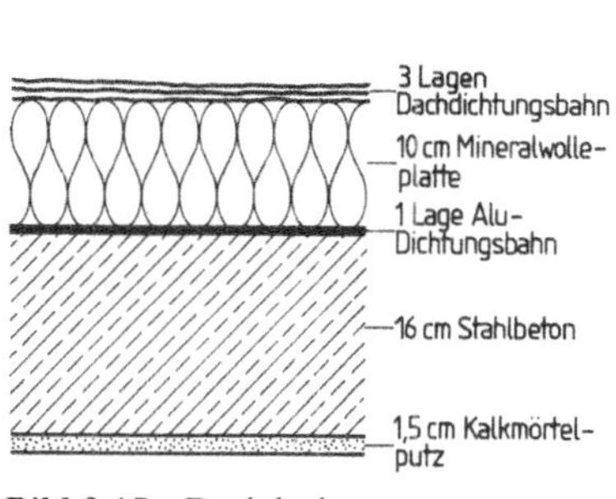

Bild 9.15 Dachdecke

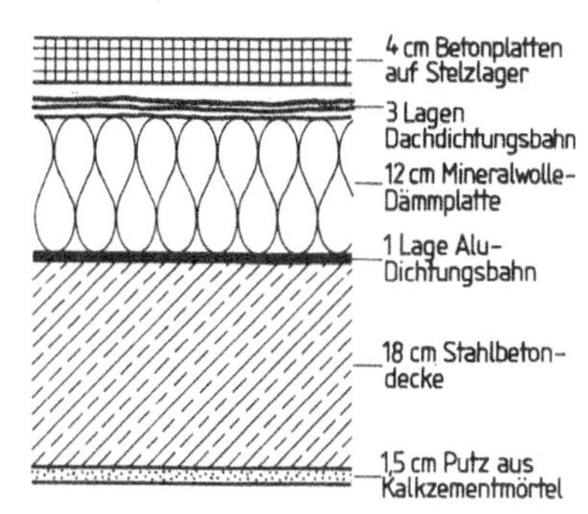

Bild 9.16 Dachdecke

9.5.2 Stahlbeton-Kragplatte

Die Bemessungsformeln des Kapitels 9.5.1 gelten auch für Kragplatten.

Kragplatten werden in der Oberseite auf Zug beansprucht. Die Stahlbewehrung ist also oben anzuordnen. Gleiches gilt für den Nachbarbereich des Feldes.

Dafür ist die ungünstigste Lage des Momenten-Nulllpunkts zu berechnen (Bild **9.**18). Sie ergibt sich aus dem ungünstigsten Belastungsfall, wenn nämlich der Kragarm voll belastet, das Deckenfeld aber nur mit seiner Eigenlast g_2 (also ohne Nutzlast) gerechnet wird.

Beispiel 71

An die Wohnhausdecke aus Bild **9.**10 schließt ein Balkon an. Seine Stahlbeton-Kragplatte (Bild **9.**17) ist für C25/30 und B500 M zu berechnen.

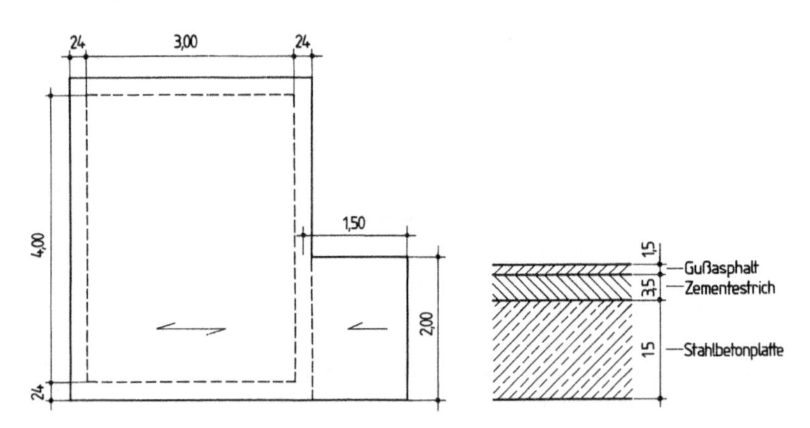

Bild 9.17 Stahlbeton-Kragplatte für einen Balkon

Stützweiten: $l_1 = 1{,}50$ m, $l_2 = 3{,}00\text{ m} + \dfrac{0{,}24}{2}\text{ m} + \dfrac{0{,}24}{3}\text{ m} = 3{,}20\text{ m}$

Wir erinnern uns, dass bei Kragplatten für den Nachweis der Biegeschlankheit die 2,4-fache Kragarm-Stützlänge einzusetzen ist. Somit ist

$$\text{erf } d = \frac{150\text{ cm}\cdot 2{,}40}{35} = 10{,}30\text{ cm}$$

Da die Kragenplatte ein Außenbauteil ist, ergeben sich nach Tabelle **12.**42 die Expositionsklasse XC4 und XF1 mit der Mindestbetonfestigkeiten C25/30 und mit Tabelle **12.**43: $c_{\text{nom}} = 40\text{ mm} = 4{,}00\text{ cm}$.

Als Mindestmaß für die Plattendicke folgt dann

$$h = d + c_{\text{nom}} + \frac{d_s}{2} = 10,30\ \text{cm} + 4,00\ \text{cm} + \frac{1,00\ \text{cm}}{2} = 14,80\ \text{cm}$$

Wir wählen h = 15 cm, dann ist d = 10,50 cm.

a) **Lasten**

Belastung für 1,00 m Kragplattenbreite nach Tabelle **12.**2

1,50 cm Gussasphalt $1,50\ \text{cm} \cdot 0,23 \frac{\text{kN}}{\text{m}^2 \cdot \text{cm}} \cdot 1,00\ \text{m} = 0,35\ \text{kN/m}$

3,50 cm Zementestrich $3,50\ \text{cm} \cdot 0,22 \frac{\text{kN}}{\text{m}^2 \cdot \text{cm}} \cdot 1,00\ \text{m} = 0,77\ \text{kN/m}$

15 cm Stahlbetonplatte $0,15\ \text{m} \cdot 25,00 \frac{\text{kN}}{\text{m}^2 \cdot \text{cm}} \cdot 1,00\ \text{m} = 3,75\ \text{kN/m}$

Eigenlast g_k = 4,87 kN/m

Verkehrslast (Tabelle **12.**3) q_k = 4 kN/m² · 1,00 m = 4,00 kN/m

Horizontalkraft H am Geländer je 1,00 m Plattenbreite (Tabelle **12.**3)

0,50 kN/m · 1,00 m = 0,50 kN (Bild **9.**18)

Bemessungslasten:

g_d = 1,35 · g_k = 1,35 · 4,87 kN/m = 6,57 kN/m

q_d = 1,50 · q_k = 1,50 · 4,00 kN/m = 6,00 kN/m

$g_d + q_d$ = 6,57 kN/m + 6,00 kN/m = 12,57 kN/m

h_d = 1,50 · h_k = 1,50 · 0,50 kN/m = 0,75 kN/m

Näherungsweise wird im Feld dieselbe Last g_d angesetzt wie im Kragarmbereich!

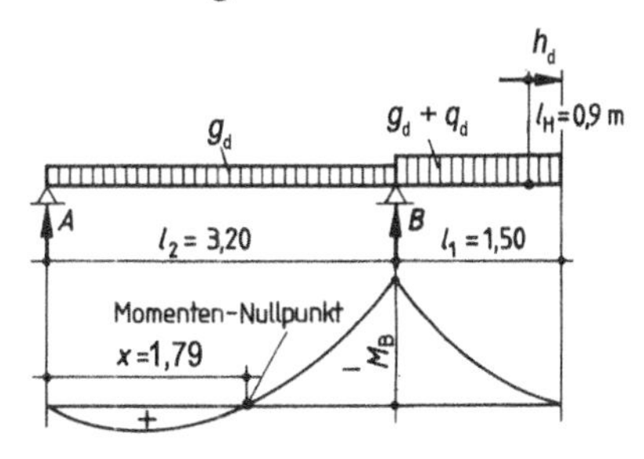

Bild 9.18
Belastungsschema und Momentenfläche zu Bild **9.**17

b) **Bemessung für das Kragmoment**

$$\min M_{\text{Bd}} = -12,57 \frac{\text{kN}}{\text{m}} \cdot \frac{(1,50\ \text{m})^2}{2} - 0,75 \frac{\text{kN}}{\text{m}} \cdot 0,90\ \text{m}$$

$$= -14,14\ \text{kNm} - 0,68\ \text{kNm} = -14,82\ \text{kNm}$$

$$k_d = \frac{10,50}{\sqrt{\frac{14,82}{1,00}}} = 2,73$$

Ablesung aus Tabelle **12.**35 für k_d = 2,51 bei C25/30 ergibt k_s = 2,45.

$$\text{erf}\, a_s = 2,45 \cdot \frac{14,82}{10,50} = 3,46 \frac{\text{cm}^2}{\text{m}}$$

Gewählt: Stabstahl $\varnothing_s$ **= 8 mm im Abstand** s **= 12,50 cm mit** a_s **= 4,02 cm²/m** (Tabelle **12.**36) **und Querbewehrung** $\varnothing_s$ **= 6 mm im Abstand** s **= 25 cm**

oder Lagermatte R424 A

Die Bewehrung der Kragplatte ist stets mit einer bestimmten Verankerungslänge über den Momenten-Nullpunkt (Bild **9.**18) hinwegzuführen.

In diesem Punkt wechselt das Biegemoment sein Vorzeichen bzw. wechseln die Zugspannungen von der Oberseite des Balkens auf die Unterseite im Bereich des Feldes. Der Momenten-Nullpunkt ist nach dem Hebelgesetz derjenige Drehpunkt, bei dem sich das Drehmoment aus der Auflagerkraft mit dem Drehmoment aus der Balkenbelastung das Gleichgewicht halten. Rechnerisch könnten an dieser Stelle die untere Bewehrung (Feldbewehrung) und die obere Bewehrung (Stützbewehrung) enden, weil keine Biegebeanspruchung vorliegt (M = 0). Dies ist jedoch wegen der nötigen Verankerungslängen und Querkraft nicht möglich.

Für die Länge der oberen Bewehrung und die Anordnung von Aufbiegungen aus der unteren Bewehrung ist der Momenten-Nullpunkt eine wichtige Orientierungshilfe. Das gilt auch für die gestaffelte Bewehrung, bei den ein Teil der Bewehrung vor dem Auflager endet.

c) **Lage des Momenten-Nullpunkts**

Zunächst ist die Auflagerkraft A zu berechnen.

Es ist
$$A = \frac{6,57 \frac{\text{kN}}{\text{m}} \cdot \frac{(3,20\,\text{m})^2}{2} - 12,57 \frac{\text{kN}}{\text{m}} \cdot \frac{(1,50\,\text{m})^2}{2} - 0,75 \frac{\text{kN}}{\text{m}} \cdot 0,90\,\text{m}}{3,20\,\text{m}}$$

$$A = \frac{33,64\,\text{kN/m} - 14,14\,\text{kN m} - 0,68\,\text{kNm}}{3,20\,\text{m}} = 5,88\,\text{kN}$$

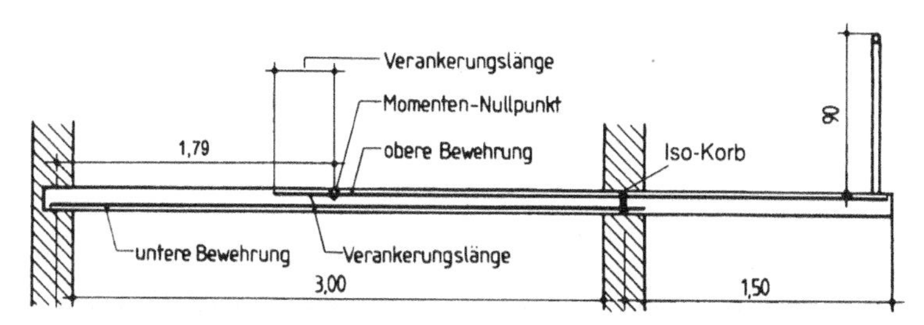

Bild 9.19 Lage des Momenten-Nullpunkts im Feld (konstruktive Bewehrung nicht eingetragen)

Der Abstand x des Momenten-Nullpunkts vom linken Auflager ergibt sich dann aus

$A \cdot x - g_d \cdot x \cdot \frac{x}{2} = 0$. Daraus folgt $A \cdot x = g_d \cdot x \cdot \frac{x}{2}$.

Dividiert man beide Seiten durch x, bleibt $A = \frac{g_d \cdot x}{2}$ und schließlich

$$x = \frac{A \cdot 2}{g_d} = \frac{5{,}88\,\text{kN} \cdot 2}{6{,}57\,\text{kN/m}} \approx 1{,}79\,\text{m}.$$

Der Momenten-Nullpunkt kann schließlich auch zeichnerisch ermittelt werden.

Die Bewehrung muss stets mit der notwendigen Verankerungslänge über den Momenten-Nullpunkt hinausgeführt werden.

Übung 87 Die Stahlbeton-Kragplatte aus C25/30 mit Betonstahlmatten B500 M ist für eine Nutzlast $q_k = 5$ kN/m² zu berechnen (Bild **9.**20). Die Plattendicke beträgt 16 cm. Geländer vernachlässigen!

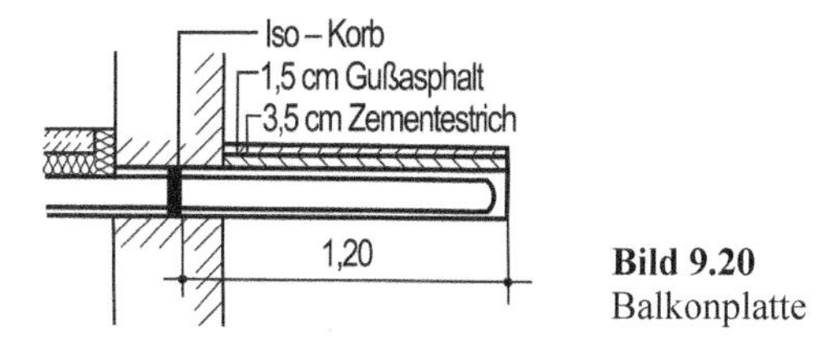

Bild 9.20
Balkonplatte

9.5.3 Stahlbeton-Rechteckbalken

Es gelten die gleichen Bemessungsformeln wie für die Berechnung von Deckenplatten.

> Bei Rechteckbalken ist für b die tatsächliche Breite des Balkens einzusetzen (nicht wie bei Platten b = stets 1,00 m).

Beispiel 72

Die Maueröffnung Bild **9.**21 ist mit einem Stahlbetonbalken aus C25/30 und B500 S zu überdecken. Deckenstützweite l = 4,00 m, γ für Mauerwerk = 18 kN/m³, für c_{nom} = 4,00 cm.

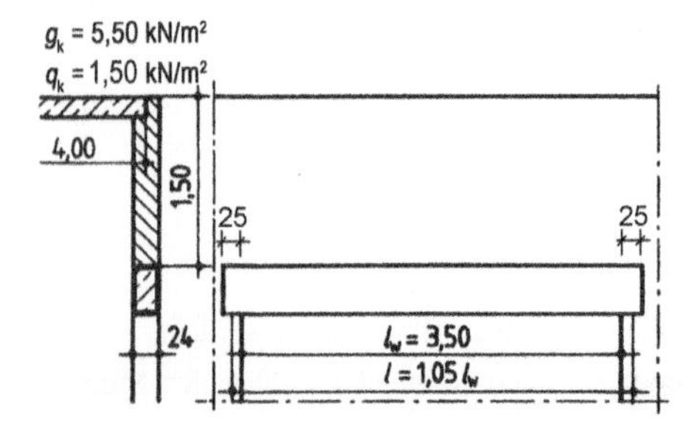

Bild 9.21
Stahlbetonbalken über einer Maueröffnung (Schnitt und Ansicht)

Um die Gesamtbelastung des Balkens zu ermitteln, muss zunächst der Balkenquerschnitt geschätzt oder eine „vorläufige Berechnung" durchgeführt werden. Hier wird ein Querschnitt von b/h = 24/42 cm angenommen.

Belastung je lfd. m Balken

Eigenlasten

Deckenlast	$5,50 \frac{\text{kN}}{\text{m}^2} \cdot \frac{4,00 \text{ m}}{2}$	= 11,00 kN/m
Mauerlast	$1,50 \text{ m} \cdot 0,24 \text{ m} \cdot 18 \frac{\text{kN}}{\text{m}^3}$	= 6,48 kN/m
Balkeneigenlast	$0,24 \text{ m} \cdot 0,42 \text{ m} \cdot 25 \frac{\text{kN}}{\text{m}^3}$	= 2,52 kN/m
		g_k = 20,00 kN/m

Nutzlast

$$\text{aus Decke: } q_k = 1,50 \frac{\text{kN}}{\text{m}^2} \cdot \frac{4,00 \text{ m}}{2} = 3,00 \frac{\text{kN}}{\text{m}}$$

Bemessungslast

$$1{,}35 \cdot g_k + 1{,}50 \cdot q_k = 1{,}35 \cdot 20{,}00 \frac{kN}{m} + 1{,}50 \cdot 3{,}00 \frac{kN}{m} = 31{,}50 \frac{kN}{m}$$

Bei Balken ist die zugrunde zu legende Spannweite (Bild **9.**9)

$l = 1{,}05 \cdot l_w = 1{,}05 \cdot 3{,}50 = 3{,}68$ m $> l_w + 2/3 \cdot 0{,}25 = 3{,}67$ m gewählt = 3,67 m.

Biegemoment $$M_d = 31{,}50 \frac{kN}{m} \cdot \frac{(3{,}67\,m^2)}{8} = 53{,}03\,kN/m$$

Die Nutzhöhe berechnet sich wie folgt:

$$d = h - c_{nom} - \varnothing\,\text{Bügel} - {}^1/_2\,\varnothing = 42\,cm - 4{,}00\,cm - 0{,}80\,cm - \frac{1{,}60\,cm}{2} = 36{,}40\,cm$$

$$k_d == \frac{36{,}40}{\sqrt{\frac{53{,}03}{0{,}24}}} = 2{,}45$$

Ablesung für $k_d = 2{,}32$ (Tabelle **12.**35) ergibt $k_s = 2{,}48$

$$\text{erf}\,A_s = 2{,}48 \cdot \frac{53{,}03}{36{,}40} = 3{,}61\,cm^2$$

Nach Tabelle **12.**37 werden **gewählt 2 ∅ 16 mit vorh A_s = 4,02 cm²** > 3,61. Alternative: 4 ∅ 12 mit vorh $A_s = 4{,}52\,cm^2 > 3{,}61$ oder 5 ∅ 10 mit vorh $A_s = 3{,}93\,cm^2 > 3{,}61$.

Kontrollieren Sie mit Tabelle **12.**39 die mögliche Anzahl mit der gewählten Anzahl der Stahleinlagen!

Übung 88 Die gleichmäßig verteilte Gesamtbelastung des Stahlbetonsturzes Bild **9.**22 beträgt $g_k = 40$ kN/m und $q_k = 12$ kN/m. Berechnen Sie die notwendige Bewehrung (C25/30). Expositionsklasse XC1

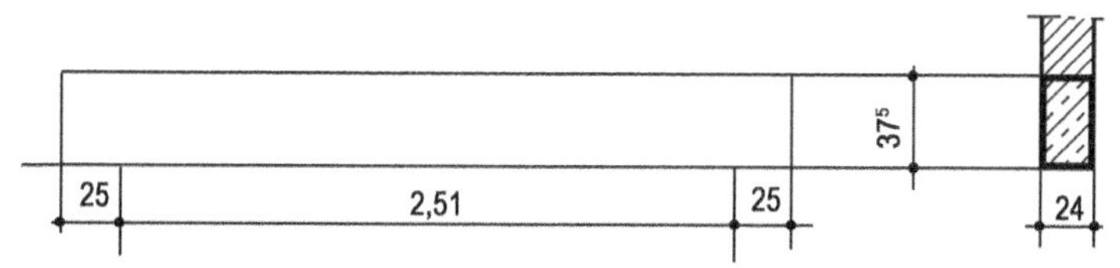

Bild 9.22 Stahlbetonsturz

Übung 89 In einer 36,50 cm dicken Mauer ist eine Öffnung von 4,00 m lichter Weite durch einen Stahlbetonbalken zu überdecken. Die Belastung durch das Mauerwerk und die Geschossdecken beträgt g_k = 20 kN/m und q_k = 10 kN/m (C20/25). Berechnen Sie den Balken, dessen Breite mit Rücksicht auf die Dämmschichtdicke mit b = 31,50 cm anzunehmen ist. Bemessen Sie für eine Balkenhöhe h = 50 cm.

Übung 90 Die gleichmäßig verteilte Gesamtlast des Stahlbeton-Fenstersturzes Bild **9.**23 beträgt g_k = 18 kN/m und q_k = 18 kN/m. Berechnen Sie die erforderliche Bewehrung (C20/25). Die Deckenhöhe gehört zum Balkenquerschnitt, so dass b/h = 22/41 gilt.

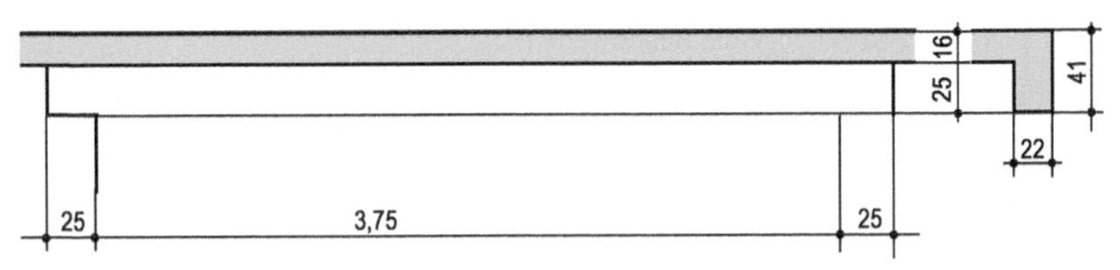

Bild 9.23 Fenstersturz

9.5.4 Schub bei Platten und Rechteckbalken

Bisher haben wir in vielen Beispielen Balken und Decken bemessen und dafür das der Belastung entsprechende maximale Moment zugrunde gelegt. Stets war nachzuweisen, dass die vom Moment erzeugten vorhandenen Biegespannungen (vorh σ) die zulässigen Größen (zul σ) nicht überschreiten oder dass – wie im Stahlbeton – der gewählte Stahlquerschnitt mindestens gleich dem des berechneten Querschnitts ist. Aus Kapitel 5.7.3 wissen wir, dass auch Querkräfte auftreten und gesetzmäßige Beziehungen zwischen Querkräften und Momenten bestehen. Die Bilder **9.**24 und **9.**25 zeigen deutlich, dass an belasteten Balken sowohl Längs- als auch Querschubkräfte auftreten und dabei längs- und quergerichtete Spannungen mit abscherender Wirkung erzeugen. Wir merken uns:

Querkräfte bewirken Schubspannungen.

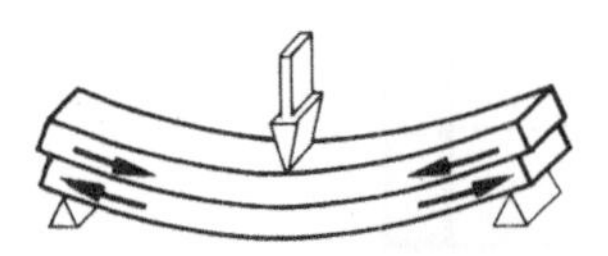

Bild 9.24 Schubspannungen in Längsrichtung des Balkens

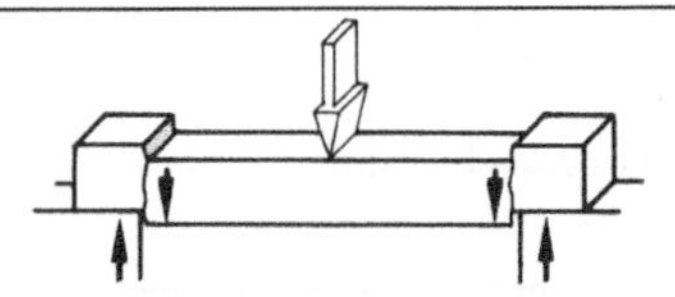

Bild 9.25 Schubspannungen in Querrichtung des Balkens

Im Zusammenwirken ergeben die Längs- und Querschubspannungen schräg gerichtete Zugkräfte (Bild **9.**26). Bild **9.**27 zeigt typische schräge Schubrisse infolge solcher schräg wirkenden Zugspannungen. Weil im Stahlbeton die Zugkräfte allein der Bewehrung zugewiesen werden dürfen, sind die Schubspannungen durch entsprechende Schubbewehrungen aufzunehmen.

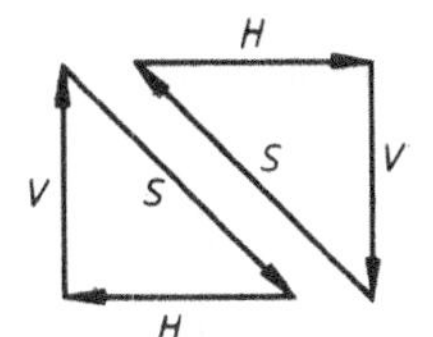

Bild 9.26 Schräge Schubspannungen (s) durch Zusammenwirken von Längs- und Querschubspannungen

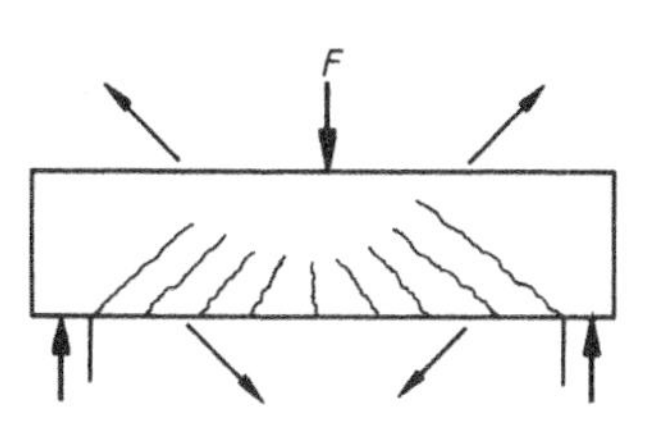

Bild 9.27 Schubrisse an einem überlasteten Stahlbetonbalken infolge schräg wirkender Zugkräfte Z (Schubkräfte)

Als Schubbewehrung verwenden wir vorzugsweise senkrecht oder schräg liegende Bügel, ferner Aufbiegungen der Tragstäbe oder Schubzulagen.

Die in Platten und Balken auftretende Schubspannung τ_0 ist die wesentliche Größe zur Beurteilung der Schubbeanspruchung (τ_0 = Abscherspannung). Sie wird berechnet zu

$$\tau_0 = \frac{V_d}{b \cdot z} \text{ in MN/m}^2.$$

V_d = die für den Schubnachweis maßgebende maximal vorhandene Querkraft in MN

b = der Rechnung zugrunde gelegte Plattenbreite (meist 100 cm), bei Balken die Breite des Balkenquerschnitts in m

z = Hebelarm der inneren Kräfte (Kapitel 9.3 und Bild **9**.4) des Querschnitts in m

Die oben dargestellte Berechnung von Schubspannungen wird nach Eurocode nicht mehr durchgeführt. Nun werden nicht Schubspannungen, sondern Querkräfte V_d beim Schubnachweis für die Berechnung benötigt.

Maßgebend ist die einwirkende Querkraft V_d, diese ist im Abstand d (Nutzhöhe) vom Auflagerrand zu bestimmen.

Wenn diese einwirkende Querkraft V_d kleiner als eine Querkraft mit der Bezeichnung V_{min} ist, dann braucht bei Platten keine Schubbewehrung und bei Balken nur eine konstruktive Bügelbewehrung eingebaut werden.

Ist V_d aber größer als V_{min}, dann ist eine rechnerisch nachzuweisende Schubbewehrung einzubauen, und es ist nachzuweisen, dass der Maximalwert V_{max} nicht von V_d überschritten wird.

Die unten aufgeführten Formeln gelten für Normalbeton (bis C50/60), für senkrecht stehende Bügelbewehrung ($\alpha = 90°$), für den inneren Hebelarm $z = 0{,}90 \cdot d$ und für eine Druckstrebenneigung von 40° ($\cot\theta = \cot 40° = 1{,}2$).

Die Größen sind in N, N/mm² und mm einzusetzen.

Querkraft ohne rechnerische Schubbewehrung ($d \leq 600$ mm):

$$V_{\min} = 0{,}035 \cdot k \cdot \sqrt[2]{k \cdot f_{\mathrm{ck}}} \cdot b \cdot d \quad \text{mit}$$

$$k = 1 + \sqrt{\frac{200\,\mathrm{mm}}{d}} \leq 2{,}00 \qquad \text{mit } d \text{ in mm}$$

Maximalwert der Querkraft (am Auflagerrand):

$$V_{\max} = 0{,}188 \cdot f_{\mathrm{ck}} \cdot b \cdot d$$

Erforderliche senkrechte Bügelbewehrung, wenn $V_{\mathrm{d}} > V_{\min}$:

$$\text{erf } a_{\text{Bügel}} = 0{,}0213 \cdot \frac{V_{\mathrm{d}}}{d} \quad \text{in } \frac{\mathrm{cm}^2}{\mathrm{m}} \qquad \text{für B500}$$

Der Eurocode erlaubt noch geringere Schubbewehrungen, wenn die Druckstrebenneigung flacher gewählt wird. Wir wollen das aber hier nicht weiter vertiefen!

In den nachfolgenden Beispielen wird das Vorgehen mit den obigen Formeln demonstriert:

Beispiel 73

Für die Stahlbetonplatte des Beispiels 69 ist der Schubnachweis zu führen.

Einwirkende Querkraft (d vom Auflager entfernt):

$$V_{\mathrm{d}} = \left(1{,}35 \cdot 4{,}40 \frac{\mathrm{kN}}{\mathrm{m}} + 1{,}50 \cdot 1{,}50 \frac{\mathrm{kN}}{\mathrm{m}}\right) \cdot \left(\frac{3{,}00\,\mathrm{m}}{2} - 0{,}095\,\mathrm{m}\right) = 11{,}51\,\mathrm{kN}$$

$$k = 1 + \sqrt{\frac{200\,\mathrm{mm}}{95\,\mathrm{mm}}} = 2{,}45 > 2{,}00 \rightarrow k = 2{,}00$$

Querkraft ohne rechnerische Schubbewehrung:

$$V_{\min} = 0{,}035 \cdot 2{,}00 \cdot \sqrt{2 \cdot 20} \cdot 1000 \cdot 95 = 42\,060\,\mathrm{N}$$

$$V_{\min} = 42{,}06\,\mathrm{kN} > V_{\mathrm{d}} = 11{,}51\,\mathrm{kN}$$

Nachweis erfüllt. Keine Schubbewehrung erforderlich.

Beispiel 74

Für den Stahlbetonbalken Bild **9.28** (C25/30) sind die Biege- und Schubbewehrung zu berechnen.

$$g_d + q_d \approx 1{,}40 \cdot 15{,}00 \text{ kN/m} = 21{,}00 \text{ kN/m}$$

$$\max M_d = 21{,}00 \frac{\text{kN}}{\text{m}} \cdot \frac{(5{,}00 \text{ m})^2}{8} = 65{,}60 \text{ kNm}$$

$$k_d = \frac{40{,}00}{\sqrt{\frac{65{,}60}{0{,}24}}} = 2{,}42 \rightarrow k_s \approx 2{,}48$$

$$\text{erf } A_s = 2{,}48 \cdot \frac{65{,}60}{40{,}00} = 4{,}06 \text{ cm}^2$$

Gewählt: 2 ∅ 16 mit 4,02 cm² ~ 4,06 cm²

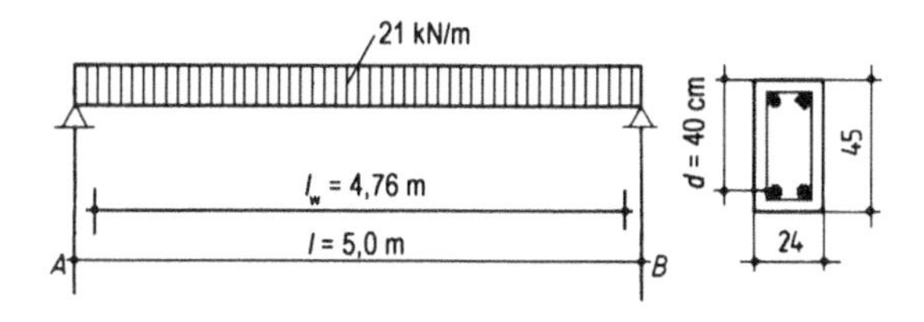

Bild 9.28
Stahlbetonbalken

Schubnachweis

$$V_d = 21 \frac{\text{kN}}{\text{m}} \cdot \left(\frac{4{,}76 \text{ m}}{2} - 0{,}40 \text{ m}\right) = 41{,}58 \text{ kN} = 41580 \text{ N}$$

$$d = 400 \text{ mm};\ b = 240 \text{ mm};\ f_{ck} = 25 \frac{\text{N}}{\text{mm}^2}$$

$$k = 1 + \sqrt{\frac{200 \text{ mm}}{400 \text{ mm}}} = 1{,}71 < 2{,}00$$

$$V_{min} = 0{,}035 \cdot 1{,}71 \cdot \sqrt{1{,}71 \cdot 25} \cdot 240 \cdot 400 = 37570 \text{ N}$$

Weil $V_{min} < V_d$, muss eine Schubbewehrung angeordnet werden.

$$V_{max} = 0{,}188 \cdot 25 \cdot 240 \cdot 400 = 451200 \text{ N} > V_d \text{ am Auflager}$$

Bügelbewehrung:

$$\text{erf } a_{\text{Bügel}} = 0{,}0213 \cdot \frac{41580}{400} = 2{,}21 \frac{\text{cm}^2}{\text{m}}$$

Gewählt: 2-schnittige Bügel $\varnothing_s$ = 6 mm im Abstand von 25 cm mit 2,30 $\frac{\text{cm}^2}{\text{m}}$ (Tabelle **12.**40)

Beispiel 75

Im Keller des Wohnhauses nach Bild **3.**3 und Beispiel 7 ist die Einfahrt für eine Garage, Höhe 2,30 m, lichte Weite 3,00 m, mit einem Stahlbetonbalken C25/30 und B500 zu überdecken.

Die Belastung für 1 lfd. m ist nach Beispiel 7		75,59 kN/m
Hiervon ist die Mauerlast des Durchbruchs für die Einfahrt abzuziehen:	$0{,}365\ \text{m} \cdot 2{,}75\ \text{m} \cdot 18\ \text{kN/m}^3$ =	– 18,07 kN/m
		57,52 kN/m
Der Querschnitt des Balkens wird geschätzt auf $b/h = 30/45$ cm mit	$g = 0{,}30\ \text{m} \cdot 0{,}45\ \text{m} \cdot 25\ \text{kN/m}^3$ =	3,38 kN/m
	$g_k + q_k$ =	60,90 kN/m

Die Bemessungslast ergibt sich näherungsweise durch Multiplikation der charakteristischen Lasten mit dem Faktor 1,4:

$$g_d + q_d \approx 1{,}40 \cdot 60{,}90 \frac{\text{kN}}{\text{m}} = 85{,}26 \frac{\text{kN}}{\text{m}}$$

Stützweite

$$l = 1{,}05 \cdot l_w = 1{,}05 \cdot 3{,}00\ \text{m} = 3{,}15\ \text{m}$$

Biegemoment

$$M_d = 85{,}26 \frac{\text{kN}}{\text{m}} \cdot \frac{(3{,}15\ \text{m})^2}{8} = 105{,}70\ \text{kNm}$$

Nutzhöhe

$$d \cong 45\ \text{cm} - 3{,}00\ \text{cm} - 0{,}80\ \text{cm} - \frac{1{,}40\ \text{cm}}{2} = 40{,}50\ \text{cm}$$

$$k_d = \frac{40{,}50}{\sqrt{\frac{105{,}70}{0{,}30}}} = 2{,}16$$ aus Tabelle **12.**35 $k_s = 2{,}54$

$$\text{erf}\,A_s = 2{,}54 \cdot \frac{105{,}70}{40{,}50} = 6{,}63\ \text{cm}^2$$

Gewählt: 3 ∅ 14 + 2 ∅ 12 mit 6,88 cm² > 6,63 cm²

Die 3 ∅ 14 mit 4,62 cm² gehen bis zum Auflager durch und werden mit Winkelhaken verankert. Die 2 ∅ 12 mit 2,26 cm² enden vor dem Auflager.

Schubnachweis:

$$V_d = \left(\frac{3,00\ \text{m}}{2} - 0,405\ \text{m}\right) \cdot 85,26\frac{\text{kN}}{\text{m}} = 93,40\ \text{kN}$$

$$k = 1 + \sqrt{\frac{200\ \text{mm}}{405\ \text{mm}}} = 1,70 < 2$$

$$V_{min} = 0,035 \cdot 1,70 \cdot \sqrt{1,70 \cdot 25} \cdot 300 \cdot 405 = 47130\ \text{N}$$

$$V_{min} = 47,13\ \text{kN} < V_d$$

Es muss rechnerische Schubbewehrung angeordnet werden.

$$V_{max} = 0,188 \cdot 25 \cdot 300 \cdot 405 = 571050\ \text{N} > V_d \text{ am Auflager}$$

Bügelbewehrung:

$$\text{erf}\ a_{Bügel} = 0,0213 \cdot \frac{93400}{405} = 4,91\frac{\text{cm}^2}{\text{m}}$$

Gewählt: 2-schnittige Bügel 8/19 mit 5,30 cm²/m > 4,91 cm²/m (Tabelle **12.**40)

Hinweis: Da bei Balken immer eine Bügelbewehrung anzuordnen ist, kann man auf die Berechnung von V_{min} beim Balken verzichten.

Es ist dann beim Schubnachweis nur nachzuweisen, dass $V_{max} \geq V_d$ ist, und die Bügelbewehrung ist zu berechnen. Es darf allerdings keine kleinere Bügelbewehrung als die Mindestbewehrung gewählt werden. Wir wollen das hier rechnerisch nicht tun. Wenn der Bügelabstand nicht größer als 25 cm gewählt wird, haben wir die Bedingungen für übliche Balken im Hochbau eingehalten.

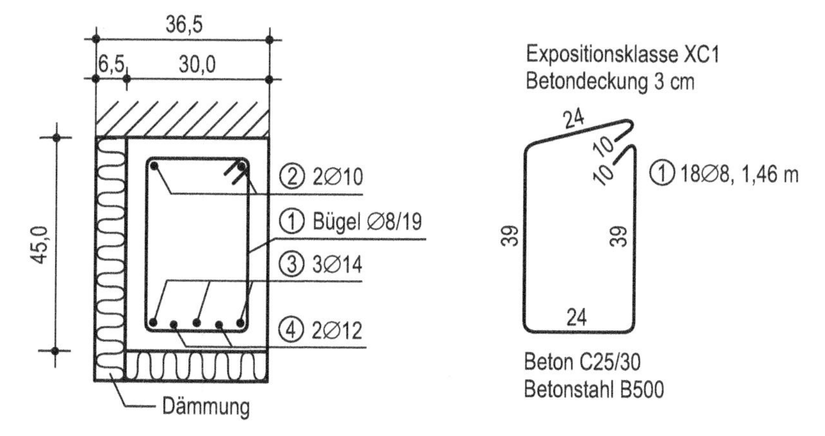

Bild 9.29 Stahlbetonbalken-Querschnitt

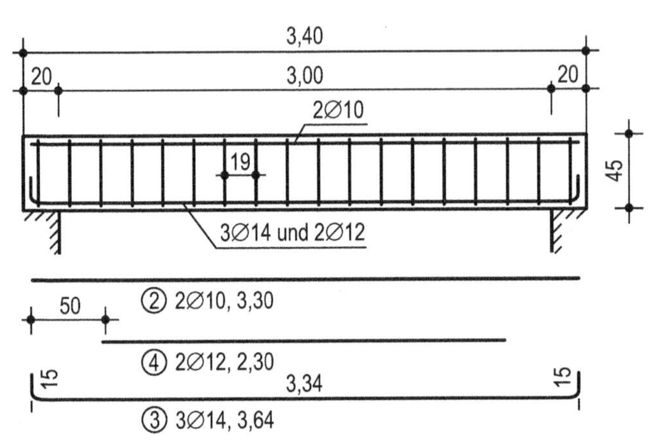

Abstandhalter siehe Tabelle 12.44!

Bild 9.30 Stahlbetonbalken-Ansicht

Stahlliste zu den Bildern **9.**29 und **9.**30

Pos.	∅ 8	∅ 10	∅ 12	∅ 14
1	26,30			
2		6,60		
3			4,60	
4				10,90
Längen in m	26,30	6,60	4,60	10,90
kg/m	0,395	0,617	0,888	1,21
kg	10,40	4,10	4,10	13,20

gesamt **31,80 kg**

Übung 91 Ermitteln Sie die erforderliche Bügelbewehrung für die Balken a) Übung 88, b) der Übung 89, c) der Übung 90.

10 Durchbiegungsnachweis

Zusätzlich zu den bisher besprochenen Nachweisen und Berechnungen, den sogenannten Nachweisen im **Grenzzustand der Tragfähigkeit** sind auch noch Nachweise im sogenannten **Grenzzustand der Gebrauchstauglichkeit** zu führen. Das können Spannungsnachweise, Rissnachweise für Stahlbetonkonstruktionen oder der Nachweis, dass für übliche Belastungen die Durchbiegung nicht zu groß wird, sein. Wir wollen hier nur den wichtigsten Nachweis, den Durchbiegungsnachweis, in seiner einfachsten Form behandeln.

Bei diesem Nachweis werden als Belastung das Eigengewicht (ständige Last) und ein Teil der maximalen Verkehrslast berücksichtigt. Diese Belastung wird „quasi ständige“ Belastung genannt. Es ist dann nachzuweisen, dass hierfür die maximale Durchbiegung nicht unzulässig groß wird. Bei Einfeldträgern darf diese maximale Durchbiegung gleich der Stützweite dividiert durch 200 (oder 300) sein. Neben der Belastung und der Stützweite ist noch das Flächenmoment I und das Material des Trägers wichtig. Stahl ist z. B. steifer als Holz. Das wird durch den Elastizitätsmodul E ausgedrückt, siehe Bild **10.1**. Träger mit einem großen Flächenmoment I biegen sich weniger durch als Träger mit einem kleinen Flächenmoment. Wir wollen hier nicht die genauen Zusammenhänge behandeln, sondern werden nur einen praxisnahen Nachweis kennenlernen.

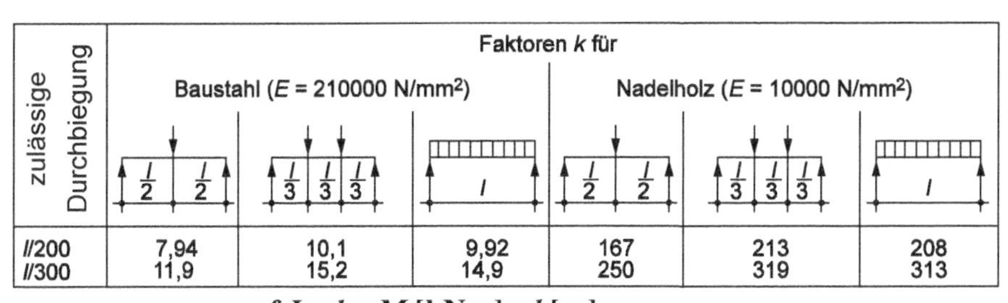

zulässige Durchbiegung	Faktoren k für: Baustahl (E = 210000 N/mm²)			Nadelholz (E = 10000 N/mm²)		
	Einzellast, $\frac{l}{2}$, $\frac{l}{2}$	zwei Einzellasten, $\frac{l}{3}$, $\frac{l}{3}$, $\frac{l}{3}$	Streckenlast, l	Einzellast, $\frac{l}{2}$, $\frac{l}{2}$	zwei Einzellasten, $\frac{l}{3}$, $\frac{l}{3}$, $\frac{l}{3}$	Streckenlast, l
l/200	7,94	10,1	9,92	167	213	208
l/300	11,9	15,2	14,9	250	319	313

$$\text{erf}\, I = k \cdot M\,[\text{kNm}] \cdot l\,[\text{m}]$$

Bild 10.1 Erforderliche Flächenmomente bei Durchbiegungsbeschränkungen

Bei der quasi ständigen Belastung ist das Eigengewicht und das ψ_2-fache der veränderlichen Lasten (z. B. Schnee mit $\psi_2 = 0$ oder 0,2; Nutzlasten, Kategorie A mit $\psi_2 = 0{,}3$, Wind mit $\psi = 0$) anzusetzen. In Wirklichkeit ist die Bestimmung der maßgebenden Belastung viel umfangreicher und komplizierter. Aber für einfache Fälle reicht die oben beschriebene Lastermittlung aus. Damit ist dann das maximale Biegemoment und mit Bild **10.1** das erforderliche Flächenmoment zu bestimmen.

H. Herrmann und W. Krings, *Kleine Baustatik*,
https://doi.org/10.1007/978-3-658-30219-1_11

Bei Holzkonstruktionen ist noch „Kriechen“ zu berücksichtigen. Das bedeutet, dass bei einer Langzeitbelastung das Holz sich ohne Lasterhöhung mit der Zeit langsam weiter verformt (kriecht) und sich dadurch die Durchbiegung erhöht. Bei trockenen Holzkonstruktionen beträgt diese Erhöhung 60 %. Bei Stahl tritt das Kriechen nicht auf!

Der Durchbiegungsnachweis in der hier geschilderten einfachsten Form kann dann wie folgt geführt werden:

Holz (trocken) $1{,}60 \cdot (M_{\text{Eigengewicht}} + \psi_2 \cdot M_{\text{Nutzlast}}) \cdot l \cdot k_{\text{Bild}\,\mathbf{10.}1} = \text{erf } I$

Baustahl $(M_{\text{Eigengewicht}} + \psi_2 \cdot M_{\text{Nutzlast}}) \cdot l \cdot k_{\text{Bild}\,\mathbf{10.}1} = \text{erf } I$

Beispiel 76

Für den Holzbalken aus dem Beispiel 46 ist der Durchbiegungsnachweis zu führen.

Stützweite $l = 4{,}21$ m Balkenabstand $e = 0{,}80$ m

Eigengewicht $g_k = 1{,}57$ kN/m² Nutzlast Kategorie A $q_k = 2{,}00$ kN/m²

Streckenlasten für einen Balken

Eigenlast $g_k = 0{,}80 \cdot 1{,}57 = 1{,}26$ kN/m

Nutzlast $q_k = 0{,}80 \cdot 2{,}00 = 1{,}60$ kN/m

Quasi ständige Belastung für einen Balken

$$g_k + \psi_2 \cdot q_k = 1{,}26 + 0{,}30 \cdot 1{,}60 = 1{,}74 \text{ kN/m}$$

Quasi ständiges Biegemoment mit Kriecherhöhung

$$M = 1{,}60 \cdot 1{,}74 \cdot \frac{4{,}21^2}{8} = 6{,}17 \text{ kNm}$$

Erforderliches Flächenmoment für $l/200$ (Bild **10.**1)

$$\text{erf } I = 208 \cdot 6{,}17 \cdot 4{,}21 = 5403 \text{ cm}^4$$

oder

Erforderliches Flächenmoment für $l/300$ (Bild **10.**1)

$$\text{erf } I = 313 \cdot 6{,}17 \cdot 4{,}21 = 8130 \text{ cm}^4$$

Vorhandenes Flächenmoment für 10/22 (Tabelle **12.**22)

$$\text{vorh } I = 8873 \text{ cm}^4 > \text{erf } I$$

Der Nachweis ist damit erfüllt!

11 Statische Berechnung eines einfachen Wochenendhauses

Für das in den Grundrissen und Schnitten in den Bildern **11.**1 bis **11.**4 dargestellte Haus mit seinen wichtigsten tragenden Konstruktionsteilen wollen wir nun mit den uns bekannten Rechenmethoden die statische Berechnung erstellen. Wir führen hier keine Schallschutz- und keine Wärmeschutznachweise. In den Plänen ist keine Treppe dargestellt und auch fehlen bestimmt noch einige Fenster- und Türöffnungen. Darum wollen wir uns im Rahmen dieser Berechnung nicht kümmern.

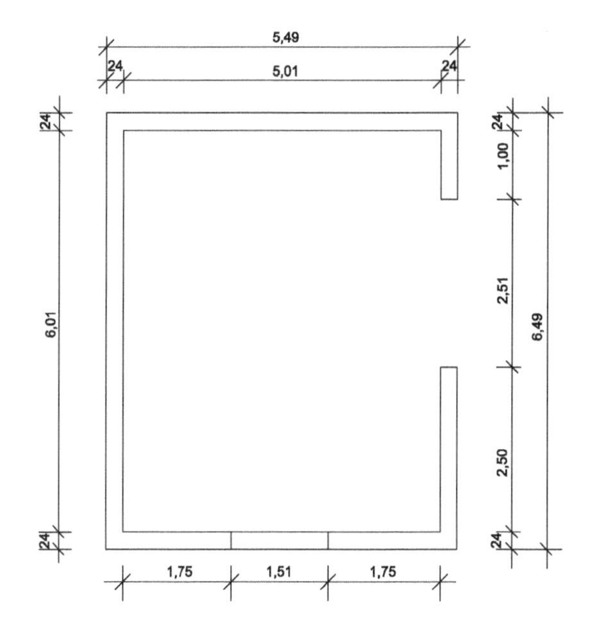

Bild 11.1
Wochenendhaus Erdgeschoss

H. Herrmann und W. Krings, *Kleine Baustatik*,
https://doi.org/10.1007/978-3-658-30219-1_12

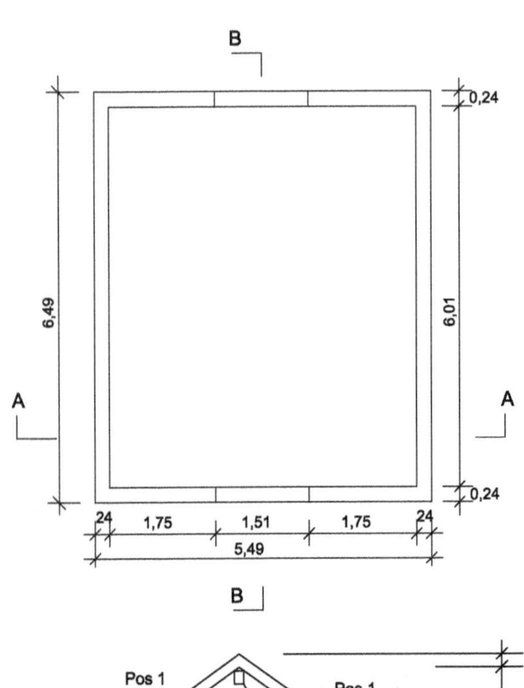

Bild 11.2
1. Obergeschoss

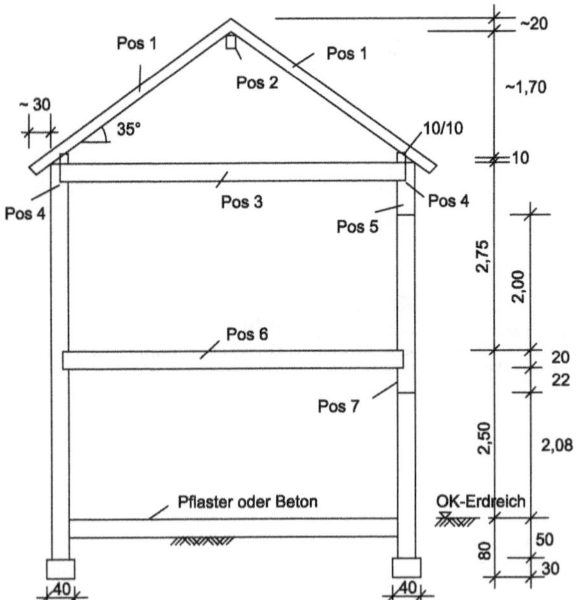

Bild 11.3
Schnitt A-A

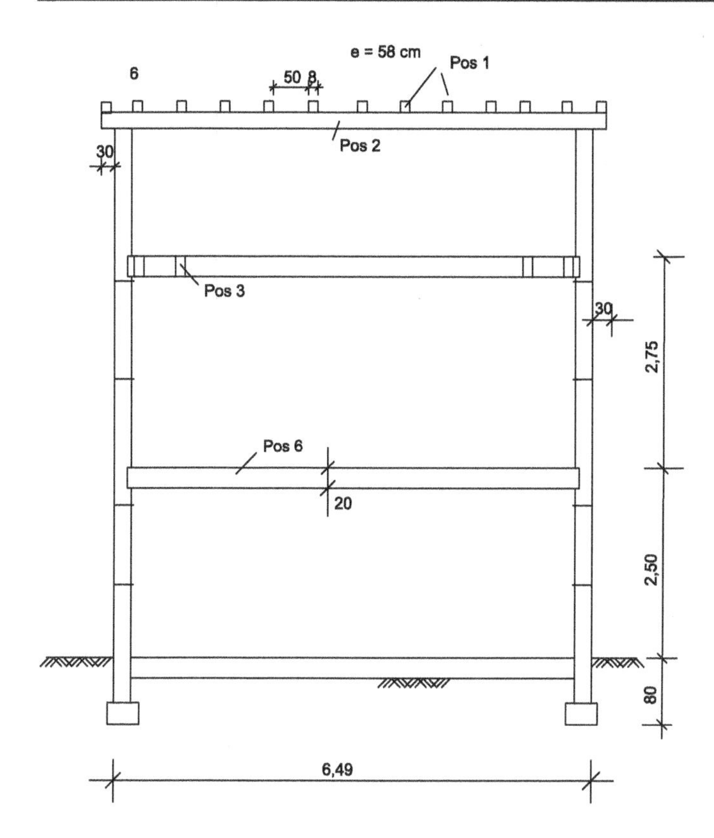

Bild 11.4
Schnitt B-B

Baustoffe	Nadelholz	Vollholz, C24 und Brettschichtholz, GL28
	Mauerwerk	Steinfestigkeitsklasse 12; Mörtelgruppe IIa
	Beton	Decke über Erdgeschoss C20/25
		Streifenfundamente C16/20
	Betonstahl	B500
	Betondeckung	Expositionsklasse XC1 (Tabelle **12.**42)
		$c_{nom} \geq 2{,}00$ cm (Tabelle **12.**43)

Bauwerksstandort Windzone 1; Gebäudehöhe < 10 m
Schneezone II; 300 m über NN

Position 1 Sparren

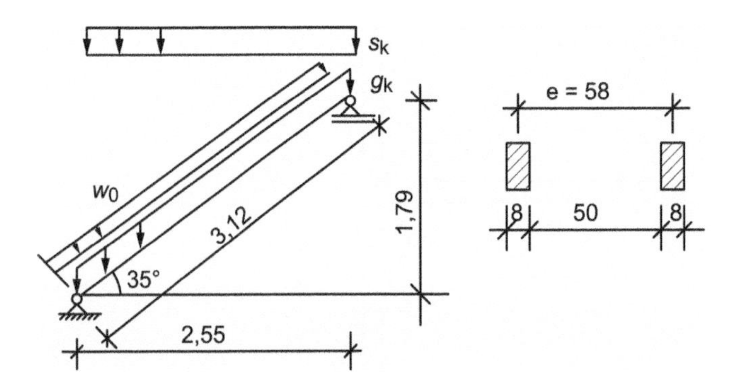

Bild 11.5 Statisches System Sparren (Dachüberstand vernachlässigt)

Sparrenabstand: lichte Weite 50 cm, Dicke 8 cm $\rightarrow e = 50 + 8 = 58$ cm

(50 cm lichte Weite ist sinnvoll, um einfach eine handelsübliche Wärmedämmung mit 50 cm Breite einzubauen!)

Hinweis: Spitzboden hier nicht ausgebaut und nicht beheizt

Lastzusammenstellung

Eigenlast pro m² Dachfläche (DF)

Dachziegel und Lattung		0,55 kN/m²
Sparren (8/16)	0,064 · 1,00/0,58 =	0,11 kN/m²
Sonstiges (z. B. Unterspannbahn)	≈	0,04 kN/m²
	g_k =	0,70 kN/m² (DF)

Windlast pro m² Dachfläche

Geschwindigkeitsdruck (Tabelle **12.8**) $q = 0,50$ kN/m²

Außendruckbeiwerte (Tabelle **12.**11)

Wind 0°, Bereich H, $c = 0,40 + (0,60 - 0,40)/3 \cong 0,47$

(Bereiche F und G vernachlässigt)

Wind 90°, Bereich H, $c = -0,83$

Winddruck: $w_D = 0,47 \cdot 0,50 \cong 0,24$ kN/m² (DF)

Windsog: $w_S = -0,83 \cdot 0,50 \cong -0,42$ kN/m² (DF)

Schneelast pro m² Grundfläche (GF) (Tabellen **12.5** und **12.6**)

Auf dem Boden $s_k = 0{,}89$ kN/m²

Formbeiwert ($\alpha = 35°$) $\mu = 0{,}67$

$\rightarrow$ $s_k = 0{,}67 \cdot 0{,}89 = 0{,}60$ kN/m²(GF)

Mannlast (Personenlast) $Q_k = 1{,}00$ kN

Biegemomente pro Sparren (s. auch Bild **5.69**)

$e = 0{,}58$ m; $\alpha = 35°$; $\cos\alpha = 0{,}819$

Eigengewicht $$M_{Gk} = 0{,}58 \cdot \frac{\frac{0{,}70}{0{,}819} \cdot 2{,}55^2}{8} = 0{,}40 \text{ kNm}$$

Schnee $$M_{sk} = 0{,}58 \cdot \frac{0{,}60 \cdot 2{,}55^2}{8} = 0{,}28 \text{ kNm}$$

Winddruck $$M_{wDk} = 0{,}58 \cdot \frac{0{,}24 \cdot 3{,}12^2}{8} = 0{,}17 \text{ kNm}$$

Windsog $$M_{wSk} = 0{,}58 \cdot \frac{-0{,}42 \cdot 3{,}12^2}{8} = -0{,}30 \text{ kNm}$$

Mannlast $$M_{Qk} = \frac{1{,}00 \cdot 2{,}55}{4} = 0{,}64 \text{ kNm}$$

Bemessungsmoment (Windsog wirkt hier entlastend und ist somit nicht relevant.)

Kombination für ständige und vorübergehende Bemessungssituation für den Nachweis im Grenzzustand der Tragfähigkeit (GZT)

1. Kombination: Eigenlast und Mannlast

$$M_d = 1{,}35 \cdot 0{,}40 + 1{,}50 \cdot 0{,}64 = 1{,}50 \text{ kNm}$$

2. Kombination: Eigenlast sowie Schnee und Winddruck

$$M_d = 1{,}35 \cdot 0{,}40 + 1{,}50 \cdot 0{,}28 + 1{,}50 \cdot 0{,}60 \cdot 0{,}17 = 1{,}11 \text{ kNm}$$

3. Kombination: Eigenlast sowie Winddruck und Schnee

$$M_d = 1{,}35 \cdot 0{,}40 + 1{,}50 \cdot 0{,}17 + 1{,}50 \cdot 0{,}50 \cdot 0{,}28 = 1{,}01 \text{ kNm}$$

Hinweis: bei Schnee und Wind keine Mannlast (Dachdecker, Schornsteinfeger)

$\rightarrow$ Maßgebend wird die 1. Kombination $M_d = 1{,}50$ kNm.

Bemessung

Festigkeit $f_{\mathrm{d}} = \dfrac{f_{\mathrm{k}}}{2{,}17} = \dfrac{24}{2{,}17} = 11\dfrac{\mathrm{N}}{\mathrm{mm}^2} = 1{,}10\dfrac{\mathrm{kN}}{\mathrm{cm}^2}$

Moment $M_{\mathrm{d}} = 1{,}50\ \mathrm{kNm} = 150\ \mathrm{kNcm}$

Widerstandsmoment $\mathrm{erf}\ W_{\mathrm{y}} = \dfrac{M_{\mathrm{d}}}{f_{\mathrm{d}}} = \dfrac{150}{1{,}10} = 136\ \mathrm{cm}^3$

Durchbiegung (l/200, GZG, $\gamma = 1{,}00$)

$$\mathrm{erf}\ I_{\mathrm{y}} = 1{,}60 \cdot (208 \cdot 0{,}40 + 167 \cdot 0{,}64) \cdot 3{,}12 = 949\ \mathrm{cm}^4$$

Gewählt: **Sparren 8/16 VH C24**, $e = 0{,}58$ m
mit $W_{\mathrm{y}} = 341\ \mathrm{cm}^3 > 136\ \mathrm{cm}^3$ und $I_{\mathrm{y}} = 2731\ \mathrm{cm}^4 > 949\ \mathrm{cm}^4$

Position 2 Firstpfette

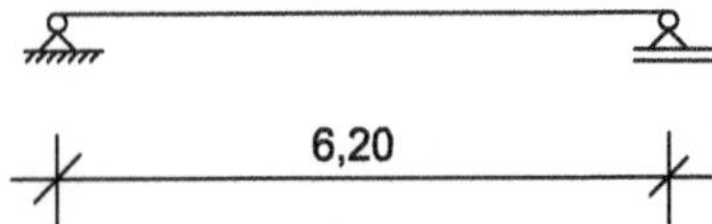

Bild 11.6 Statisches System Firstpfette (Dachüberstand vernachlässigt)

Die horizontale Belastung der Firstpfette wird durch die schräg stehenden Sparren auf die Fußpfetten übertragen und nicht weiter rechnerisch nachgewiesen!

Nur vertikale Belastung!

Eigengewicht Pfette (: 14 / 30) : $0{,}14 \cdot 0{,}30 \cdot 5{,}00$ = 0,21 kN/m

Aus Pos. 1 $0{,}70 \cdot \dfrac{3{,}12}{2} \cdot 2$ = 2,18 kN/m

g_{k} = 2,39 kN/m

Schnee aus Pos. 1 $0{,}60 \cdot \dfrac{2{,}55}{2} \cdot 2$ = 1,52 kN/m

Mannlast und Wind nicht maßgebend!

Biegemomente Eigengewicht $M_{Gk} = 2{,}39 \cdot \frac{6{,}20^2}{8} = 11{,}48 \text{ kNm}$

Schnee $M_{sk} = 1{,}53 \cdot \frac{6{,}20^2}{8} = 7{,}35 \text{ kNm}$

Bemessung

Festigkeit (Brettschichtholz) $f_d = \frac{f_k}{2{,}17} = \frac{28}{2{,}17} = 12{,}90 \frac{\text{N}}{\text{mm}^2} = 1{,}29 \frac{\text{kN}}{\text{cm}^2}$

Moment $M_d = 1{,}35 \cdot 11{,}48 + 1{,}50 \cdot 7{,}35 = 26{,}52 \text{ kNm} = 2652 \text{ kNcm}$

Widerstandsmoment $\text{erf } W_y = \frac{M_d}{f_d} = \frac{2652}{1{,}29} = 2056 \text{ cm}^3$

Durchbiegung (l/200, GZG, $\gamma = 1{,}0$, $\psi_{2,\text{ Schnee}} = 0{,}00$)

$$\text{erf } I_y = 1{,}60 \cdot 208 \cdot (11{,}48 + 0{,}00 \cdot 7{,}35) \cdot 6{,}20 = 23687 \text{ cm}^4$$

Gewählt: Firstpfette 14/30 BSH GL28

mit $W_y = 2100 \text{ cm}^3 > \text{erf } W_y = 2056 \text{ cm}^3$ und $I_y = 31500 \text{ cm}^4 > 23687 \text{ cm}^4$

Position 3 Holzbalkendecke des Spitzbodens (e = 0,58 m)

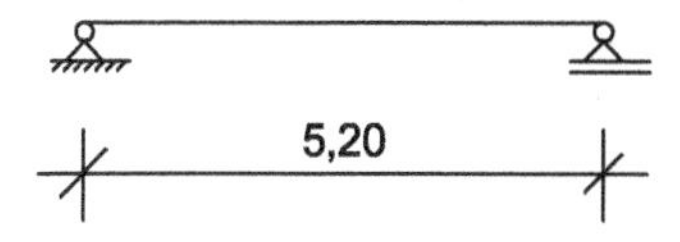

Bild 11.7 Statisches System Holzbalkendecke

Eigenlast:	Holzdielen (Laubholz, 3 cm)	$0{,}08 \cdot 3$	= 0,24 kN/m²
	Balken (Nadelholz 8/22)	$0{,}088 \cdot \frac{1{,}00}{0{,}58}$	= 0,15 kN/m²
	Wärmedämmung		≈ 0,20 kN/m²
	Unterdecke		≈ 0,24 kN/m²
		g_k	= 0,83 kN/m²
Nutzlast:	Spitzboden	q_k	= 1,00 kN/m²
oder			
Mannlast:		Q_k	= 1,00 kN

Belastung pro Balken

$$g_k = 0,58 \cdot 0,83 = 0,48 \text{ kN/m}$$
$$q_k = 0,58 \cdot 1,00 = 0,58 \text{ kN/m}$$
$$Q_k = 1,00 \text{ kN}$$

Auflagerkräfte Biegemomente

$$A_{gk} = 0,48 \cdot \frac{5,20}{2} = 1,25 \text{ kN} \qquad M_{gk} = 0,48 \cdot \frac{5,20^2}{8} = 1,62 \text{ kNm}$$
$$A_{qk} = 0,58 \cdot \frac{5,20}{2} = 1,51 \text{ kN} \qquad M_{qk} = 0,58 \cdot \frac{5,20^2}{8} = 1,96 \text{ kNm}$$
$$A_{Qk} = 1,0 \cdot \frac{1}{2} = 0,50 \text{ kN} \qquad M_{Qk} = 1,00 \cdot \frac{5,20}{4} = 1,30 \text{ kNm}$$

Bemessungsmoment

1. Kombination Eigenlast und Nutzlast

$$M_d = 1,35 \cdot 1,62 + 1,50 \cdot 1,96 = 5,13 \text{ kNm} \quad \text{(maßgebend)}$$

2. Kombination Eigenlast und Mannlast

$$M_d = 1,35 \cdot 1,62 + 1,50 \cdot 1,30 = 4,14 \text{ kNm}$$

Bemessung Festigkeit

$$f_d = \frac{f_k}{2,17} = \frac{24}{2,17} = 11 \frac{\text{N}}{\text{mm}^2} = 1,1 \frac{\text{kN}}{\text{cm}^2}$$

Moment

$$M_d = 5,13 \text{ kNm} = 513 \text{ kNcm}$$

Widerstandsmoment

$$\text{erf } W_y = \frac{M_d}{f_d} = \frac{513}{1,10} = 466 \text{ cm}^3$$

Durchbiegung (l/300)

$$\text{erf } I_y = 1,60 \cdot 313 \cdot (1,62 + 0,30 \cdot 1,96) \cdot 5,20 = 5750 \text{ cm}^4$$

Gewählt: 8/22 VH C24, $e = 0{,}58$ m
mit $W_y = 646 \text{ cm}^3 > 466 \text{ cm}^3$ und $I_y = 7098 \text{ cm}^4 > 5750 \text{ cm}^4$

Nachweis der Auflagerpressung

Bemessungsauflagerkraft:

1. Kombination Eigenlast und Nutzlast

$$A_d = 1,35 \cdot 1,25 + 1,50 \cdot 1,51 = 3,95 \text{ kN} \quad \text{(maßgebend)}$$

2. Kombination Eigenlast und Mannlast

$$A_d = 1,35 \cdot 1,25 + 1,50 \cdot 0,50 = 2,44 \text{ kN}$$

Abschätzung der Zusatzlasten aus dem Dach (Pos.1)

$$A_\mathrm{d} = 0,58 \cdot (1,35 \cdot 0,70 / 0,891 + 1,50 \cdot 0,60) \cdot (2,55 / 2 + : \ 0,40) = 1,90 \text{ kN}$$

Festigkeit $$f_\mathrm{d} = \frac{2,50}{2,17} = 1,15 \ \frac{\text{N}}{\text{mm}^2} = 0,115 \ \frac{\text{kN}}{\text{cm}^2}$$

Auflagerpressung $$\sigma_\mathrm{d} = \frac{3,95 + 1,90}{8 \cdot 10} = 0,073 \ \frac{\text{kN}}{\text{cm}^2} < f_\mathrm{d}$$

Position 4 Rähm zur Horizontalaussteifung

Ohne rechnerischen Nachweis konstruktiv nach Bild **11.8** gewählt.

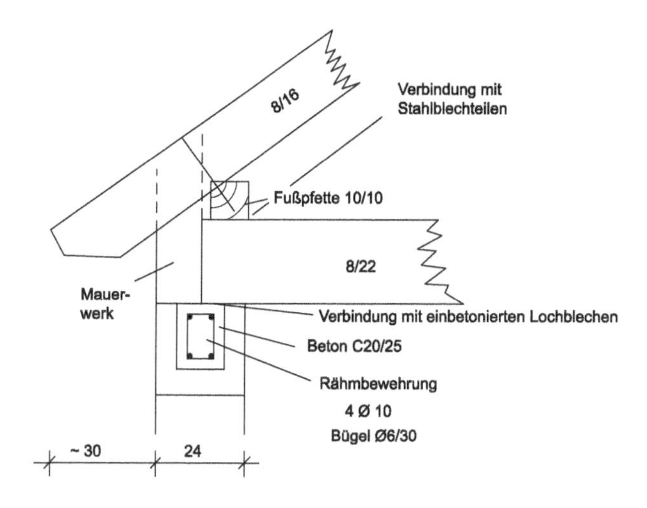

Bild 11.8 Rähm zur Horizontalaussteifung

Position 5 Stürze über Fensteröffnungen

Wird hier nicht nachgewiesen!

Position 6 Stahlbetondecke über dem Erdgeschoss $h = 22$ cm

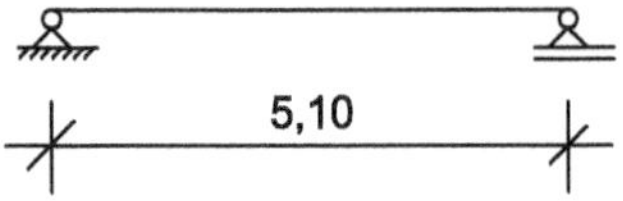

5,10

Bild 11.9 Statisches System

Stützweite $l = 5{,}01 + 2 \cdot 0{,}125 / 3 = 5{,}10$ m

Statische Höhe $d = h - c_{\text{nom}} - \varnothing / 2 = 22{,}00 - 2{,}00 - 1{,}00 / 2 = 19{,}50$ cm

$$d > \frac{l}{35} = \frac{510}{35} = 14{,}50 \text{ cm} \quad \text{und} \quad d > \frac{l^2}{15000} = \frac{510^2}{15000} = 17{,}30 \text{ cm}$$

Belastung	Stahlbeton	0,22 · 25 =	5,50 kN/m²
	4 cm Estrich	0,04 · 22 =	0,88 kN/m²
	Dämmung	≈	0,10 kN/m²
	Unterputz	≈	0,24 kN/m²
	Ständige Last	g_k =	6,72 kN/m²
	Trennwandzuschlag		0,80 kN/m²
	Nutzlast		1,50 kN/m²
	Nutzlast	q_k =	2,30 kN/m²

Bemessungsbelastung $1{,}35 \cdot 6{,}72 + 1{,}50 \cdot 2{,}30 = 12{,}52$ kN/m²

Bemessungsmoment $m_d = 12{,}52 \cdot \frac{5{,}10^2}{8} = 40{,}71 \ \frac{\text{kNm}}{\text{m}}$

Bemessung Beton C20/25 Betonstahlmatte B500

(Tabelle **12**.35) $$k_d = \frac{d[\text{cm}]}{\sqrt{m_d\left[\frac{\text{kNm}}{\text{m}}\right]}} = \frac{17{,}50}{\sqrt{40{,}71}} = 2{,}74 \rightarrow k_s = 2{,}48$$

$$\text{erf } a_s = k_s \cdot \frac{m_d\left[\frac{\text{kNm}}{\text{m}}\right]}{d[\text{cm}]} = 2{,}48 \cdot \frac{40{,}71}{19{,}50} = 5{,}18 \text{ cm}^2/\text{m}$$

Gewählt: Lagermatte R524 A mit 5,24 cm²/m

Position 7 Stahlbetonrandunterzug in der Erdgeschossdecke

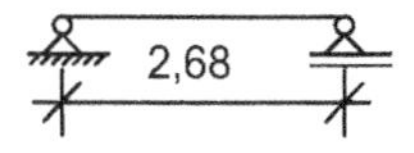

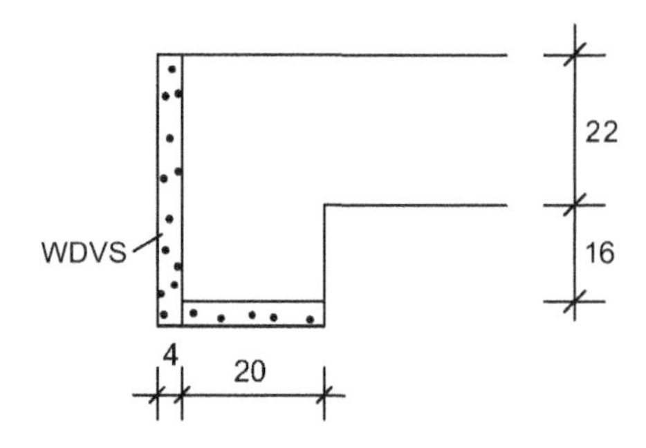

Bild 11.10 Statisches System und Querschnitt

Stützweite $l = 2,51 + 2 \cdot 0,25 / 3 = 2,68$ m

Statische Höhe

$d = h - c_{\text{nom}} - \varnothing_{\text{Bügel}} - \varnothing / 2 = 38,00 - 2,00 - 0,60 - 1,60 / 2 = 34,60 \text{ cm} \approx 34,00 \text{ cm}$

Belastung

Ständige Belastung	in kN/m		Veränderliche Belastung	in kN/m
Aus Pos. 1: $\frac{0,70}{0,891} \cdot \left(\frac{2,55}{2} + \sim 0,40 \right)$	=	1,32	Schnee $0,60 \cdot \left(\frac{2,55}{2} + \sim 0,40 \right)$	= 1,01
Aus Pos. 3: $0,83 \cdot \frac{5,20}{2}$	=	2,16	Nutzlast $1,00 \cdot \frac{5,20}{2}$	= 2,60
Mauerwerk: ≈ 0,24 · 3,00 · 18	=	12,96		
Putz: ≈ 2 · 0,02 · 3,00 · 20	=	2,40		
Aus Pos. 6: $6,22 \cdot \frac{5,10}{2} =$	=	15,86	Nutzlast $2,30 \cdot \frac{5,10}{2}$	= 5,87
Eigenlast ≈ 0,20 · 0,38 · 25	=	1,90		
g_k	=	36,60	q_k	= 9,48

Bemessungsbelastung:

$$1{,}35 \cdot 36{,}60 + 1{,}50 \cdot (2{,}60 + 5{,}87) + 1{,}50 \cdot 0{,}50 \cdot 1{,}01 = 62{,}87 \text{ kN/m}$$

Auflagerkraft $A_\text{d} = 62{,}87 \cdot \dfrac{2{,}68}{2} = 84{,}25 \text{ kN}$

Querkraft $V_\text{d} \approx 84{,}25 - 62{,}87 \cdot (0{,}25/3 + 0{,}34) = 57{,}60 \text{ kN}$

Biegemoment $M_\text{d} = 62{,}87 \cdot \dfrac{2{,}68^2}{8} = 56{,}40 \text{ kNm}$

Auflagerpressung $\sigma_\text{d} \approx \dfrac{84{,}25}{0{,}20 \cdot 0{,}25} = 1685 \dfrac{\text{kN}}{\text{m}^2} = 1{,}685 \dfrac{\text{MN}}{\text{m}^2} < f_\text{d}$

(Mauerwerk $f_\text{k} = 5{,}00 \dfrac{\text{MN}}{\text{m}^2}$) $f_\text{d} = 0{,}85 \cdot \dfrac{f_\text{k}}{1{,}50 \cdot 1{,}25} = \dfrac{5{,}00}{2{,}21} = 2{,}26 \dfrac{\text{MN}}{\text{m}^2}$

Biegebewehrung

Bei diesem Querschnitt – einem sogenannten einseitigen Plattenbalken – ist die obere Druckzone breiter, als der untere Steg. Dann darf man für die Breite bei der Biegebemessung einen größeren Wert als die Stegbreite ansetzen (die sogenannte mitwirkende Plattenbreite b_eff). Wir rechnen hier mit:

$$b_\text{eff} = 0{,}20 + \sim 0{,}30 = 0{,}50 \text{ m}$$

$$k_\text{d} = \frac{d[\text{cm}]}{\sqrt{\dfrac{M_\text{d}[\text{kNm}]}{b_\text{eff}[\text{m}]}}} = \frac{34{,}00}{\sqrt{\dfrac{56{,}40}{0{,}50}}} = 3{,}20 \rightarrow k_\text{s} = 2{,}41$$

$$\text{erf}\, A_\text{s}\left[\text{cm}^2\right] = k_\text{s} \cdot \frac{M_\text{d}[\text{kNm}]}{d[\text{cm}]} = 2{,}41 \cdot \frac{56{,}40}{34{,}00} = 4{,}00 \text{ cm}^2$$

Gewählt: **2 ∅ 16** mit 4,02 cm² > 4,00 cm² und für obere Montagestäbe **2 ∅ 10**

Schubbewehrung

$$k = 1 + \sqrt{\frac{200}{d}} \leq 2,00 \qquad (d \text{ in mm!})$$

$$= 1 + \sqrt{\frac{200}{340}} = 1,77 < 2,00 \rightarrow k = 1,77 \text{ (maßgebend)}$$

$$f_{ck} = 20 \text{ N/mm}^2; \quad b = 200 \text{ mm}; \quad d = 340 \text{ mm}$$

$$V_{min}[\text{N}] = 0,035 \cdot k \cdot \sqrt{k \cdot f_{ck}\left[\text{N/mm}^2\right]} \cdot b[\text{mm}] \cdot d[\text{mm}]$$

$$V_{min} = 0,035 \cdot 1,77 \cdot \sqrt{1,77 \cdot 20} \cdot 200 \cdot 340 = 25064 \text{ N} < V_d = 57600 \text{ N} \rightarrow$$

Es ist eine Schubbewehrung erforderlich!

$$\text{erf } a_{s,\text{Bügel}}\left[\frac{\text{cm}^2}{\text{m}}\right] = 0,0213 \cdot \frac{V_d[\text{N}]}{d[\text{mm}]} = 0,0213 \cdot \frac{57600}{340} = 3,61 \text{ cm}^2/\text{m}$$

Gewählt: **2-schnittige Bügel ∅ 6/14 cm** mit 4,00 cm²/m > 3,61 cm²/m

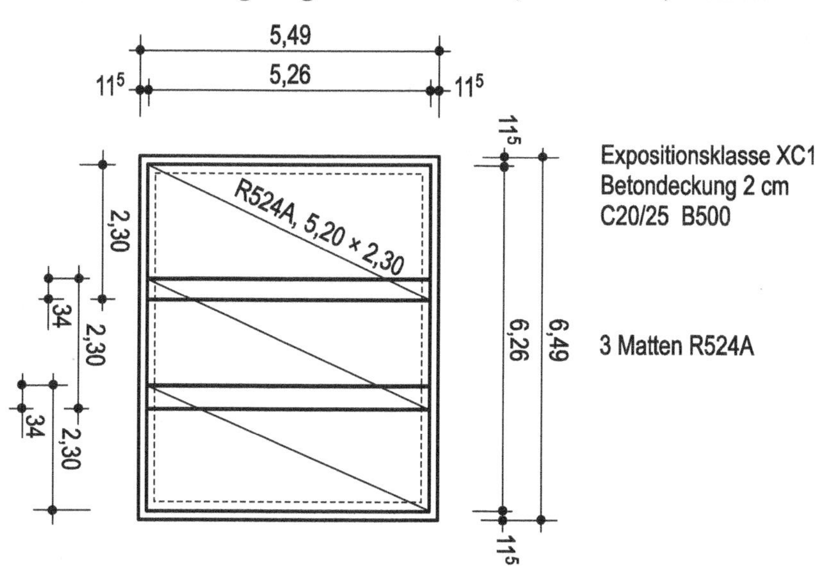

Bild 11.11 Untere Mattenlage der Erdgeschoßdecke

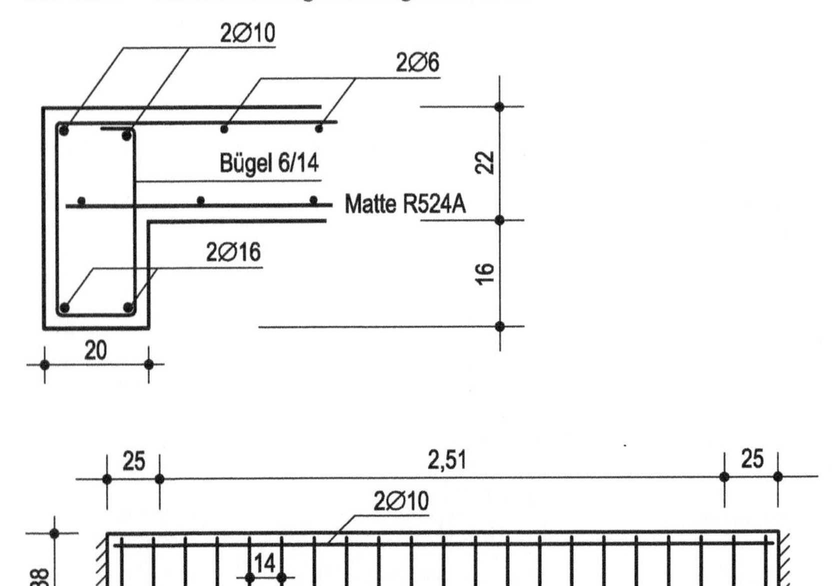

Bild 11.12 Bewehrungsskizze Stahlbetonrandunterzug

12 Anhang

12.1 Geometrie, Winkelfunktionen

Dreieck, allgemein

- Die Eckpunkte benennt man üblicherweise mit Großbuchstaben A, B und C in der Reihenfolge gegen den Uhrzeigersinn (s. Bild **12.**1a).
- Die den Eckpunkten gegenüberliegenden Seiten benennt man entsprechend mit Kleinbuchstaben a, b und c (s. Bild **12.**1a).
- Die Innenwinkel benennt man mit griechischen Buchstaben: Winkel α bei Eckpunkt A, β bei B und γ bei C (s. Bild **12.**1a).

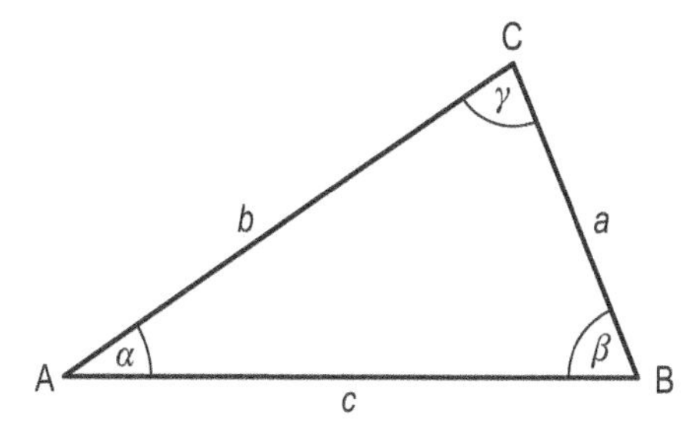

Bild 12.1a
Dreieck, allgemein

Rechtwinkliges Dreieck

- Ein rechtwinkliges Dreieck ist ein Dreieck mit einem rechten Winkel (s. Bild **12.**1b, Winkel γ).
- Als Ankathete (s. Bild **12.**1b, z. B. Seite b für Winkel α) bezeichnet man die Kathete, die zusammen mit der Hypotenuse (s. Bild **12.**1b, z. B. Seite c) den jeweils gerade betrachteten Winkel (s. Bild **12.**1b, Winkel α) einschließt und als Gegenkathete (s. Bild **12.**1b, Seite a für Winkel α) die dem Winkel gegenüberliegt.

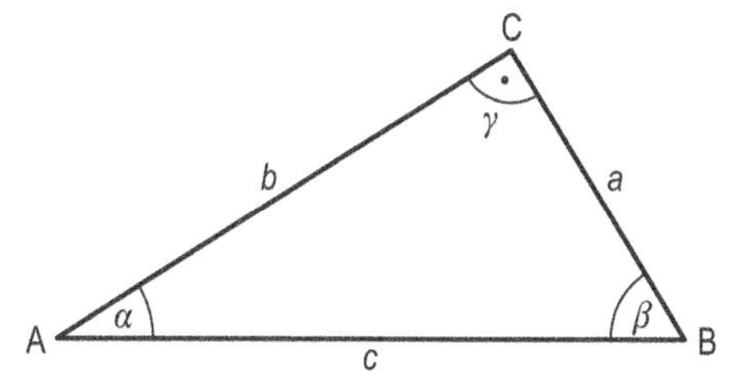

Bild 12.1b
Rechtwinkliges Dreieck

H. Herrmann und W. Krings, *Kleine Baustatik*,
https://doi.org/10.1007/978-3-658-30219-1

Für das in Bild **12.**1b dargestellte rechtwinklige Dreieck gilt:

- γ = 90° → rechter Winkel
- b → Ankathete zu Winkel α, aber auch Gegenkathete zu Winkel β
- a → Gegenkathete zu Winkel α, aber auch Ankathete zu Winkel β
- c → Hypotenuse

Sinus, Cosinus und Tangens beschreiben das Verhältnis von Seitenlängen in einem rechtwinkligen Dreieck.

Für das in Bild **12.**1b dargestellte rechtwinklige Dreieck gilt:

- $\sin\alpha = \frac{Gegenkathete}{Hypotenuse}$, hier dann: $\sin\alpha = \frac{a}{c}$
- $\cos\alpha = \frac{Ankathete}{Hypotenuse}$, hier dann: $\cos\alpha = \frac{b}{c}$
- $\tan\alpha = \frac{Gegenkathete}{Ankathete}$, hier dann: $\tan\alpha = \frac{a}{b}$
- $\cot\alpha = \frac{Ankathete}{Gegenkathete}$, hier dann: $\cot\alpha = \frac{b}{a}$ oder $\cot\alpha = \frac{1}{\tan a}$
- $\cos\beta = \frac{a}{c}$, hier liegt dann die Seite a am Winkel β an, ist somit für β die Ankathete.

Satz des Pythagoras

In einem rechtwinkligen Dreieck ist die Summe der Katheten-Quadrate gleich dem Quadrat der Hypotenuse. Für das in Bild **12.**1b dargestellte rechtwinklige Dreieck gilt dann entsprechend:

$$a^2 + b^2 = c^2$$

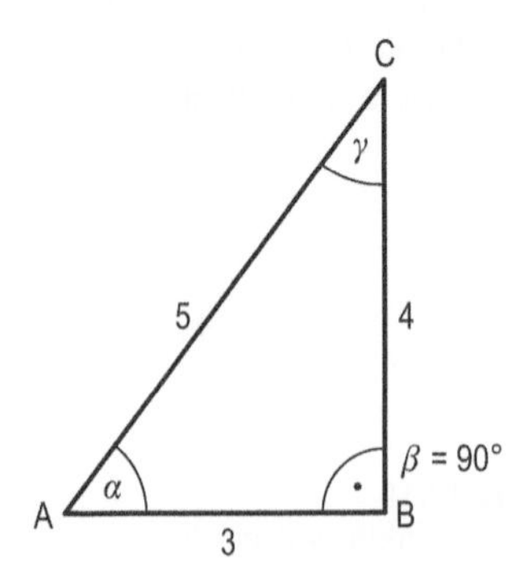

Bild 12.1c
Beispiel eines rechtwinkligen Dreiecks

Winkelfunktionen

$\sin\alpha = \frac{4}{5} = 0,8 \quad \rightarrow \alpha = 53,13°$

$\cos\alpha = \frac{3}{5} = 0,6 \quad \rightarrow \alpha = 53,13°$

$\tan\alpha = \frac{4}{3} = 1,333 \quad \rightarrow \alpha = 53,13°$

$\sin\gamma = \frac{3}{5} = 0,6 \quad \rightarrow \gamma = 36,87°$

$\cos\gamma = \frac{4}{5} = 0,8 \quad \rightarrow \gamma = 36,87°$

$\tan\alpha = \frac{3}{4} = 0,75 \quad \rightarrow \gamma = 36,87°$

Satz des Pythagoras

$3^2 + 4^2 = 5^2 \quad \rightarrow \sqrt{3^2 + 4^2} = 5$

und durch Formelumstellung z. B.:

$3^2 = 5^2 - 4^2 \quad \rightarrow 3 = \sqrt{5^2 - 4^2}$

12.2 Lastannahmen

Man unterscheidet in Eigenlast und in Nutzlast.

Eigenlast ist die Summe der ständig vorhandenen unveränderlichen Einwirkungen (Lasten), also das Gewicht der tragenden oder stützenden Bauteile und der unveränderlichen, von den tragenden Bauteilen dauernd aufzunehmenden Lasten (z. B. Fußbodenbeläge, Estrich, Putz und dgl.).

Nutzlast ist die veränderliche oder bewegliche Einwirkung auf das Bauteil (z. B. Personen, Einrichtungsgegenstände wie Möbel, unbelastete leichte Trennwände, Lagerstoffe, Maschinen, Fahrzeuge).

Tabelle 12.1 Eigenlasten von Baustoffen, Bauteilen und Lagerstoffen

Beton

Baustoff/Gegenstand	**Wichte in kN/m³**
Normalbeton	24,00
Stahlbeton	25,00

Mörtel

Baustoff/Gegenstand	**Wichte in kN/m³**
Zementmörtel	23,00
Gipsmörtel	18,00
Kalkzementmörtel	20,00
Kalkmörtel	18,00

Mauerwerk aus künstlichen Steinen

Rohdichte	**Wichte in kN/m³**
0,31 – 0,35	5,50
0,36 – 0,40	6,00
0,41 – 0,45	6,50
0,46 – 0,50	7,00
0,51 – 0,55	7,50
0,56 – 0,60	8,00
0,61 – 0,65	8,50
0,66 – 0,70	9,00
0,71 – 0,75	9,50
0,76 – 0,80	10,00
0,81 – 0,90	11,00
0,91 – 1,00	12,00
1,01 – 1,20	14,00
1,21 – 1,40	16,00
1,41 – 1,60	16,00
1,61 – 1,80	18,00
1,81 – 2,00	20,00
2,01 – 2,20	22,00
2,21 – 2,40	24,00

Die Werte schließen den Fugenmörtel und die übliche Feuchte mit ein. Bei Mauersteinen mit einer Rohdichte ≤ 1,4 dürfen bei Verwendung von Leicht- und Dünnbettmörtel die o. g. charakteristischen Werte um 1,0 kN/m³ vermindert werden.

Metalle

Baustoff/Gegenstand	**Wichte in kN/m³**
Aluminium	27,00
Aluminiumlegierung	28,00
Blei	114,00
Bronze	85,00
Kupfer-Zink-Legierung	85,00
Kupfer-Zinn-Legierung	85,00
Gusseisen	72,50
Kupfer	89,00
Magnesium	18,50
Messing	85,00
Nickel	89,00
Schmiedeeisen	76,00
Stahl	78,50
Zink	72,00
Zinn	74,00

Holz

Baustoff/Gegenstand	**Wichte in kN/m³**
Nadelholz	5,00 – 6,00
Laubholz	8,00

Holzwerkstoffe

Baustoff/Gegenstand		**Wichte in kN/m³**
Sperrholz	– Weichholz-Sperrholz	5,00
	– Birken-Sperrholz	7,00
	– Laminate und Tischlerplatten	4,50
Spannplatten	– Spannplatten	7,00 – 8,00
	– Zementgebundene Spannplatten	12,00
	– Sandwichplatten	7,00
Holzfaserplatten	– Hartfaserplatten	10,00
	– Faserplatten mittlerer Dichte	8,00
	– Leichtfaserplatten	4,00

Fußboden- und Wandbeläge

Baustoff/Gegenstand	**Flächenlast je cm Dicke [kN/m²/cm]**
Asphaltbeton	0,24
Asphaltmastix	0,18
Gussasphalt	0,23
Betonwerksteinplatten, Terrazzo, kunstharzgebundene Werksteinplatten	0,24
Estrich	
– Calciumsulfatestrich (z. B. Anhydritestrich)	0,22
– Gipsestrich	0,22
– Gussasphaltestrich	0,23
– Industrieestrich	0,24
– Kunstharzestrich	0,22
– Zementestrich	0,22
Gipskartonplatten (Wandbauplatten)	0,09
Glasscheiben	0,25
Acrylscheiben	0,12
Gummi	0,15
Keramische Wandfliesen (Steingut einschließlich Verlegemörtel)	0,19
Keramische Bodenfliesen (Steinzeug- und Spaltplatten einschließlich Verlegemörtel)	0,22
Kunststoff-Fußbodenbelag	0,15
Linoleum	0,13
Natursteinplatten (einschließlich Verlegemörtel)	0,30
Teppichboden	0,03

Sperr-, Dämm- und Füllstoffe

Baustoff/Gegenstand	**Flächenlast je cm Dicke [kN/m²/cm]**
Bimskies, geschüttet	0,07
Blähperlit, geschüttet	0,01
Blähschiefer und Blähton, geschüttet	0,15
Faserdämmstoffe, geschüttet	0,01
Hochofenschaumschlacke, Steinkohlenschlacke, Koksasche, geschüttet	0,14
Hochofenschlackesand, geschüttet	0,10
Schaumkunststoffe, geschüttet	0,01

Baustoff/Gegenstand	Flächenlast je cm Dicke [kN/m²/cm]
Asphaltplatten	0,22
Holzwolle-Leichtbauplatten	0,06
Kieselgurplatten	0,03
Perliteplatten	0,02
Polyurethan-Ortschaum-Platten	0,01
Schaumglas mit Pappkaschierung und Verklebung	0,02
Schaumkunststoffplatten	0,004

Dachdeckungen

Baustoff/Gegenstand	Flächenlast [kN/m²]
Falzziegel, Reformpfannen, Falzpfannen, Flachdachpfannen	0,55
Falzziegel, Reformpfannen, Falzpfannen, Flachdachpfannen, alle einschließlich Vermörtelung	0,65
Mönch- und Nonnenziegel mit Vermörtelung	0,90
Strangfalzziegel	0,60
Schiefereindeckung, einschließlich Vordeckung und Schalung	0,50
Faserzement-Dachplatten, einschließlich Vordeckung und Schalung	0,40
Wellblechdach (verzinkte Stahlbleche, einschließlich Befestigungsmaterial)	0,25
Rohr- und Strohdach, einschließlich Lattung	0,70
Schindeldach, einschließlich Lattung	0,25
Zeltleinwand, ohne Tragwerk	0,03
Bitumen-Dichtungsbahn, einschließlich Klebemasse, je Lage	0,06
Dachabdichtungen und Bauwerksabdichtungen aus Kunststoffbahnen, lose verlegt, je Lage	0,02
Kiesschüttung, Dicke 5 cm	1,00

Tabelle 12.2 Lotrechte Nutzlasten für Decken, Treppen und Balkone

1		2	3	4	5
Kategorie		**Nutzung**	**Beispiele**	q_k [kN/m²]	Q_k [kN]
A	A1	Spitzböden	Für Wohnzwecke nicht geeigneter, aber zugänglicher Dachraum bis 1,80 m lichter Höhe	1,0	1,0
	A2	Wohn- und Aufenthaltsräume	Decken mit ausreichender Querverteilung der Lasten, Räume und Flure in Wohngebäuden, Bettenräume in Krankenhäusern, Hotelzimmer einschl. zugehöriger Küchen und Bäder	1,5	–
	A3		wie A2, aber ohne ausreichende Querverteilung der Lasten	2,0	1,0
B	B1	Büroflächen, Arbeitsflächen, Flure	Flure in Bürogebäuden, Büroflächen, Arztpraxen ohne schweres Gerät, Stationsräume, Aufenthaltsräume einschl. der Flure, Kleinviehställe	2,0	2,0
	B2		Flure und Küchen in Krankenhäusern, Hotels, Altenheimen, Flure in Internaten usw.; Behandlungsräume in Krankenhäusern, einschl. Operationsräume ohne schweres Gerät; Kellerräume in Wohngebäuden	3,0	3,0
	B3		Alle Beispiele von B1 und B2, jedoch mit schwerem Gerät	5,0	4,0
C	C1	Räume, Versammlungsräume und Flächen, die der Ansammlung von Personen dienen können (mit Ausnahme von unter A, B, D und E festgelegten Kategorien)	Flächen mit Tischen; z. B. Kindertagesstätten, Kinderkrippen, Schulräume, Cafés, Restaurants, Speisesäle, Lesesäle, Empfangsräume, Lehrerzimmer	3,0	4,0
	C2		Flächen mit fester Bestuhlung; z. B. Flächen in Kirchen, Theatern oder Kinos, Kongresssäle, Hörsäle, Wartesäle	4,0	4,0
	C3		Frei begehbare Flächen; z. B. Museumsflächen, Ausstellungsflächen, Eingangsbereiche in öffentlichen Gebäuden, Hotels, nicht befahrbare Hofkellerdecken, sowie die zur Nutzungskategorie C1 bis C3 gehörige Flure	5,0	4,0
	C4		Sport- und Spielflächen; z. B. Tanzsäle, Sporthallen, Gymnastik- und Kraftsporträume, Bühnen	5,0	7,0

1		2	3	4	5
Kategorie		**Nutzung**	**Beispiele**	q_k [kN/m²]	Q_k [kN]
	C5		Flächen für große Menschenansammlungen; z. B. in Gebäuden wie Konzertsäle, Terrassen und Eingangsbereiche sowie Tribünen mit fester Bestuhlung	5,0	4,0
	C6		Flächen mit regelmäßiger Nutzung durch erhebliche Menschenansammlungen, Tribünen ohne feste Bestuhlung	7,5	10,0
D	D1	Verkaufsräume	Flächen von Verkaufsräumen bis 50 m² Grundfläche in Wohn-, Büro und vergleichbaren Gebäuden	2,0	2,0
	D2		Flächen in Einzelhandelsgeschäften und Warenhäusern	5,0	4,0
	D3		Flächen wie D2, jedoch mit erhöhten Einzellasten infolge hoher Lagerregale	5,0	7,0
E	E1.1	Lager, Fabriken und Werkstätten, Ställe, Lagerräume und Zugänge	Flächen in Fabriken und Werkstätten mit leichtem Betrieb und Flächen in Großviehställen	5,0	4,0
	E1.2		Allgemeine Lagerflächen, einschließlich Bibliotheken	6,0	7,0
	E2.1		Flächen in Fabriken und Werkstätten mit mittlerem oder schwerem Betrieb	7,5	10,0
T	T1	Treppen und Treppenpodeste	Treppen und Treppenpodeste in Wohngebäuden, Bürogebäuden und von Arztpraxen ohne schweres Gerät	3,0	2,0
	T2		Alle Treppen und Treppenpodeste, die nicht in T1 oder T3 eingeordnet werden können	5,0	2,0
	T3		Zugänge und Treppen von Tribünen ohne feste Sitzplätze, die als Fluchtweg dienen	7,5	3,0
Z		Zugänge, Balkone und Ähnliches	Dachterrassen, Laubengänge, Loggien usw., Balkone, Ausstiegspodeste	4,0	2,0

Trennwandzuschlag:

Statt eines genauen Nachweises darf der Einfluss leichter unbelasteter Trennwände bis zu einer Höchstlast von 5 kN/m Wandlänge durch einen gleichmäßig verteilten Zuschlag zur Nutzlast (Trennwandzuschlag) berücksichtigt werden. Hiervon ausgenommen sind Wände, die parallel zu den Balken von Decken ohne ausreichende Querverteilung stehen.

Als Zuschlag zur Nutzlast ist bei den Wänden, die einschließlich des Putzes höchstens eine Last von 3 kN/m Wandlänge erbringen, mindestens 0,80 kN/m², bei Wänden, die mehr als eine Last von 3 kN/m und von höchstens 5 kN/m Wandlänge erbringen, mindestens 1,20 kN/m² anzusetzen. Bei Nutzlasten von 5 kN/m² und mehr ist dieser Zuschlag nicht erforderlich.

Für horizontale Nutzlasten q_k infolge von Personen auf Brüstungen, Geländern und anderen Konstruktionen, die als Absperrung dienen:

Tabelle 12.3 Horizontale Lasten auf z. B. Absturzsicherungen

Belastete Fläche nach Kategorie	**Horizontale Nutzlast q_k in kN/m**
A, B1, H, F1 bis F4, T1, Z	0,50
B2, B3, C1 bis C4, D, E1.1, E1.2, E2.1 bis E2.5, FL1 bis FL6, HC, T2, Z	1,00
C5, C6, T3	2,00

Schneelast

Die Schneelast s auf einer Dachfläche ist in Abhängigkeit von der Dachform, Formbeiwert μ, und der charakteristischen Schneelast s_k bezogen auf den Boden zu ermitteln. Schneelasten sind stets senkrecht zum Boden (senkrecht zur horizontalen Ebene) anzunehmen.

$$s = \mu \cdot s_k$$

Tabelle 12.4 Schneelastzonenkarte

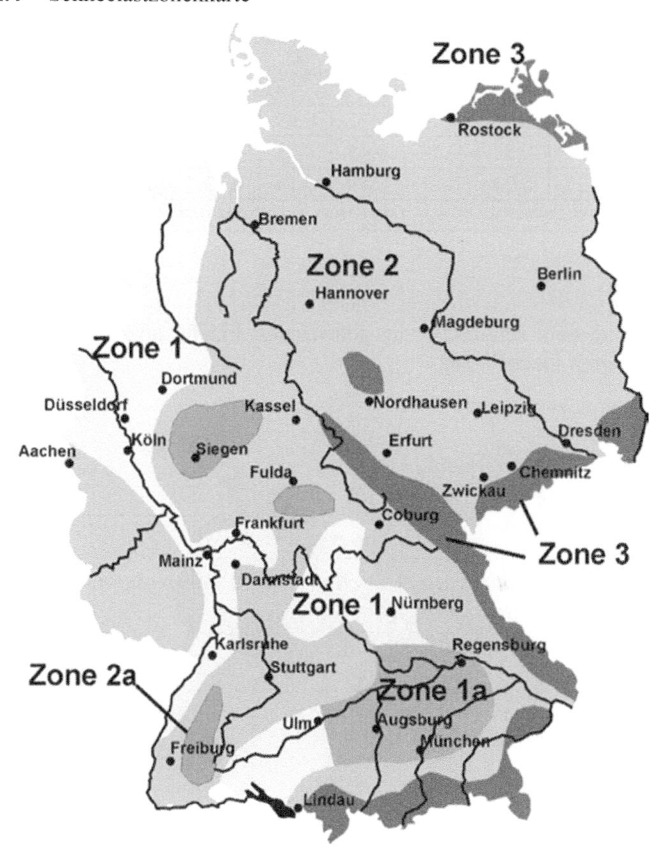

Tabelle 12.5 Charakteristische Schneelasten s_k auf dem Boden in kN/m²

Schnee-lastzone	**Geländehöhe über NN in m**									
	200	**300**	**400**	**500**	**600**	**700**	**800**	**900**	**1000**	**1100**
1	0,65	0,65	0,65	0,84	1,05	1,30	1,58			
1a	0,81	0,81	0,81	1,04	1,32	1,63	1,98	2,37		
2	0,85	0,89	1,21	1,60	2,06	2,58	3,17	3,83	4,55	5,33
2a	1,06	1,11	1,52	2,01	2,58	3,23	3,96	4,78	5,68	6,67
3	1,10	1,29	1,78	2,37	3,07	3,86	4,76	5,76	6,86	8,06

In Zone 3 können für bestimmte Lagen (z. B. Oberharz, Hochlagen des Fichtelgebirges, Reit im Winkl, Obernach/Walchensee) höhere Werte als nach der oben angegebenen Gleichung maßgebend sein.

Tabelle 12.6 Formbeiwerte μ für flach geneigte Dächer in Abhängigkeit von der Dachneigung

Dachneigung	0°	1°	2°	3°	4°	5°	6°	7°	8°	9°
0 bis 30°	0,80									
30°	0,80	0,77	0,75	0,72	0,69	0,67	0,64	0,61	0,59	0,56
40°	0,53	0,51	0,48	0,45	0,43	0,40	0,37	0,35	0,32	0,29
50°	0,27	0,24	0,21	0,19	0,16	0,13	0,11	0,08	0,05	0,03
60°	0									

Windlasten

Windlasten sind stets senkrecht zur getroffenen Fläche anzunehmen, z. B. senkrecht zur geneigten Dachfläche.

Tabelle 12.7 Windzonenkarte

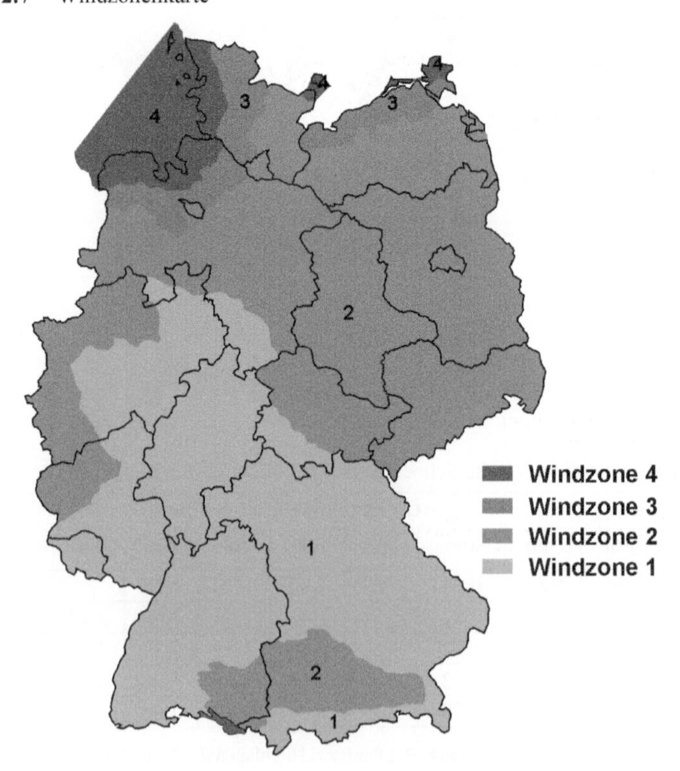

Winddruck w ist die auf 1 m² Bauteilfläche wirkende Windkraft in kN und damit der für die Berechnung einzelner Bauteile (z. B. Dächer) maßgebende Wert. Die Berechnungsformel lautet:

$$w = c \cdot q \qquad \text{in kN/m}^2$$

q = Geschwindigkeitsdruck des Windes in kN/m² nach Tabelle **12.8**; er richtet sich nach der Gebäudehöhe.

c_p = Druckbeiwert (ohne Einheit); er richtet sich nach Gebäudeform und Anströmrichtung (Tabelle **12.9** bis **12.11**). Positive Werte gelten als Winddruck, negative als Windsog.

Tabelle 12.8 Geschwindigkeitsdruck q bis 25 m Höhe

Windzone		Geschwindigkeitsdruck q in [kN/m²] bei einer Gebäudehöhe h in den Grenzen von		
		$h \leq 10$ m	10 m < $h \leq 18$ m	18 m < $h \leq 25$ m
1	Binnenland	0,50	0,65	0,75
2	Binnenland	0,65	0,80	0,90
	Küste[1] und Inseln der Ostsee	0,85	1,00	1,10
3	Binnenland	0,80	0,95	1,10
	Küste[1] und Inseln der Ostsee	1,05	1,20	1,30
4	Binnenland	0,95	1,15	1,30
	Küste[1] der Nord- und Ostsee und Inseln der Ostsee	1,25	1,40	1,55
	Inseln der Nordsee bis 10 m Höhe	1,40	–	–

[1] Zur Küste zählt ein 5 km breiter Streifen, der entlang der Küste verläuft und landeinwärts gerichtet ist.

Tabelle 12.9 Außendruckbeiwerte c für Flachdächer > 10 m²
Dachneigung < 5° und scharfkantiger Traufbereich

Bereich	F	G	H	I
	–1,8	–1,2	–0,7	–0,6/+0,2

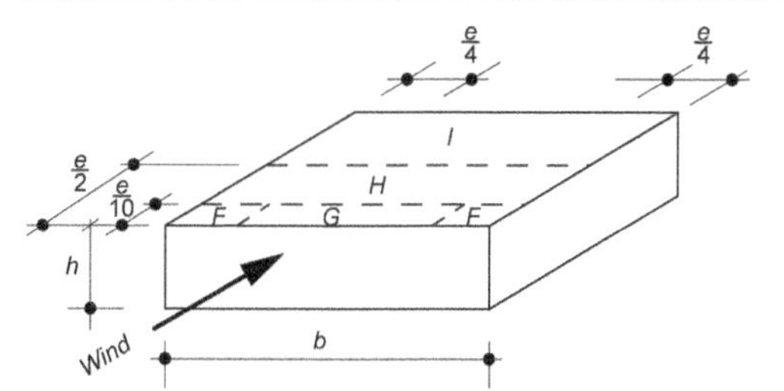

+ Druck – Sog
$e = b$ oder $2h$ (kleinerer Wert ist maßgebend)

Tabelle 12.10 Außendruckbeiwerte c für Pultdächer > 10 m²

Wind-richtung	0°			90°					180°		
Bereich	**F**	**G**	**H**	**F_{hoch}**	**F_{tief}**	**G**	**H**	**I**	**F**	**G**	**H**
α = 5°	–1,7	–1,2	–0,6/ +0,2	–2,1	–2,1	–1,8	–0,6	–0,6/ +0,2	–2,3	–1,3	–0,8
α = 10°	–1,3	–1,0	–0,4/ +0,2	–2,2	–1,8	–1,8	–0,7	–0,6/ +0,2	–2,4	–1,3	–0,8
α = 15°	–0,9/ +0,2	–0,8/ +0,2	–0,3/ +0,2	–2,4	–1,6	–1,9	–0,8	–0,7/ –1,2	–2,5	–1,3	–0,8
α = 30°	–0,5/ +0,7	–0,5/ +0,7	–0,2/ +0,4	–2,1	–1,3	–1,5	–1,0	–0,8/ –1,2	–1,1	–0,8	–0,8
α = 45°	+0,7	+0,7	+0,6	–1,5	–1,3	–1,4	–1,0	–0,9/ –1,2	–0,6	–0,5	–0,7
α = 60°	+0,7	+0,7	+0,7	-1,2	-1,2	-1,2	-1,0	-0,7/ -1,2	-0,5	-0,5	-0,5
α = 75°	+0,8	+0,8	+0,8	-1,2	-1,2	-1,2	-1,0	-0,5	-0,5	-0,5	-0,5

Zwischenwerte linear interpolieren!

\+ Druck – Sog

$e = b$ oder $2h$ (kleinerer Wert ist maßgebend)

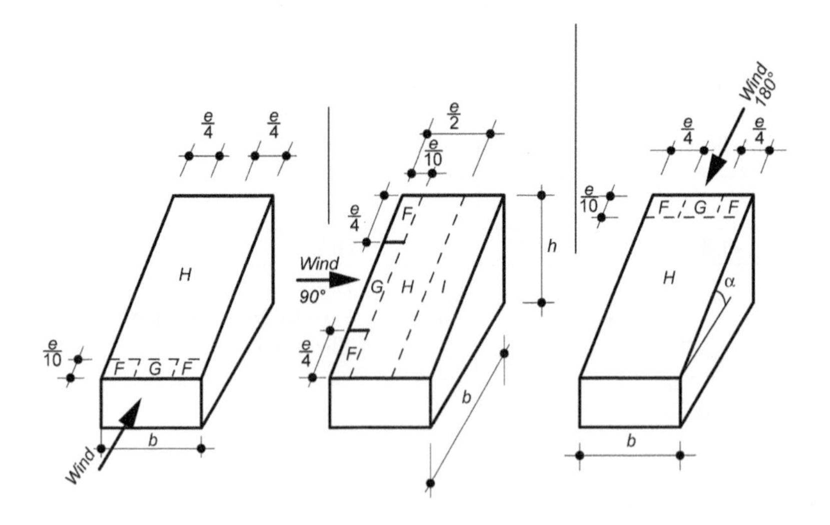

Tabelle 12.11 Außendruckbeiwerte c für Satteldächer > 10 m²

Wind-richtung	0°					90°			
Bereich	F	G	H	I	J	F	G	H	I
α = 5°	–1,7	–1,2	–0,6	–0,6/ +0,2	–0,6/ +0,2	–1,6	–1,3	–0,7	–0,6/ +0,2
α = 10°	–1,3	–1,0	–0,4	–0,5/ +0,2	–0,8	–1,4	–1,3	–0,6	–0,6/ +0,2
α = 15°	–0,9/ +0,2	–0,8/ +0,2	–0,3/ +0,2	–0,4	–1,0	–1,3	–1,3	–0,6	–0,5
α = 30°	–0,5/ +0,7	–0,5/ +0,7	–0,2/ +0,4	–0,4	–0,5	–1,1	–1,4	–0,8	–0,5
α = 45°	+0,7	+0,7	+0,6	–0,4	–0,5	–1,1	–1,4	–0,9	–0,5
α = 60°	+0,7	+0,7	+0,7	–0,4	–0,5	–1,1	–1,2	–0,8	–0,5
α = 75°	+0,8	+0,8	+0,8	–0,4	–0,5	–1,1	–1,2	–0,8	–0,5

Zwischenwerte linear interpolieren, sofern das Vorzeichen nicht wechselt!

+ Druck – Sog

$e = b$ oder $2h$ (kleinerer Wert ist maßgebend)

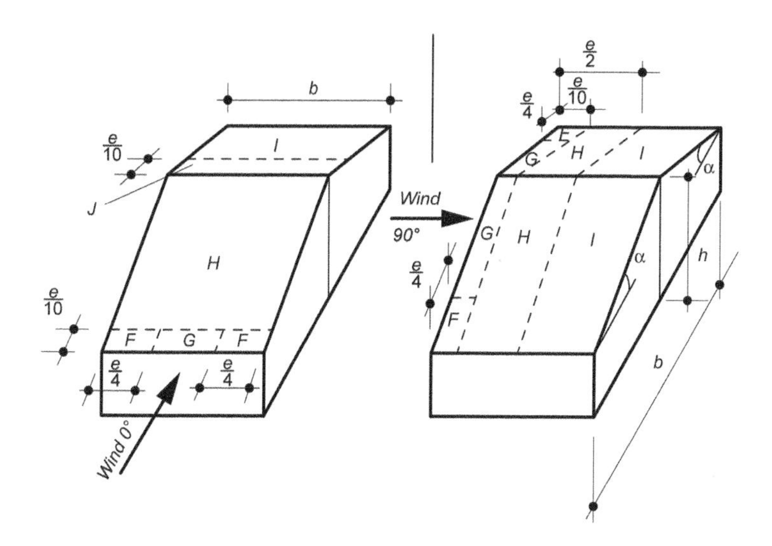

12.3 Mauerwerk

Tabelle 12.12 Charakteristische Druckfestigkeitswerte f_k in N/mm² von Einsteinmauerwerk mit Normalmörtel aus Hochlochziegeln, Kalksandlochsteinen oder Hohlblocksteinen

Steindruckfestigkeitsklasse	Mörtelgruppe NM			
	II	IIa	III	IIIa
4	2,1	2,4	2,9	–
6	2,7	3,1	3,7	–
8	3,1	3,9	4,4	–
10	3,5	4,5	5,0	5,6
12	3,9	5,0	5,6	6,3
16	4,6	5,9	6,6	7,4
20	5,3	6,7	7,5	8,4
28	5,3	6,7	9,2	10,3
36	5,3	6,7	10,2	11,9
48	5,3	6,7	12,2	14,1
60	5,3	6,7	14,3	16,0

Tabelle 12.13 Charakteristische Druckfestigkeitswerte f_k in N/mm² von Einsteinmauerwerk mit Normalmörtel aus Vollziegeln, Kalksandvollsteinen oder Blocksteinen

Steindruckfestigkeitsklasse	Mörtelgruppe NM			
	II	IIa	III	IIIa
4	2,8	–	–	–
6	3,6	4,0	–	–
8	4,2	4,7	–	–
10	4,8	5,4	6,0	–
12	5,4	6,0	6,7	7,5
16	6,4	7,1	8,0	8,9
20	7,2	8,1	9,1	10,1
28	8,8	9,9	11,0	12,4
36	10,2	11,4	12,6	14,1
48	10,2	11,4	14,4	16,2
60	10,2	11,4	14,4	16,2

12.4 Baugrund

Tabelle 12.14 Bemessungswert des Sohlwiderstandes in kN/m² für Streifenfundamente auf nicht bindigen und schwach feinkörnigen Böden

Bauwerk		**Setzungsempfindlich**						**Setzungsunempfindlich**			
Breite des Streifenfundaments *b* in m		0,5	1	1,5	2	2,5	3	0,5	1	1,5	2
Einbindetiefe *t* in m	0,5	280	420	460	390	350	310	280	420	560	700
	1	380	520	500	430	380	340	380	520	660	800
	1,5	480	620	550	480	410	360	480	620	760	900
	2	560	700	590	500	430	390	560	700	840	980
bei kleinen Bauwerken		210 mit Breiten ≧0,3 m und Gründungstiefen 0,3 m ≦ *t* ≦ 0,5 m									

Erhöhung der Tabellenwerte um 20 % bei Rechteckfundamenten mit einem Seitenverhältnis *a*/*b* < 2 und bei Kreisfundamenten.

Tabelle 12.15 Bemessungswert des Sohlwiderstandes in kN/m² für Streifenfundamente bei bindigem und gemischtkörnigem Baugrund

Bodenart		**Reiner Schluff**	**Gemischtkörniger Boden, der Korngrößen vom Ton- bis in den Sand-, Kies- oder Steinbereich enthält**			**Tonig-schluffiger Boden**			**Fetter Ton**		
Konsistenz		steif bis halbfest	steif	halbfest	fest	steif	halbfest	fest	steif	halbfest	fest
Einbindetiefe *t* in m	0,5	180	210	310	460	170	240	390	130	200	280
	1	250	250	390	530	200	290	450	150	250	340
	1,5	310	310	460	620	220	350	500	180	290	380
	2	350	350	520	700	250	390	560	210	320	420

Voraussetzungen für den Regelfall bei der Benutzung von

1. Bindiger Boden von mindestens steifem Zustand.
2. Allmähliche Lastaufbringung bei steifer Konsistenz.
3. Verträglichkeit der Setzungen von 2 bis 4 cm für das Bauwerk.

Erhöhung der Tabellenwerte um 20 % bei Rechteckfundamenten mit einem Seitenverhältnis *a*/*b* < 2 und bei Kreisfundamenten.

Abminderung der Tabellenwerte um 10 % je m zusätzlicher Fundamentbreite bei Fundamentbreiten zwischen 2 und 5 m.

Tabelle 12.16 Mindestwerte für $\tan\alpha = \frac{h_F}{a}$ bei unbewehrten Betonfundamenten nach EC2

Betonfestigkeitsklasse	**Bemessungswert Sohlwiderstand σ_d in kN/m²**				
	140	280	420	560	700
C 12/15	1,00	1,37	1,67	1,93	2,16
C 16/20	1,00	1,26	1,54	1,78	1,99
C 20/25	1,00	1,17	1,43	1,66	1,85
C 25/30	1,00	1,07	1,31	1,51	1,69
C 30/37	1,00	1,02	1,24	1,44	1,60
≥ C 35/45	1,00	1,00	1,19	1,37	1,53

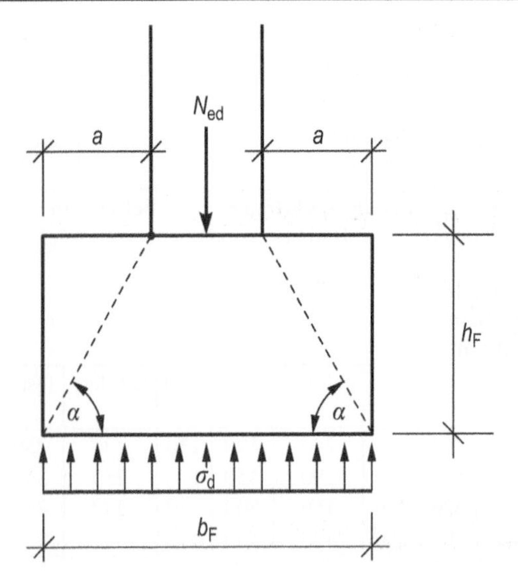

12.5 Bauholz

Tabelle 12.17a Rechenwerte der charakteristischen Kennwerte f_k für Nadelholz mit rechteckigem Querschnitt nach EC5

Holzarten z. B. Fichte, Tanne, Kiefer, Lärche, Douglasie					
Festigkeitsklasse	**C16**	**C24**	**C30**	**C35**	**C40**
Sortierklasse nach DIN 4074-1	S7/ C16M	S10/ C24M	S13/ C30M	C35M	C40M
Festigkeitskennwerte in N/mm²					
Biegung	16	24	30	35	40
Zug ǁ Faser	8,5	14,5	19	22,5	26
Zug ⊥ Faser			0,4		
Druck ǁ Faser	17	21	24	25	27
Druck ⊥ Faser	2,2	2,5	2,7	2,7	2,8
Schub	3,2	4,0	4,0	4,0	4,0

Tabelle 12.17b Rechenwerte der charakteristischen Kennwerte f_k für Laubvollholz mit rechteckigem Querschnitt nach EC5

Festigkeitsklasse	**D30**	**D35**	**D40**	**D60**
Holzarten (Handelsname)	Eiche,	Buche	Buche	
Sortierklasse nach DIN 4074-5	LS10	LS10	LS13	–
Festigkeitskennwerte in N/mm²				
Biegung	30	35	40	60
Zug ǁ Faser	18	21	24	36
Zug ⊥ Faser		0,6		
Druck ǁ Faser	24	25	27	33
Druck ⊥ Faser	5,3	5,4	5,5	10,5
Schub	3,9	4,1	4,2	4,8

Tabelle 12.18 Rechenwerte der charakteristischen Kennwerte f_k für homogenes Brettschichtholz (h) aus Nadelholz nach EC5

Brettschichtholz aus z. B. Fichte, Tanne, Kiefer, Lärche, Douglasie				
Festigkeitsklasse	**GL24h**	**GL28h**	**GL30h**	**GL32h**
Festigkeitskennwerte in N/mm²				
Biegung	24	28	30	32
Zug ‖ Faser	19,2	22,3	24	25,6
Zug ⊥ Faser	0,5			
Druck ‖ Faser	24	28	30	32
Druck ⊥ Faser	2,5			
Schub	3,5			

Tabelle 12.19 Knickbeiwerte k_c für Vollholz aus Nadelhölzern

Schlankheitsgrad λ	Festigkeitsklasse (Sortierklasse)		
	C16	C24	C30
10	1,000	1,000	1,000
20	0,987	0,991	0,991
30	0,939	0,948	0,947
40	0,870	0,887	0,885
50	0,766	0,796	0,793
60	0,636	0,676	0,671
70	0,512	0,554	0,548
80	0,412	0,450	0,445
90	0,336	0,368	0,364
100	0,278	0,305	0,302
110	0,233	0,256	0,253
120	0,198	0,218	0,216
130	0,170	0,188	0,185
140	0,148	0,163	0,161
150	0,129	0,143	0,141
160	0,114	0,126	0,125
170	0,102	0,112	0,111
180	0,091	0,101	0,099
190	0,082	0,091	0,090
200	0,074	0,082	0,081
210	0,068	0,075	0,074
220	0,062	0,068	0,067
230	0,057	0,063	0,062
240	0,052	0,058	0,057
250	0,048	0,053	0,053

Tabelle 12.20 Knickbeiwerte k_c für kombiniertes (c) und homogenes (h) Brettschichtholz nach EC5

λ	GL24		GL28		GL30		GL32	
	c	h	c	h	c	h	c	h
10	1,000	1,000	1,000	1,000	1,000	1,000	1,000	1,000
20	1,000	0,998	0,999	0,997	1,000	0,997	1,000	0,996
30	0,980	0,978	0,980	0,975	0,981	0,975	0,982	0,975
40	0,952	0,948	0,954	0,943	0,955	0,943	0,957	0,942
50	0,906	0,897	0,910	0,885	0,912	0,886	0,917	0,882
60	0,823	0,803	0,830	0,779	0,835	0,781	0,846	0,773
70	0,698	0,672	0,709	0,641	0,717	0,643	0,733	0,633
80	0,571	0,545	0,582	0,516	0,590	0,518	0,608	0,508
90	0,466	0,443	0,476	0,418	0,484	0,420	0,499	0,412
100	0,385	0,365	0,394	0,344	0,400	0,345	0,413	0,339
110	0,322	0,305	0,329	0,287	0,335	0,288	0,346	0,283
120	0,273	0,259	0,279	0,243	0,284	0,244	0,294	0,239
130	0,234	0,222	0,240	0,208	0,244	0,209	0,252	0,205
140	0,203	0,192	0,208	0,181	0,211	0,181	0,219	0,178
150	0,178	0,168	0,182	0,158	0,185	0,159	0,191	0,155
160	0,157	0,148	0,160	0,139	0,163	0,140	0,169	0,137
170	0,139	0,132	0,142	0,124	0,145	0,124	0,150	0,122
180	0,124	0,118	0,127	0,110	0,129	0,111	0,134	0,109
190	0,112	0,106	0,114	0,099	0,116	0,100	0,121	0,098
200	0,101	0,096	0,104	0,090	0,105	0,090	0,109	0,088
210	0,092	0,087	0,094	0,082	0,096	0,082	0,099	0,080
220	0,084	0,079	0,086	0,074	0,087	0,075	0,090	0,071
230	0,077	0,073	0,079	0,068	0,080	0,068	0,083	0,067
240	0,071	0,067	0,072	0,063	0,074	0,063	0,076	0,062
250	0,065	0,062	0,067	0,058	0,068	0,058	0,070	0,057

Tabelle 12.21 Rundhölzer, Querschnittsmaße und statische Werte; $\gamma = 5{,}0$ kN/m³

d in cm	***U*** in cm	***A*** in cm²	***G*** in N/m	***I*** in cm⁴	***W*** in cm³	***i*** in cm
10	31,4	78,5	39,3	491	98,2	2,50
12	37,7	113,1	56,5	1018	170	3,00
14	44,0	153,9	77,0	1886	269	3,50
16	50,3	201,1	101	3217	402	4,00
18	56,5	254,5	127	5153	573	4,50
20	62,8	314,2	157	7854	785	5,00
22	69,1	380,1	190	11499	1045	5,50
24	75,4	452,4	226	16286	1357	6,00
26	81,7	530,9	265	22432	1726	6,50
28	88,0	615,8	308	30172	2155	7,00
30	94,2	706,9	353	39761	2651	7,50

Tabelle 12.22 Kanthölzer und Balken aus Nadelholz; $\gamma = 5{,}0$ kN/m³

b/h cm/cm	***A*** in cm²	***G*** *G* in N/m	W_y W_y cm³	I_y I_y cm⁴	W_z W_z cm³	I_z in cm⁴	i_y in cm	i_z in cm
6/6	36	18,0	36	108	36	108	1,73	1,73
6/8	48	24,0	64	256	48	144	2,31	1,73
6/10	60	30,0	100	500	60	180	2,89	1,73
6/12	72	36,0	144	864	72	216	3,46	1,73
6/14	84	42,0	196	1372	84	252	4,04	1,73
8/8	64	32,0	85	341	85	341	2,31	2,31
8/10	80	40,0	133	667	107	427	2,89	2,31
8/12	96	48,0	192	1152	128	512	3,46	2,31
8/14	112	56,0	261	1829	149	597	4,04	2,31
8/16	128	64,0	341	2731	171	683	4,62	2,31
8/18	144	72,0	432	3888	192	768	5,20	2,31
10/10	100	50,0	167	833	167	833	2,89	2,89
10/12	120	60,0	240	1440	200	1000	3,46	2,89
10/14	140	70,0	327	2287	233	1167	4,04	2,89
10/16	160	80,0	427	3413	267	1333	4,62	2,89
10/18	180	90,0	540	4860	300	1500	5,20	2,89
10/20	200	100,0	667	6667	333	1667	5,77	2,89
10/22	220	110,0	807	8873	367	1833	6,35	2,89

b/h cm/cm	A in cm^2	G G in N/m	W_y W_y cm^3	I_y I_y cm^4	W_z W_z cm^3	I_z in cm^4	i_y in cm	i_z in cm
12/12	144	72,0	288	1728	288	1728	3,46	3,46
12/14	168	84,0	392	2744	336	2016	4,04	3,46
12/16	192	96,0	512	4096	384	2304	4,62	3,46
12/18	216	108,0	648	5832	432	2592	5,20	3,46
12/20	240	120,0	800	8000	480	2880	5,77	3,46
12/22	264	132,0	968	10648	528	3168	6,35	3,46
12/24	288	144,0	1152	13824	576	3456	6,93	3,46
12/26	312	156,0	1352	17576	624	3744	7,51	3,46
14/14	196	98,0	457	3201	457	3201	4,04	4,04
14/16	224	112,0	597	4779	523	3659	4,62	4,04
14/18	252	126,0	756	6804	588	4116	5,20	4,04
14/20	280	140,0	933	9333	653	4573	5,77	4,04
14/22	308	154,0	1129	12423	719	5031	6,35	4,04
14/24	336	168,0	1344	16128	784	5488	6,93	4,04
14/26	364	182,0	1577	20505	849	5945	7,51	4,04
16/16	256	128,0	683	5461	683	5461	4,62	4,62
16/18	288	144,0	864	7776	768	6144	5,20	4,62
16/20	320	160,0	1067	10667	853	6827	5,77	4,62
16/22	352	176,0	1291	14197	939	7509	6,35	4,62
16/24	384	192,0	1536	18432	1024	8192	6,93	4,62
16/26	416	208,0	1803	23435	1109	8875	7,51	4,62
18/18	324	162,0	972	8748	972	8748	5,20	5,20
18/20	360	180,0	1200	12000	1080	9720	5,77	5,20
18/22	396	198,0	1452	15972	1188	10692	6,35	5,20
18/24	432	216,0	1728	20736	1296	11664	6,93	5,20
18/26	468	234,0	2028	26364	1404	12636	7,51	5,20
20/20	400	200,0	1333	13333	1333	13333	5,77	5,77
20/22	440	220,0	1613	17747	1467	14667	6,35	5,77
20/24	480	240,0	1920	23040	1600	16000	6,93	5,77
20/26	520	260,0	2253	29293	1733	17333	7,51	5,77
22/22	484	242,0	1775	19521	1775	19521	6,35	6,35
22/24	528	264,0	2112	25344	1936	21296	6,93	6,35
22/26	572	286,0	2479	32223	2097	23071	7,51	6,35
22/28	616	308,0	2875	40245	2259	24845	8,08	6,35
24/24	576	288,0	2304	27648	2304	27648	6,93	6,93
24/26	624	312,0	2704	35152	2496	29952	7,51	6,93
24/28	672	336,0	3136	43904	2688	32256	8,08	6,93
24/30	720	360,0	3600	54000	2880	34560	8,66	6,93
26/26	676	338,0	2929	38081	2929	38081	7,51	7,51
26/28	728	364,0	3397	47563	3155	41011	8,08	7,51
26/30	780	390,0	3900	58500	3380	43940	8,66	7,51
28/28	784	392,0	3659	51221	3659	51221	8,08	8,08
28/30	840	420,0	4200	63000	3920	54880	8,66	8,08
30/30	900	450,0	4500	67500	4500	67500	8,66	8,66

Tabelle 12.23 Rechteckquerschnitte aus Brettschichtholz; Querschnittsmaße und statische Werte für b= 10 cm[1) 2)]; $\gamma = 5$ kN/m³

b/h	***A***	***G***[3)]	W_y	I_y	i_y[4)]	***b/h***	***A***	***G***[3)]	W_y	I_y	i_y[4)]
cm/cm	cm²	kN/m	cm³	cm⁴	cm	cm/cm	cm²	kN/m	cm³	cm⁴	cm
10/30	300	0,150	1500	22500	8,66	10/55	550	0,275	5042	138600	15,88
10/31	310	0,155	1602	24830	8,95	10/56	560	0,280	5227	146300	16,17
10/32	320	0,160	1707	27310	9,24	10/57	570	0,285	5415	154300	16,45
10/33	330	0,165	1815	29950	9,53	10/58	580	0,290	5607	162600	16,74
10/34	340	0,170	1927	32750	9,81	10/59	590	0,295	5802	171100	17,03
10/35	350	0,175	2042	35730	10,10	10/60	600	0,300	6000	180000	17,32
10/36	360	0,180	2160	38880	10,39	10/61	610	0,305	6202	189200	17,61
10/37	370	0,185	2282	42210	10,68	10/62	620	0,310	6407	198600	17,90
10/38	380	0,190	2407	45730	10,97	10/63	630	0,315	6615	208400	18,19
10/39	390	0,195	2535	49430	11,26	10/64	640	0,320	6827	218500	18,47
10/40	400	0,200	2667	53330	11,55	10/65	650	0,325	7042	228900	18,76
10/41	410	0,205	2802	57430	11,84	10/66	660	0,330	7260	239600	19,05
10/42	420	0,210	2940	61740	12,12	10/67	670	0,335	7482	250600	19,34
10/43	430	0,215	3082	66260	12,41	10/68	680	0,340	7707	262000	19,63
10/44	440	0,220	3227	70990	12,70	10/69	690	0,345	7935	273800	19,92
10/45	450	0,225	3375	75940	12,99	10/70	700	0,350	8167	285800	20,21
10/46	460	0,230	3527	81110	13,28	10/71	710	0,355	8402	298300	20,50
10/47	470	0,235	3682	86520	13,57	10/72	720	0,360	8640	311000	20,78
10/48	480	0,240	3840	92160	13,86	10/73	730	0,365	8882	324200	21,07
10/49	490	0,245	4002	98040	14,14	10/74	740	0,370	9127	337700	21,36
10/50	500	0,250	4167	104200	14,43	10/75	750	0,375	9375	351600	21,65
10/51	510	0,255	4335	110500	14,72	10/76	760	0,380	9627	365800	21,94
10/52	520	0,260	4507	117200	15,01	10/77	770	0,385	9882	380400	22,23
10/53	530	0,265	4682	124100	15,30	10/78	780	0,390	10140	395500	22,52
10/54	540	0,270	4860	131200	15,59	10/79	790	0,395	10400	410900	22,80

1) im Regelfall sollte $h/b \leqq 10$ betragen

2) für andere Querschnittsbreiten $b \neq 10$ cm: $\eta = b/b_{\text{Tafel}}$; $A, G, W_y, I_y = \eta \cdot$ Tafelwert

i_y = Tafelwert

$i_z = \eta \cdot 0{,}289 \cdot 10{,}0$

Beispiel für b/h = 14/70 cm:

$A = 1{,}4 \cdot 700 = 980$ cm²
$G = 1{,}4 \cdot 0{,}350 = 0{,}49$ kN/m
$i_y = 20{,}21$ cm
$\eta = 14/10 = 1{,}4$
$W_y = 1{,}4 \cdot 8167 = 11430$ cm³
$I_y = 1{,}4 \cdot 285800 = 400120$ cm⁴
$i_z = 1{,}4 \cdot 0{,}289 \cdot 10 = 4{,}05$ cm

3) Wichte $\gamma = 5{,}0$ kN/m³

4) $i_z = 0{,}289 \cdot 10 = 2{,}89$ cm

12.6 Baustahl

Tabelle 12.24 I-Reihe nach DIN 1025-1

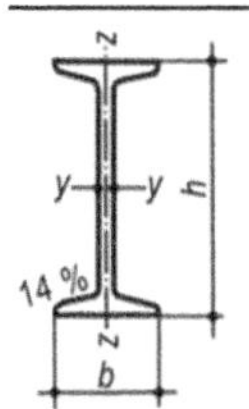

Bezeichnung eines warmgewalzten I-Trägers aus einem Stahl mit dem Kurznamen S235 JR bzw. der Werkstoffnummer 1.0037 nach DIN EN 10025 mit dem Kurzzeichen I 360:

I-Profil DIN 1025 – S235 JR – I 360 oder
I-Profil DIN 1025 – 1.0037 – I 360

Kurz-zeichen I	*h*/*b*		*A*	*G*	für die Biegeachse *y*–*y*			*z*–*z*		
					J_y	W_y	i_y	J_z	W_z	i_z
	in mm		in cm²	in kg/m	in cm	in cm³	in cm	in cm⁴	in cm³	in cm
80	80	42	7,57	5,94	77,80	19,50	3,20	6,29	3,00	0,91
100	100	50	10,60	8,34	171	34,20	4,01	12,20	4,88	1,07
120	120	58	14,20	11,10	328	54,70	4,81	21,50	7,41	1,23
140	140	66	18,20	14,30	573	81,90	5,61	35,20	10,70	1,40
160	160	74	22,80	17,90	935	117	6,40	54,70	14,80	1,55
180	180	82	27,90	21,90	1450	161	7,20	81,30	19,80	1,71
200	200	90	33,40	26,20	2140	214	8,00	117	26,00	1,87
220	220	98	39,50	31,10	3060	278	8,80	162	33	2,02
240	240	106	46,10	36,20	4250	354	9,59	221	41,7	2,20
260	260	113	53,30	41,90	5740	442	10,40	288	51,0	2,32
280	280	119	61,00	47,90	7590	542	11,10	364	61,2	2,45
300	300	125	69,00	54,20	9800	653	11,90	451	72,2	2,56
320	320	131	77,70	61,00	12510	782	12,70	555	84,7	2,67
340	340	137	86,70	68,00	15700	923	13,50	674	98,4	2,80
360	360	143	97,00	76,10	19610	1090	14,20	818	114	2,90
380	380	149	107	84,00	24010	1260	15,00	975	131	3,02
400	400	155	118	92,40	29210	1460	15,70	1160	149	3,13
450	450	170	147	115,00	45850	2040	17,70	1730	203	3,43
475	475	178	163	128,00	56480	2389	18,60	2090	235	3,60
500	500	185	179	141,00	68740	2750	19,60	2480	268	3,72

Tabelle 12.25 HEA-Reihe nach DIN 1025-3

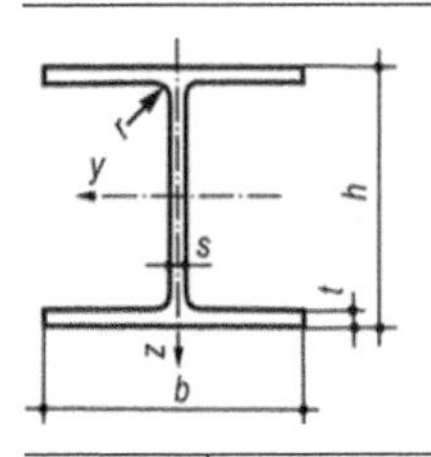

Träger mit parallelen Flanschflächen, deren Stege und Flansche dünner und deren Höhen h damit kleiner als die der IPB-Reihe nach DIN 1025-2 sind.
Bezeichnung eines Trägers dieser Reihe aus einem Stahl mit dem Kurznamen S235 JR nach
DIN EN 1025 mit dem Kurzzeichen HEA 360:
I-Profil DIN 1025 – S235 JR – HEA 360
Das Kurzzeichen HEA 360 nach Euronorm 53–6 ist IPBI 360.

Kurz-zeichen IPBl HEA	h / b in mm		A in cm²	G in kg/m	für die Biegeachse y–y J_y in cm	W_y in cm³	i_y in cm	z–z J_z in cm⁴	W_z in cm³	i_z in cm
100	96	100	**21,2**	16,7	349	**72,8**	4,06	134	26,8	**2,51**
120	114	120	**25,3**	19,9	606	**106**	4,89	231	38,5	**3,02**
140	133	140	**31,4**	24,7	1030	**155**	5,73	389	55,6	**3,52**
160	152	160	**38,8**	30,4	1670	**220**	6,57	616	76,9	**3,98**
180	171	180	**45,3**	35,5	2510	**294**	7,45	925	103	**4,52**
200	190	200	**53,8**	42,3	3690	**389**	8,28	1340	134	**4,98**
220	210	220	64,3	50,5	5410	515	9,17	1950	178	5,51
240	230	240	**76,8**	60,3	7760	**675**	10,10	2770	231	**6,00**
260	250	260	**86,8**	68,2	10450	**836**	11,00	3670	282	**6,50**
280	270	280	97,3	76,4	13670	1010	11,90	4760	340	7,00
300	290	300	**112**	88,3	18260	**1260**	12,70	6310	421	**7,49**
320	310	300	124	97,6	22930	1480	13,60	6990	466	7,49
340	330	300	**133**	105	27690	**1680**	14,40	7440	496	**7,46**
360	350	300	**143**	112	33090	**1890**	15,20	7890	526	**7,43**
400	390	300	**159**	125	45070	**2310**	16,80	8560	571	**7,34**
450	440	300	**178**	140	63720	**2900**	18,90	9470	631	**7,29**
500	490	300	**198**	155	86970	**3550**	21,00	10370	691	**7,24**
550	540	300	212	166	111900	4150	23,00	10820	721	7,15
600	590	300	**226**	178	141200	**4790**	25,00	11270	751	**7,05**
650	640	300	242	190	175200	5470	26,90	11720	782	6,97
700	690	300	**260**	204	215300	**6240**	28,80	12180	812	**6,84**
800	790	300	**286**	224	303400	**7680**	32,60	12640	843	**6,65**
900	890	300	320	252	422100	9480	36,30	13550	903	6,50
1000	990	300	**347**	272	553800	**11190**	40,00	14000	934	**6,35**

Fett gedruckte Profile sind zur bevorzugten Anwendung empfohlen (DStV-Profilliste).

Tabelle 12.26 HEB-Reihe nach DIN 1025-2

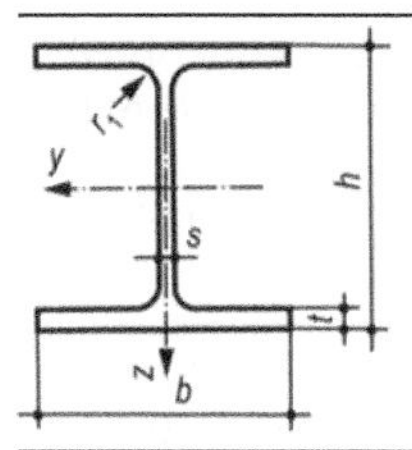

Diese Reihe entspricht der Euronorm 53-62 (HEB). Bezeichnung eines warmgewalzten I-Trägers aus einem Stahl mit dem Kurznamen S235 JR bzw. der Werkstoffnummer 1.0037 nach DIN EN 10025 mit dem Kurzzeichen HE 360B:

I-Profil DIN 1025 – S235 JR – HEB 360

oder I-Profi DIN 1025 1.0037 – HEB 360

Das Kurzzeichen HEB 360 nach Euronorm 53-62 entspricht IPB 360.

Kurzzeichen IPB HEB					für die Biegeachse					
					y–y			*z–z*		
	h/b in mm		A in cm²	G in kg/m	J_y in cm	W_y in cm³	i_y in cm	J_z in cm⁴	W_z in cm³	i_z in cm
100	100	100	**26,0**	20,4	450	**89,9**	4,16	167	33,5	**2,53**
120	120	120	**34,0**	26,7	864	**144**	5,04	318	52,9	**3,06**
140	140	140	**43,0**	33,7	1510	**216**	5,93	550	78,5	**3,58**
160	160	160	**54,3**	42,6	2490	**311**	6,78	889	111	**4,05**
180	180	180	**65,3**	51,2	3830	**426**	7,66	1360	151	**4,57**
200	200	200	**78,1**	61,3	5700	**570**	8,54	2000	200	**5,07**
220	220	220	91,0	71,5	8090	736	9,43	2840	258	5,59
240	240	240	**106**	83,2	11260	**938**	10,30	3920	327	**6,08**
260	260	260	**118**	93,0	14920	**1150**	11,20	5130	395	**6,58**
280	280	280	131	103	19270	1380	12,10	6590	471	7,09
300	300	300	**149**	117	25170	**1680**	13,00	8560	571	**7,58**
320	320	320	161	127	30820	1930	13,80	9240	616	7,57
340	340	300	**171**	134	36660	**2160**	14,60	9690	646	**7,53**
360	360	300	**181**	142	43190	**2400**	15,50	10140	676	**7,49**
400	400	300	**198**	155	57680	**2880**	17,10	10820	721	**7,40**
450	450	300	**218**	171	79890	**3550**	19,10	11720	781	**7,33**
500	500	300	**239**	187	107200	**4290**	21,20	12620	842	**7,27**
550	550	300	254	199	136700	4970	23,20	13080	872	7,17
600	600	300	**270**	212	171000	**5700**	25,20	13530	902	**7,08**
650	650	300	286	225	210600	6480	27,10	13980	932	6,99
700	700	300	**306**	241	256900	**7340**	29,00	14440	963	**6,87**
800	800	300	**334**	262	359100	**8980**	32,80	14900	994	**6,68**
900	900	300	371	291	494100	10980	36,50	15820	1050	6,53
1000	1000	300	**400**	314	644700	**12890**	40,10	16280	1090	**6,38**

Fett gedruckte Profile sind zur bevorzugten Anwendung empfohlen (DStV-Profilliste).

Tabelle 12.27 HEM-Reihe nach DIN 1025-4

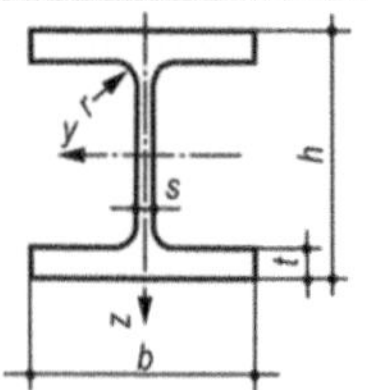

Diese Reihe entspricht der Euronorm 53-62 (HE-M). Träger mit parallelen Flanschflächen, deren Stege und Flansche dicker und deren Höhen *h* damit größer als die der IPB-Reihe nach DIN 1025-2 sind. Bezeichnung eines Trägers dieser Reihe aus einem Stahl mit dem Kurznamen S235 JR nach DIN EN 10025 mit dem Kurzzeichen HEM 360:

I-Profil DIN 1025 – S235 JR – HEM 360

Das Kurzzeichen HEM 360 nach Euronorm 53-62 entspricht IPBv 360.

Kurz-zeichen IPBv HEM	h/b in mm		A in cm²	G in kg/m	für die Biegeachse y–y			z–z		
					J_y in cm	W_y in cm³	i_y in cm	J_z in cm⁴	W_z in cm³	i_z in cm
100	120	106	**53,2**	41,8	1140	**190**	4,63	399	75,3	**2,74**
120	140	126	**66,4**	52,1	2020	**288**	5,51	703	112	**3,25**
140	160	146	**80,6**	63,2	3290	**411**	6,39	1140	157	**3,77**
160	180	166	**97,1**	76,2	5100	**566**	7,25	1760	212	**4,26**
180	200	186	**113**	88,9	7480	**748**	8,13	2580	277	**4,77**
200	220	206	**131**	103	10640	**967**	9,00	3650	354	**5,27**
220	240	226	149	117	14600	1220	9,89	5010	444	5,79
240	270	248	**200**	157	24290	**1800**	11,00	8150	657	**6,39**
260	290	268	**220**	172	31310	**2160**	**11,90**	10450	780	**6,90**
280	310	288	240	189	39550	2550	12,80	13160	914	7,40
300	340	310	**303**	238	59200	**3480**	14,00	19400	1250	**8,00**
320/305	320	305	225	177	40950	2560	13,50	13740	901	7,81
320	359	309	312	245	68130	3800	14,80	19710	1280	7,95
340	377	309	**316**	248	76370	**4050**	15,60	19710	1280	**7,90**
360	395	308	**319**	250	84870	**4300**	16,30	19520	1270	**7,83**
400	432	307	**326**	256	104100	**4820**	17,90	19330	1260	**7,70**
450	478	307	**335**	263	131500	**5500**	19,80	19340	1260	**7,59**
500	524	306	**344**	270	161900	**6180**	21,70	19150	1250	**7,46**
550	572	306	354	278	198000	6920	23,60	19160	1250	7,35
600	620	305	**364**	285	237400	**7660**	25,60	18970	1240	**7,22**
650	668	305	374	293	281700	8430	27,50	18980	1240	7,13
700	716	304	**383**	301	329300	**9200**	29,30	18800	1240	**7,01**
800	814	303	**404**	317	442600	**10870**	33,10	18630	1230	**6,79**
900	910	302	424	333	570400	12540	36,70	18450	1220	6,60
1000	1008	302	**444**	349	722300	**14330**	40,30	18460	1220	**6,45**

Fett gedruckte Profile sind zur bevorzugten Anwendung empfohlen (DStV-Profilliste).

Tabelle 12.28 IPE-Reihe nach DIN 1025-5

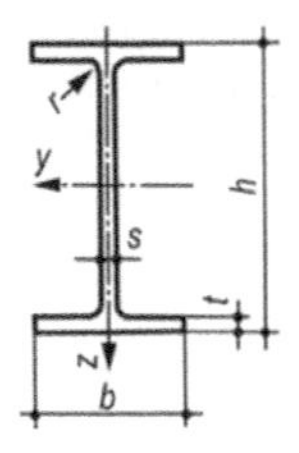

Bezeichnung eines I-Trägers aus einem Stahl mit dem Kurznamen S235 JR nach DIN EN 10025 mit dem Kurzzeichen IPE

I-Profil DIN 1025 – S235 JR – IPE 360

Kurzzeichen IPE	*h* / *b* in mm		*A* in cm²	*G* in kg/m	für die Biegeachse *y–y*			für die Biegeachse *z–z*		
					J_y in cm⁴	W_y in cm³	i_y in cm	J_z in cm⁴	W_z in cm³	i_z in cm
80	80	46	7,64	6,00	80,1	20,0	3,24	8,49	3,69	1,05
100	100	55	10,3	8,10	171	34,2	4,07	15,90	5,79	1,24
120	120	64	**13,2**	10,40	318	**53,0**	4,90	27,70	8,65	**1,45**
140	140	73	**16,4**	12,90	541	**77,3**	5,74	44,90	12,30	**1,65**
160	160	82	**20,1**	15,80	869	**109**	6,58	68,30	16,70	**1,84**
180	180	91	**23,9**	18,80	1320	**146**	7,42	101	22,20	**2,05**
200	200	100	**28,5**	22,40	1940	**194**	8,26	142	28,50	**2,24**
220	220	110	33,4	26,20	2770	252	9,11	205	37,30	2,48
240	240	120	**39,1**	30,70	3890	**324**	9,97	284	47,30	**2,69**
270	270	135	**45,9**	36,10	5790	**429**	11,20	420	62,20	**3,02**
300	300	150	**53,8**	42,20	8360	**557**	12,50	604	80,50	**3,35**
330	330	160	**62,6**	49,10	11770	**713**	13,70	788	98,50	**3,55**
360	360	170	**72,7**	57,10	16270	**904**	15,00	1040	123	**3,79**
400	400	180	**84,5**	66,30	23130	**1160**	16,50	1320	146	**3,95**
450	450	190	**98,8**	77,60	33740	**1500**	18,50	1680	176	**4,12**
500	500	200	**116**	90,70	48200	**1930**	20,40	2140	214	**4,31**
550	550	210	134	106	67120	2440	22,30	2670	254	4,45
600	600	220	**156**	122	92080	**3070**	24,30	3390	308	**4,66**

Fett gedruckte Profile sind zur bevorzugten Anwendung empfohlen (DStV-Profilliste).

Tabelle 12.29 Warmgewalzter rundkantiger U-Stahl nach DIN 1026-1

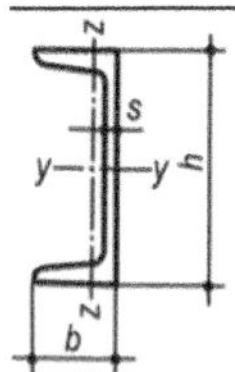

Bezeichnung eines U-Stahls mit h = 300 mm aus S235 JR nach DIN EN 10025:

U 300 DIN 1026-1 – S235 JR oder

U 300 DIN 1026-1 – 1.0037

Kurzzeichen U						für die Biegeachse					
						y–y			*z–z*		
	h	b	s	A	G	J_y	W_y	i_y	J_z	W_z	i_z
	in mm			in cm²	in kg/m	in cm	in cm³	in cm	in cm⁴	in cm³	in cm
30×15	30	15	4	2,21	1,74	2,53	1,69	1,07	0,38	0,39	0,42
30	30	33	5	5,44	4,27	6,39	4,26	1,08	5,33	2,68	0,99
40×20	40	20	5	3,66	2,87	7,58	3,79	1,44	1,14	0,86	0,56
40	40	35	5	6,21	4,87	1,41	7,05	1,50	6,68	3,08	1,04
50×25	50	25	5	4,92	3,86	16,80	6,73	1,85	2,49	1,48	0,71
50	50	38	5	7,12	5,59	26,40	10,60	1,92	9,12	3,75	1,13
60	60	30	6	6,46	5,07	31,60	10,50	2,21	4,51	2,16	0,84
65	65	42	5,5	9,03	7,09	57,50	17,70	2,52	14,10	5,07	1,25
80	80	45	6	**11,00**	8,64	106	**26,50**	3,10	19,40	6,36	**1,33**
100	100	50	6	**13,50**	10,60	206	**41,20**	3,91	29,30	8,49	**1,47**
120	120	55	7	**17,00**	13,40	364	**60,70**	4,62	43,20	11,10	**1,59**
140	140	60	7	**20,40**	16,00	605	**86,40**	5,45	62,70	14,80	**1,75**
160	160	65	7,5	**24,00**	18,80	925	**116**	6,21	85,30	18,30	**1,89**
180	180	70	8	**28,00**	22,00	1350	**150**	6,95	114	22,40	**2,02**
200	200	75	8,5	**32,20**	25,30	1910	**191**	7,70	148	27,00	**2,14**
220	220	80	9	37,40	29,40	2690	245	8,48	197	33,60	2,30
240	240	85	9,5	**42,30**	33,20	3600	**300**	9,22	248	39,60	**2,42**
260	260	90	10	**48,30**	37,90	4820	**371**	9,99	317	47,70	**2,56**
280	280	95	10	53,30	41,80	6280	448	10,90	399	57,20	2,74
300	300	100	10	**58,80**	46,20	8030	**535**	11,70	495	67,80	**2,90**
320	320	100	11	75,80	59,50	10870	679	12,10	597	80,60	2,81
350	350	100	14	**77,30**	60,60	12840	**734**	12,90	570	75	**2,72**
380	380	102	13,5	80,40	63,10	15760	829	14,00	615	78,70	2,77
400	400	110	14	**91,50**	71,80	20350	**1020**	14,90	846	102	**3,04**

Fett gedruckte Profile sind zur bevorzugten Anwendung empfohlen (DStV-Profilliste).

Tabelle 12.30 Warmgewalzter gleichschenkliger rundkantiger L-Stahl nach DIN EN 10056-1

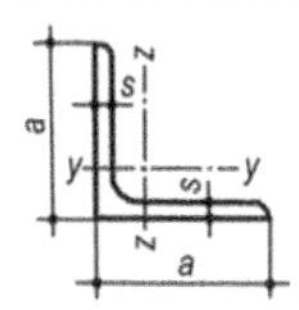

Werkstoff vorzugsweise aus Stahlsorten nach DIN EN 10025; er ist in der Bezeichnung anzugeben.

Bezeichnung eines gleichschenkligen Winkels aus S235 JO nach DIN EN 10025:

Winkel DIN EN 10056-1 – S235 JO – 80 × 8

Kurzzeichen L $a \times s$		a in mm	s in mm	A in cm²	G in kg/m	$J_y = J_z$ in cm⁴	$W_y = W_z$ in cm³	$i_y = i_z$ in cm
20 ×	**3**	20	3	**1,12**	0,88	0,39	0,28	0,59
25 ×	**3**	25	3	**1,42**	1,12	0,79	0,45	0,75
	4		4	1,85	1,45	1,01	0,58	0,74
30 ×	**3**	30	3	**1,74**	1,36	1,41	0,65	0,90
	4		4	2,27	1,78	1,81	0,86	0,89
	5		5	2,78	2,18	2,16	1,04	0,88
35 ×	**4**	35	4	**2,67**	2,10	2,96	1,18	1,05
	5		5	3,28	2,57	3,56	1,45	1,04
40 ×	**4**	40	4	**3,08**	2,42	4,48	1,56	1,21
	5		5	3,79	2,97	5,43	1,91	1,20
45 ×	4	45	4	3,49	2,74	6,43	1,97	1,36
	5		5	**4,30**	3,38	7,83	2,43	1,35
50 ×	**5**	50	5	**4,80**	3,77	11,00	3,05	1,51
	6		6	5,69	4,47	12,80	3,61	1,50
	7		7	6,56	5,15	14,60	4,15	1,49
55 ×	6	55	6	6,31	4,95	17,30	4,40	1,66
60 ×	5	60	5	5,82	4,57	19,40	4,45	1,82
	6		6	**6,91**	5,42	22,80	5,29	1,82
	8		8	9,03	7,09	29,10	6,88	1,80
65 ×	7	65	7	8,70	6,83	33,40	7,18	1,96
70 ×	6	70	6	8,13	6,38	36,90	7,27	2,13
	7		7	**9,40**	7,38	42,20	8,43	2,12
	9		9	11,90	9,34	52,60	10,60	2,10
75 ×	7	75	7	10,10	7,94	52,40	9,67	2,28
	8		8	11,50	9,03	58,90	11,00	2,26
80 ×	6	80	6	9,35	7,34	55,80	9,57	2,44
	8		8	**12,30**	9,66	72,30	12,60	2,42
	10		10	15,10	11,90	87,50	15,50	2,41

Kurzzeichen ∟ $a \times s$	a in mm	s in mm	A in cm^2	G in kg/m	$J_y = J_z$ in cm^4	$W_y = W_z$ in cm^3	$i_y = i_z$ in cm
90 × 7	90	7	12,20	9,61	12,60	14,10	2,75
90 × 9		9	**15,50**	12,20	116	18,00	2,74
100 × 8	100	8	15,50	12,20	145	19,90	3,06
100 × 10		10	**19,20**	15,10	177	24,70	3,04
100 × 12		12	22,70	17,80	207	29,20	3,02
110 × 10	110	10	**21,20**	16,60	239	30,10	3,36
120 × 10	120	10	23,20	18,20	313	36,00	3,67
120 × 12		12	**27,50**	21,60	368	42,70	3,65
130 × 12	130	12	30,00	23,60	472	50,40	3,97
140 × 13	140	13	35,00	27,50	638	63,30	4,27
150 × 12	150	12	34,80	27,30	737	67,70	4,60
150 × 14		14	40,30	31,60	845	78,20	4,58
150 × 15		15	**43,00**	33,80	898	83,50	4,57
160 × 15	160	15	46,10	36,20	1100	95,60	4,88
160 × 17		17	51,80	40,70	1230	108	4,86
180 × 16	180	16	55,40	43,50	1680	130	5,51
180 × 18		18	**61,90**	48,60	1870	145	5,49
200 × 20	200	20	**76,30**	59,90	2850	199	6,11

Tabelle 12.31 Kreisförmige Hohlprofile (Rundrohre) nach:

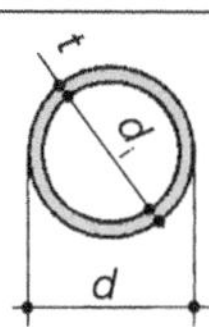

DIN EN 10210-1,2 (07.06): Warmgefertigt; nahtlos oder geschweißt oder
DIN EN 10219-1,2 (07.06): Kaltgefertigt, geschweißt

Bezeichnung eines kaltgefertigten, geschweißten Stahlrohres von 88,9 mm Außendurchmesser und 4 mm Wanddicke aus Stahl S355 JOH nach DIN EN 10219: Rohr 88,9 × 4,0 DIN EN 10219 – S355 JOH

d mm	*t* mm	*A* cm²	*M* kg/m	*U* m²/m	*I* cm⁴	*W* cm³	*i* cm
	2,6	**2,54**	1,99	0,106	3,09	**1,84**	1,10
33,7	3,2	**3,07**	2,41		3,60	**2,14**	1,08
	4	**3,73**	2,93		4,19	**2,49**	1,06
	2,6	**3,25**	2,55	0,133	6,46	**3,05**	1,41
42,4	3,2	**3,94**	3,09		7,62	**3,59**	1,39
	4	**4,83**	3,79		8,99	**4,24**	1,36
	2,6	**3,73**	2,93	0,152	9,78	**4,05**	1,62
48,3	3,2	**4,53**	3,56		11,6	**4,80**	1,60
	4	**5,57**	4,37		13,8	**5,70**	1,57
	3,2	**5,74**	4,51	0,189	23,5	**7,78**	2,02
60,3	4	**7,07**	5,55		28,2	**9,34**	2,00
	5	**8,69**	6,82		33,5	**11,1**	1,96
	3,2	**7,33**	5,75	0,239	48,8	**12,8**	2,58
76,1	4	**9,06**	7,11		59,1	**15,5**	2,55
	5	**11,2**	8,77		70,9	**18,6**	2,52
	3,2	**8,62**	6,76	0,279	79,2	**17,8**	3,03
88,9	4	**10,7**	8,38		96,3	**21,7**	3,00
	6,3	**16,3**	12,8		140	**31,5**	2,93
	4	**12,3**	9,63	0,319	146	**28,8**	3,45
101,6	5	**15,2**	11,9		177	**34,9**	3,42
	6,3	**18,9**	14,8		215	**42,3**	3,38
	4	**13,9**	10,9	0,359	211	**36,9**	3,90
114,3	5	**17,2**	13,5		257	**45,0**	3,87
	8	**26,7**	21,0		379	**66,4**	3,77
	4	**17,1**	13,4	0,439	393	**56,2**	4,80
139,7	6,3	**26,4**	20,7		589	**84,3**	4,72
	12,5	**50,0**	39,2		1020	**146**	4,52
	5	**25,7**	20,1	0,529	856	**102**	5,78
168,3	8	**40,3**	31,6		1297	**154**	5,67
	12,5	**61,2**	48,0		1868	**222**	5,53
	6,3	**37,1**	29,1	0,609	1630	**168**	6,63
193,7	10	**57,7**	45,3		2442	**252**	6,50
	16	**89,3**	70,1		3554	**367**	6,31
	6,3	**42,1**	33,1	0,688	2386	**218**	7,53
219,1	10	**65,7**	51,6		3598	**328**	7,40
	20	**125**	98,2		6261	**572**	7,07

Tabelle 12.32 Quadratische Hohlprofile nach DIN EN 10210-1,2 (Quadratrohre)

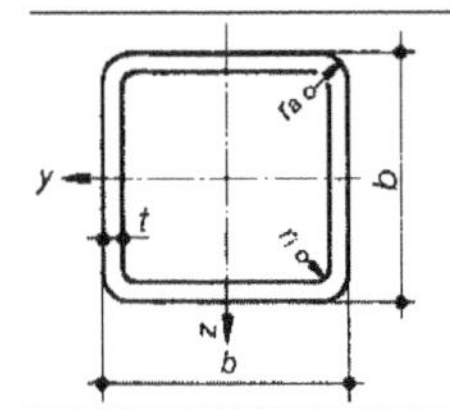

Warmgefertigte quadratische Hohlprofile, nahtlos oder geschweißt

Bezeichnung eines quadratischen Hohlprofils mit den Seitenlängen b = 80 mm und der Nenndicke t = 5 mm aus einem Stahl S235 JRH:

Rohr 80 × 80 × 5 DIN EN 10210 – S235 JRH

b mm	*t* mm	*A*²) cm²	*M* kg/m	*U* m²/m	*I* cm⁴	*W* cm³	*i* cm
40	3,2	**4,60**	3,61	0,152	10,2	**5,11**	1,49
	4	**5,59**	4,39	0,150	11,8	**5,91**	1,45
50	4	**7,19**	5,64	0,19	25	**9,99**	1,86
	5	**8,73**	6,85	0,187	28,9	**11,6**	1,82
60	3,2	**7,16**	5,62	0,232	38,2	**12,7**	2,31
	4	**8,79**	6,90	0,230	45,4	**15,1**	2,27
	5	**10,7**	8,42	0,227	53,3	**17,8**	2,23
70	3,2	**8,40**	6,63	0,272	62,3	**17,8**	2,72
	4	**10,4**	8,15	0,270	74,7	**21,3**	2,68
	5	**12,7**	9,99	0,267	88,5	**25,3**	2,64
80	4	**12,0**	9,41	0,310	114	**28,6**	3,09
	5	**14,7**	11,6	0,307	137	**34,2**	3,05
	6,3	**18,1**	14,2	0,304	162	**40,5**	2,99
90	4	**13,6**	10,7	0,350	166	**37,0**	3,50
	5	**16,7**	13,1	0,347	200	**44,4**	3,45
	6,3	**20,7**	16,2	0,344	238	**53,0**	3,40
100	4	**15,2**	11,9	0,390	232	**46,4**	3,91
	5	**18,7**	14,7	0,387	279	**55,9**	3,86
	6,3	**23,2**	18,2	0,384	336	**67,1**	3,80
120	5	**22,7**	17,8	0,467	498	**83,0**	4,68
	8	**35,2**	27,6	0,459	726	**121**	4,55
	10	**42,9**	33,7	0,454	852	**142**	4,46
140	5	**26,7**	21,0	0,547	807	**115**	5,50
	8	**41,6**	32,6	0,539	1195	**171**	5,36
	10	**50,9**	40,0	0,534	1416	**202**	5,27
160	6,3	**38,3**	30,1	0,624	1499	**187**	6,26
	10	**58,9**	46,3	0,614	2186	**273**	6,09
	12,5	**72,1**	56,6	0,608	2576	**322**	5,98
180	6,3	**43,3**	34,0	0,704	2168	**241**	7,07
	10	**66,9**	52,5	0,694	3193	**355**	6,91
	12,5	**82,1**	64,4	0,688	3790	**421**	6,80
200	6,3	**48,4**	38,0	0,784	3011	**301**	7,89
	10	**74,9**	58,8	0,774	4471	**447**	7,72
	12,5	**92,1**	72,3	0,768	5336	**534**	7,61

Tabelle 12.33 Abminderungsfaktoren χ für den Biegeknicknachweis bei Baustahl $\bar{\lambda} = \frac{\lambda}{\lambda_1}$ S235: $\lambda_1 = 93{,}9$ und S355: $\lambda_1 = 76{,}4$

$\bar{\lambda}$	**χ für die Knickspannungslinien**			
	a	**b**	**c**	**d**
0,2	1,000	1,000	1,000	1,000
0,3	0,977	0,964	0,949	0,923
0,4	0,953	0,926	0,897	0,850
0,5	0,924	0,884	0,843	0,779
0,6	0,890	0,837	0,785	0,710
0,7	0,848	0,784	0,725	0,643
0,8	0,796	0,724	0,662	0,580
0,9	0,734	0,661	0,600	0,521
1,0	0,666	0,597	0,540	0,467
1,1	0,596	0,535	0,484	0,419
1,2	0,530	0,478	0,434	0,376
1,3	0,470	0,427	0,389	0,339
1,4	0,418	0,382	0,349	0,306
1,5	0,372	0,342	0,315	0,277
1,6	0,333	0,308	0,284	0,251
1,7	0,299	0,278	0,258	0,229
1,8	0,270	0,252	0,235	0,209
1,9	0,245	0,229	0,214	0,192
2,0	0,223	0,209	0,196	0,177
2,1	0,204	0,192	0,180	0,163
2,2	0,187	0,176	0,166	0,151
2,3	0,172	0,163	0,154	0,140
2,4	0,159	0,151	0,143	0,130
2,5	0,147	0,140	0,132	0,121
2,6	0,136	0,130	0,123	0,113
2,7	0,127	0,121	0,115	0,106
2,8	0,118	0,113	0,108	0,100
2,9	0,111	0,106	0,101	0,094
3,0	0,104	0,099	0,095	0,088

12.7 Stahlbeton/Beton/Betonstahl

Tabelle 12.34 Nennwerte von Betonstahl B 500 (alte Bezeichnung: BSt 500)

Nenndurchmesser	**Nennquerschnitt**	**Nenngewicht**
Ø in mm	A_s in cm²	G in kg/m
6,0	0,283	0,222
7,0	0,385	0,302
8,0	0,503	0,395
9,0	0,636	0,499
10,0	0,785	0,617
12,0	1,13	0,888
14,0	1,54	1,21
16,0	2,01	1,58
20,0	3,14	2,47
25,0	4,91	3,85
28,0	6,16	4,83

Tabelle 12.35 Bemessung für Stahlbetonbauteile auf Biegung

$$k_d = \frac{d}{\sqrt{M_d/b}} \qquad A_s = k_s \cdot \frac{M_d}{d} \qquad z = k_z \cdot d \qquad x = k_x \cdot d$$

mit M_d in kNm, b in m, A_s in cm², d in cm, z in cm und x in cm

k_d-für Betonfestigkeitsklasse:									**k_s**	**k_x**	**k_z**
C12/15	**C16/20**	**C20/25**	**C25/30**	**C30/37**	**C35/45**	**C40/50**	**C45/55**	**C50/60**	[–]	[–]	[–]
14,37	12,44	11,13	9,95	9,09	8,41	7,87	7,42	7,04	2,32	0,025	0,99
7,90	6,84	6,12	5,47	5,00	4,63	4,33	4,08	3,87	2,34	0,048	0,98
5,87	5,08	4,55	4,07	3,71	3,44	3,22	3,03	2,88	2,36	0,069	0,97
4,94	4,27	3,82	3,42	3,12	2,89	2,70	2,55	2,42	2,38	0,087	0,96
4,38	3,80	3,40	3,04	2,77	2,57	2,40	2,26	2,15	2,40	0,104	0,95
4,00	3,47	3,10	2,78	2,53	2,35	2,20	2,07	1,96	2,42	0,120	0,95
3,63	3,14	2,81	2,51	2,29	2,12	1,99	1,87	1,78	2,45	0,147	0,93
3,35	2,90	2,60	2,32	2,12	1,96	1,84	1,73	1,64	2,48	0,174	0,92
3,14	2,72	2,43	2,18	1,99	1,84	1,72	1,62	1,54	2,51	0,201	0,91
2,97	2,57	2,30	2,06	1,88	1,74	1,63	1,53	1,46	2,54	0,227	0,90
2,85	2,47	2,21	1,97	1,80	1,67	1,59	1,47	1,40	2,57	0,250	0,89
2,72	2,36	2,11	1,89	1,72	1,59	1,49	1,41	1,33	2,60	0,277	0,88
2,62	2,27	2,03	1,82	1,66	1,54	1,44	1,36	1,29	2,63	0,302	0,87
2,54	2,20	1,97	1,76	1,61	1,49	1,39	1,31	1,24	2,66	0,325	0,86
2,47	2,14	1,91	1,71	1,56	1,44	1,35	1,27	1,21	2,69	0,350	0,85
2,41	2,08	1,86	1,67	1,52	1,41	1,32	1,24	1,18	2,72	0,371	0,84
2,35	2,03	1,82	1,63	1,49	1,38	1,29	1,21	1,15	2,75	0,393	0,83
2,28	1,98	1,77	1,58	1,44	1,34	1,25	1,18	1,12	2,79	0,422	0,82
2,23	1,93	1,73	1,54	1,41	1,30	1,22	1,15	1,09	2,83	0,450	0,81

Tabelle 12.36 Querschnitte von Flächenbewehrungen a_s in cm²/m, s = Stababstand, n = Stabanzahl

s	Stabdurchmesser $Ø_s$ in mm									n
in cm	6	8	10	12	14	16	20	25	28	je m
7,5	3,77	6,70	10,5	15,1	20,5	26,8	41,9	65,4	82,1	13,3
8,0	3,53	6,28	9,82	14,1	19,2	25,1	39,3	61,4	77,0	12,5
8,5	3,33	5,91	9,24	13,3	18,1	23,7	37,0	57,7	72,4	11,8
9,0	3,14	5,59	8,73	12,6	17,1	22,3	34,9	54,5	68,4	11,1
9,5	2,98	5,29	8,27	11,9	16,2	21,2	33,1	51,7	64,8	10,5
10,0	2,83	5,03	7,85	11,3	15,4	20,1	31,4	49,1	61,6	10,0
10,5	2,69	4,79	7,48	10,8	14,7	19,1	29,9	46,7	58,6	9,5
11,0	2,57	4,57	7,14	10,3	14,0	18,3	28,6	44,6	56,0	9,1
11,5	2,46	4,37	6,83	9,83	13,4	17,5	27,3	42,7	53,5	8,7
12,0	2,36	4,19	6,54	9,42	12,8	16,8	26,2	40,9	51,3	8,3
12,5	2,26	4,02	6,28	9,05	12,3	16,1	25,1	39,3	49,3	8,0
13,0	2,17	3,87	6,04	8,70	11,8	15,5	24,2	37,8	47,4	7,7
13,5	2,09	3,72	5,82	8,38	11,4	14,9	23,3	36,4	45,6	7,4
14,0	2,02	3,59	5,61	8,08	11,0	14,4	22,4	35,1	44,0	7,1
14,5	1,95	3,47	5,42	7,80	10,6	13,9	21,7	33,9	42,5	6,9
15,0	1,88	3,35	5,24	7,54	10,3	13,4	20,9	32,7	41,1	6,7
15,5	1,82	3,24	5,07	7,30	9,93	13,0	20,3	31,7	39,7	6,5
16,0	1,77	3,14	4,91	7,07	9,62	12,6	19,6	30,7	38,5	6,3
16,5	1,71	3,05	4,76	6,85	9,33	12,2	19,0	29,7	37,3	6,1
17,0	1,66	2,96	4,62	6,65	9,06	11,8	18,5	28,9	36,2	5,9
17,5	1,62	2,87	4,49	6,46	8,80	11,5	18,0	28,0	35,2	5,7
18,0	1,57	2,79	4,36	6,28	8,55	11,2	17,5	27,3	34,2	5,6
18,5	1,53	2,72	4,25	6,11	8,32	10,9	17,0	26,5	33,3	5,4
19,0	1,49	2,65	4,13	5,95	8,10	10,6	16,5	25,8	32,4	5,3
19,5	1,45	2,58	4,03	5,80	7,89	10,3	16,1	25,2	31,6	5,1
20,0	1,41	2,51	3,93	5,65	7,70	10,1	15,7	24,5	30,8	5,0
20,5	1,38	2,45	3,83	5,52	7,51	9,81	15,3	23,9	30,0	4,9
21,0	1,35	2,39	3,74	5,39	7,33	9,57	15,0	23,4	29,3	4,8
21,5	1,32	2,34	3,65	5,26	7,16	9,35	14,6	22,8	28,6	4,7
22,0	1,29	2,28	3,57	5,14	7,00	9,14	14,3	22,3	28,0	4,5
22,5	1,26	2,23	3,49	5,03	6,84	8,94	14,0	21,8	27,4	4,4
23,0	1,23	2,19	3,41	4,92	6,69	8,74	13,7	21,3	26,8	4,3
23,5	1,20	2,14	3,34	4,81	6,55	8,56	13,4	20,9	26,2	4,3
24,0	1,18	2,09	3,27	4,71	6,41	8,38	13,1	20,5	25,7	4,2
24,5	1,15	2,05	3,21	4,62	6,28	8,21	12,8	20,0	25,1	4,1
25,0	1,13	2,01	3,14	4,52	6,16	8,04	12,6	19,6	24,6	4,0

max s = 25 cm für Plattendicken h > 25 cm
max s = 15 cm für Plattendicken h < 15 cm (Zwischenwerte interpolieren!)
Querbewehrung mindestens 1/5 der Hauptbewehrung und maximaler Querbewehrungsabstand von 25 cm

Tabelle 12.37 Balkenbewehrung: Stahlquerschnitte A_s in cm²

$\varnothing_s$ in mm	Stabanzahl n 1	2	3	4	5	6	7	8	9	10
6	0,28	0,57	0,85	1,13	1,41	1,70	1,98	2,26	2,54	2,83
8	0,50	1,01	1,51	2,01	2,51	3,02	3,52	4,02	4,52	5,03
10	0,79	1,57	2,36	3,14	3,93	4,71	5,50	6,28	7,07	7,85
12	1,13	2,26	3,39	4,52	5,65	6,79	7,92	9,05	10,2	11,3
14	1,54	3,08	4,62	6,16	7,70	9,24	10,8	12,3	13,9	15,4
16	2,01	4,02	6,03	8,04	10,1	12,1	14,1	16,1	18,1	20,1
20	3,14	6,28	9,42	12,6	15,7	18,8	22,0	25,1	28,3	31,4
25	4,91	9,82	14,7	19,6	24,5	29,5	34,4	39,3	44,2	49,1
28	6,16	12,3	18,5	24,6	30,8	36,9	43,1	49,3	55,4	61,6

Tabelle 12.38 Lagermatten

Lieferprogramm ab 01.01.2008 (Quelle: Institut für Stahlbetonbewehrung e. V., Düsseldorf)

Matten-typ	Quer-schnitt längs quer	Länge Breite	Gewicht je Matte je m²	Mattenaufbau in Längs- und Querrichtung: Stabab-stände	Stabdurchmesser Innen-bereich	Stabdurchmesser Rand-bereich	Anzahl der Längsrandstäbe (Randein-sparung) links	rechts	Überstände Anfang/Ende links/rechts
	cm²/m	m	kg	mm	mm	mm	links	rechts	mm
Q188 A	1,88	6,00	41,7	150	• 6,0				75
	1,88	2,30	3,02	150	• 6,0				25
Q257 A	2,57	6,00	56,8	150	• 7,0				75
	2,57	2,30	4,12	150	• 7,0				25
Q335 A	3,35	6,00	74,3	150	• 8,0				75
	3,35	2,30	5,38	150	• 8,0				25
Q424 A	4,24	6,00	84,4	150	• 9,0	/ 7,0	– 4	/ 4	75
	4,24	2,30	6,12	150	• 9,0				25
Q524 A	5,24	6,00	100,9	150	• 10,0	/ 7,0	– 4	/ 4	75
	5,24	2,30	7,31	150	• 10,0				25
Q636 A	6,36	6,00	132,0	100	• 9,0	/ 7,0	– 4	/ 4	62,5
	6,28	2,35	9,36	125	• 10,0				25
R188 A	1,88	6,00	33,6	150	• 6,0				125
	1,13	2,30	2,43	250	• 6,0				25
R257 A	2,57	6,00	41,2	150	• 7,0				125
	1,13	2,30	2,99	250	• 6,0				25
R335 A	3,35	6,00	50,2	150	• 8,0				125
	1,13	2,30	3,64	250	• 6,0				25
R424 A	4,24	6,00	67,2	150	• 9,0	/ 8,0	– 2	/ 2	125
	2,01	2,30	4,87	250	• 8,0				25
R524 A	5,24	6,00	75,7	150	• 10,0	/ 8,0	– 2	/ 2	125
	2,01	2,30	5,49	250	• 8,0				25

Tabelle 12.39 Größte Anzahl von Stahleinlagen in einer Lage Balkenbreite b_w; 3,0 cm Betondeckung

b_w in cm	$\varnothing_s$ in mm 10	12	14	16	20	25	28
10	1	1	1	1	1	–	–
15	3	3	2	2	2	1	1
20	**5**	4	4	4	3	2	2
25	6	6	5	5	**5**	3	3
30	8	7	7	6	6	4	4
35	**10**	9	8	8	7	5	5
40	11	10	10	9	8	6	6
45	13	12	11	11	**10**	7	7
50	**15**	14	13	12	11	8	7
55	16	15	14	13	12	9	8
60	18	17	16	15	13	10	9
$\varnothing_s$ Bügel	6 mm				8 mm	10 mm	10 mm

Bei den fetten Werten sind die Anforderungen geringfügig nicht eingehalten!

Tabelle 12.40 Stahlquerschnitte $a_{Bügel}$ in cm²/m für zweischnittige Bügel

$\varnothing_s$ in mm	Stababstand der 2-schnittigen Bügel in cm 10,0	11,0	12,0	13,0	14,0	15,0	16,0	17,0	18,0	19,0	20,0	22,0	23,0	25,0
5	3,9	3,6	3,3	3,0	2,8	2,6	2,5	2,3	2,2	2,1	2,0	1,8	1,7	1,6
6	5,7	5,1	4,7	4,3	4,0	3,8	3,5	3,3	3,1	3,0	2,8	2,6	2,5	2,3
8	10,1	9,1	8,4	7,7	7,2	6,7	6,3	5,9	5,6	5,3	5,0	4,6	4,4	4,0
10	15,7	14,3	13,1	12,1	11,2	10,5	9,8	9,2	8,7	8,3	7,9	7,1	6,8	6,3
12	22,6	20,6	18,8	17,4	16,2	15,1	14,1	13,3	12,6	11,9	11,3	10,3	9,8	9,0
14	30,8	28,0	25,7	23,7	22,0	20,5	19,2	18,1	17,1	16,2	15,4	14,0	13,4	12,3
16	40,2	36,6	33,5	30,9	28,7	26,8	25,1	23,7	22,3	21,2	20,1	18,3	17,5	16,1

Tabelle 12.41 Abminderungsbeiwerte Φ für unbewehrte Betondruckglieder

$\lambda = l_0 / i$	e_0 / h min						
	0,30	**0,25**	**0,20**	**0,15**	**0,10**	**0,05**	**0,00**
20	0,31	0,42	0,54	0,65	0,76	0,88	0,99
25	0,27	0,38	0,50	0,61	0,73	0,84	0,95
30	0,23	0,35	0,46	0,58	0,69	0,80	0,92
35	0,20	0,31	0,42	0,54	0,65	0,77	0,88
40	0,16	0,27	0,39	0,50	0,61	0,73	0,84
45	0,12	0,24	0,35	0,46	0,58	0,69	0,81
50	0,08	0,20	0,31	0,43	0,54	0,65	0,77
55	0,05	0,16	0,28	0,39	0,50	0,62	0,73
60	0,01	0,12	0,24	0,35	0,47	0,58	0,69
65		0,09	0,20	0,32	0,43	0,54	0,66
70		0,05	0,16	0,28	0,39	0,51	0,62
75		0,01	0,13	0,24	0,35	0,47	0,58
80			0,09	0,20	0,32	0,43	0,55
86			0,05	0,16	0,27	0,39	0,50

Tabelle 12.42 Expositionsklassen und Mindestbetonfestigkeiten

Klasse	**Beschreibung der Umgebung**	**Beispiele für die Zuordnung von Expositionsklassen (informativ)**	**Mindest-betonfestig-keitsklasse**
1 Kein Korrosions- oder Angriffsrisiko			
X0	Für Beton ohne Bewehrung oder eingebettetes Metall: alle Umgebungsbedingungen, ausgenommen Frostangriff, Verschleiß oder chemischer Angriff	Fundamente ohne Bewehrung ohne Frost, Innenbauteile ohne Bewehrung	C12/15
2 Bewehrungskorrosion, ausgelöst durch Karbonatisierung[a)]			
XC1	trocken oder ständig nass	Bauteile in Innenräumen mit üblicher Luftfeuchte (einschließlich Küche, Bad und Waschküche in Wohngebäuden); Beton, der ständig in Wasser getaucht ist	C16/20
XC2	nass, selten trocken	Teile von Wasserbehältern; Gründungsbauteile	C16/20

Klasse	Beschreibung der Umgebung	Beispiele für die Zuordnung von Expositionsklassen (informativ)	Mindest-betonfestig-keitsklasse
XC3	mäßige Feuchte	Bauteile, zu denen die Außenluft häufig oder ständig Zugang hat, z. B. offene Hallen; Innenräume mit hoher Luftfeuchte, z. B. in gewerblichen Küchen, Bädern, Wäschereien; in Feuchträumen von Hallenbädern und in Viehställen	C20/25
XC4	wechselnd nass und trocken	Außenbauteile mit direkter Beregnung	C25/30
3 Bewehrungskorrosion, ausgelöst durch Chloride, ausgenommen Meerwasser			
XD1	mäßige Feuchte	Bauteile im Sprühnebelbereich von Verkehrsflächen; Einzelgaragen	C30/37[c)]
XD2	nass, selten trocken	Solebäder; Bauteile, die chlorhaltigen Industriewässern ausgesetzt sind	C35/45[c) oder f)]
XD3	wechselnd nass und trocken	Teile von Brücken mit häufiger Spritzwasserbeanspruchung; Fahrbahndecken; direkt befahrene Parkdecks[b)]	C35/45[c)]
4 Bewehrungskorrosion, ausgelöst durch Chloride aus Meerwasser			
XS1	salzhaltige Luft, aber kein unmittelbarer Kontakt mit Meerwasser	Außenbauteile in Küstennähe	C30/37[c)]
XS2	unter Wasser	Bauteile in Hafenanlagen, die ständig unter Wasser liegen	C35/45[c) oder f)]
XS3	Tidebereiche, Spritzwasser- und Sprühnebelbereiche	Kaimauern in Hafenanlagen	C35/45[c)]
5 Betonangriff durch Frost mit und ohne Taumittel			
XF1	mäßige Wassersättigung ohne Taumittel	Außenbauteile	C25/30
XF2	mäßige Wassersättigung mit Taumittel	Bauteile im Sprühnebel- oder Spritzwasserbereich von taumittelbehandelten Verkehrsflächen, soweit nicht XF 4; Bauteile mit Sprühnebelbereich von Meerwasser	C25/30(LP)[e)] C35/45[f)]

Klasse	Beschreibung der Umgebung	Beispiele für die Zuordnung von Expositionsklassen (informativ)	Mindest-betonfestig-keitsklasse
XF3	hohe Wassersättigung ohne Taumittel	offene Wasserbehälter; Bauteile in der Wasserwechselzone von Süßwasser	C25/30(LP)[e)] C35/45[f)]
XF4	hohe Wassersättigung mit Taumittel	Verkehrsflächen, die mit Taumitteln behandelt werden; überwiegend horizontale Bauteile im Spritzwasserbereich von taumittelbehandelten Verkehrsflächen; Räumerlaufbahnen von Kläranlagen: Meerwasserbauteile in der Wasserwechselzone	C30/37 (LP)[e), g), i)]
6 Betonangriff durch chemischen Angriff der Umgebung[d)]			
XA1	chemisch schwach angreifende Umgebung	Behälter von Kläranlagen; Güllebehälter	C25/30
XA2	chemisch mäßig angreifende Umgebung und Meeresbauwerke	Betonbauteile, die mit Meerwasser in Berührung kommen; Bauteile in betonangreifenden Böden	C 35/45[c) oder f)]
XA3	chemisch stark angreifende Umgebung	Industrieabwasseranlagen mit chemisch angreifenden Abwässern; Futtertische der Landwirtschaft; Kühltürme mit Rauchgasableitung	C35/45[c)]
7 Betonangriff durch Verschleißbeanspruchung			
XM1	mäßige Verschleißbeanspruchung	Tragende oder aussteifende Industrieböden mit Beanspruchung durch luftbereifte Fahrzeuge	C30/37[c)]
XM2	starke Verschleißbeanspruchung	Tragende oder aussteifende Industrieböden mit Beanspruchung durch luft- oder vollgummibereifte Gabelstapler	C30/37[c), h)] C35/45[c)]
XM3	sehr starke Verschleißbeanspruchung	Tragende oder aussteifende Industrieböden mit Beanspruchung durch elastomer- oder stahlrollenbereifte Gabel-stapler; Oberflächen, die häufig mit Kettenfahrzeugen befahren werden; Wasserbauwerke in geschiebebelasteten Gewässern,; Bauteile, z. B. Tosbecken	C35/45[c)]

Klasse	Beschreibung der Umgebung	Beispiele für die Zuordnung von Expositionsklassen (informativ)	Mindest-betonfestig-keitsklasse
8 Betonkorrosion infolge Alkali-Kieselsäurereaktion Anhand der zu erwartenden Umgebungsbedingungen ist der Beton einer der vier folgenden Feuchtigkeitsklassen zuzuordnen.			
WO	Beton, der nach normaler Nachbehandlung nicht längere Zeit feucht und nach dem Austrocknen während der Nutzung weitgehend trocken bleibt.	– Innenbauteile des Hochbaus; – Bauteile, auf die Außenluft, nicht jedoch z. B. Niederschläge, Oberflächenwasser, Bodenfeuchte einwirken können und/oder die nicht ständig einer relativen Luftfeuchte von mehr als 80 % ausgesetzt werden.	–
WF	Beton, der während der Nutzung häufig oder längere Zeit feucht ist.	– Ungeschützte Außenbauteile, die z. B. Niederschlägen, Oberflächenwasser oder Bodenfeuchte ausgesetzt sind; – Innenbauteile des Hochbaus für Feuchträume, wie z. B. Hallenbäder, Wäschereien und andere gewerbliche Feuchträume, in denen die relative Luftfeuchte überwiegend höher als 80 % ist; – Bauteile mit häufiger Taupunktunterschreitung, wie z. B. Schornsteine, Wärmeübertragerstationen, Filterkammern und Viehställe; – Massige Bauteile gemäß DAfStb-Richtlinie „Massige Bauteile aus Beton“, deren kleinste Abmessung 0,80 m überschreitet (unabhängig vom Feuchtezutritt).	–
WA	Beton, der zusätzlich zu der Beanspruchung nach Klasse WF häufiger oder langzeitiger Alkalizufuhr von außen ausgesetzt ist.	– Bauteile mit Meerwassereinwirkung; – Bauteile unter Tausalzeinwirkung ohne zusätzliche hohe dynamische Beanspruchung (z. B. Spritzwasserbereiche, Fahr- und Stellflächen in Parkhäusern); – Bauteile von Industriebauten und landwirtschaftlichen Bauwerken (z. B. Güllebehälter) mit Alkalisalzeinwirkung.	–

a) Die Feuchteangaben beziehen sich auf den Zustand innerhalb der Betondeckung der Bewehrung. Im Allgemeinen kann angenommen werden, dass die Bedingungen in der Betondeckung den Umgebungsbedingungen des Bauteils entsprechen. Dies braucht nicht der Fall zu sein, wenn sich zwischen dem Beton und seiner Umgebung eine Sperrschicht befindet.
b) Ausführung nur mit zusätzlichen Maßnahmen (z. B. rissüberbrückende Beschichtung, s. auch DAfStb-Heft 525).
c) Bei Verwendung von Luftporenbeton, z. B. auf Grund gleichzeitiger Anforderungen aus der Expositionsklasse XF, eine Festigkeitsklasse niedriger; s. auch Fußnote e).
d) Grenzwerte für die Expositionsklassen bei chemischem Angriff s. DIN 206-1 und DIN 1045-2.
e) Diese Mindestbetonfestigkeitsklassen gelten für Luftporenbeton mit Mindestanforderungen an den mittleren Luftgehalt im Frischbeton nach DIN 1045-2 unmittelbar vor dem Einbau.
f) Bei langsam und sehr langsam erhärtenden Betonen ($r < 0{,}30$ nach DIN EN 206-1) eine Festigkeitsklasse in Alter von 28 Tagen niedriger. Die Druckfestigkeit zur Einteilung in die geforderte Betonfestigkeitsklasse ist auch in diesem Fall an Probekörpern im Alter von 28 Tagen zu bestimmen.
g) Erdfeuchter Beton mit $w/z \leqq 0{,}40$ auch ohne Luftporen.
h) Diese Mindestbetonfestigkeitsklasse erfordert eine Oberflächenbehandlung des Betons nach DIN 1045-2, z. B. Vakuumieren und Flügelglätten des Betons.
i) Bei Verwendung eines CEM III/B nach DIN 1045-2:2008-xx, Tabelle F.3.1, Fußnote c) für Räumerlaufbahnen in Beton ohne Luftporen mindestens C40/50 (hierbei gilt: $w/z \leq 0{,}35$, $z \geq 360$ kg/m^3).

Tabelle 12.43 Betondeckungsmaße c_{nom} in mm für Betonstahl

Expositionsklasse	**Stabdurchmesser $\varnothing_s$ in mm**						
	≤ 10	**12**	**14**	**16**	**20**	**25**	**28**
XC1	20	25	25	30	30	35	40
XC2 und XC3	35	35	35	35	35	35	40
XC4	40	40	40	40	40	40	40
XD1, XD2, XD3 und XS1,XS2, XS3	55	55	55	55	55	55	55

Tabelle 12.44 Richtwerte für Abstandhalter und Unterstützungen nach DBV-Merkblatt (Abstände, Anzahl, Anordnung)

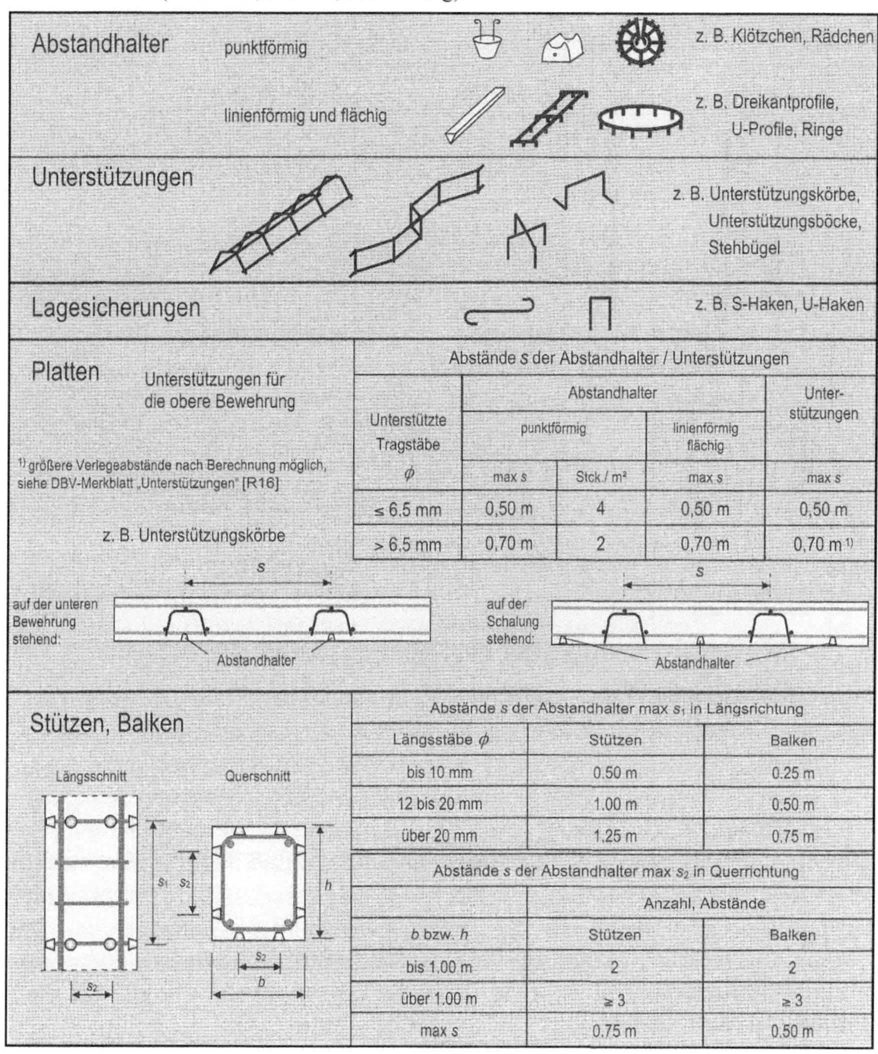

Unterstützte Tragstäbe ϕ	Abstandhalter punktförmig max s	Abstandhalter punktförmig Stck./m²	Abstandhalter linienförmig flächig max s	Unterstützungen max s
≤ 6,5 mm	0,50 m	4	0,50 m	0,50 m
> 6,5 mm	0,70 m	2	0,70 m	0,70 m 1)

Abstände s der Abstandhalter max s_1 in Längsrichtung

Längsstäbe ϕ	Stützen	Balken
bis 10 mm	0.50 m	0.25 m
12 bis 20 mm	1.00 m	0.50 m
über 20 mm	1.25 m	0.75 m

Abstände s der Abstandhalter max s_2 in Querrichtung

b bzw. h	Anzahl, Abstände Stützen	Anzahl, Abstände Balken
bis 1.00 m	2	2
über 1.00 m	≥ 3	≥ 3
max s	0.75 m	0.50 m

12.7 Statische Systeme

Tabelle 12.45 Auflagerkräfte und Biegemomente für häufige Belastungsfälle

	Belastung	Auflagerkräfte	Größtmoment
1	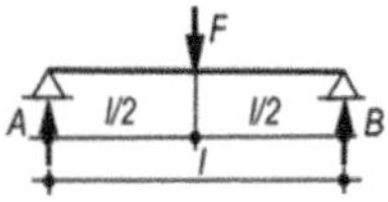	$A = B = \frac{F}{2}$	$M = \frac{F \cdot l}{4}$
2	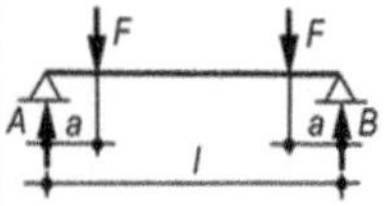	$A = B = F$	$M = F \cdot a$
3	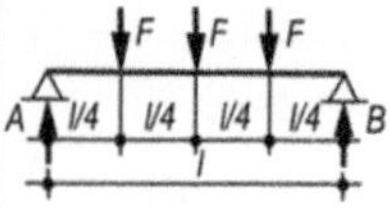	$A = B = 1{,}5\,F$	$M = \frac{F \cdot l}{2}$
4	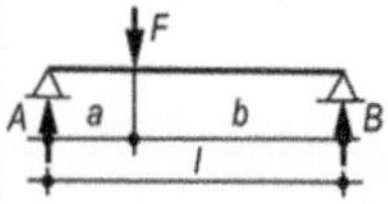	$A = \frac{F \cdot b}{l} \quad B = \frac{F \cdot a}{l}$	$M = \frac{F \cdot a \cdot b}{l}$
5	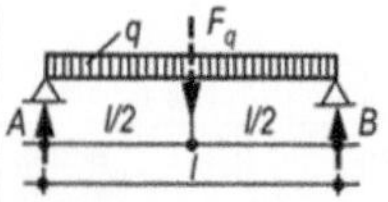	$A = B = \frac{q \cdot l}{2} = \frac{F_q}{2}$	$M = \frac{q \cdot l^2}{8} = \frac{F_q \cdot l}{8}$
6	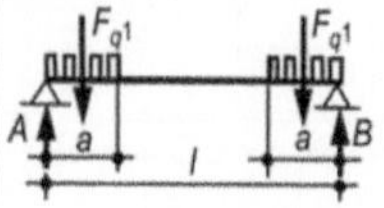	$A = B = q_1 \cdot a = F_{q1}$	$M = \frac{q_1 \cdot a^2}{2} = \frac{F_{q1} \cdot a}{2}$
7	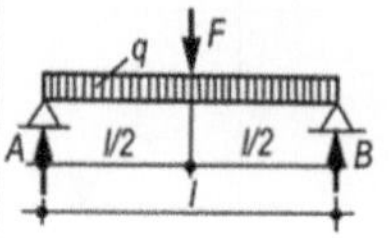	$A = B = \frac{F}{2} + \frac{q \cdot l}{2} = \frac{F}{2} + \frac{F_q}{2} = \frac{F + F_q}{2}$	$M = \frac{F \cdot l}{4} + \frac{q \cdot l^2}{8} = \frac{F \cdot l}{4} + \frac{F_q \cdot l}{8} = \frac{l}{4}\left(F + \frac{F_q}{2}\right)$

	Belastung	Auflagerkräfte	Größtmoment
8	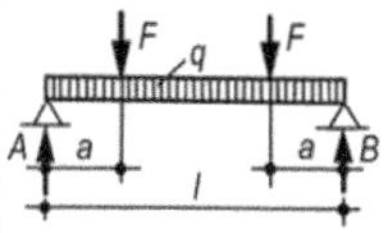	$A = B = F + \frac{q \cdot l}{2}$ $= F + \frac{F_q}{2}$	$M = F \cdot a + \frac{q \cdot l^2}{8}$ $= F \cdot a + \frac{F_q \cdot l}{8}$
9	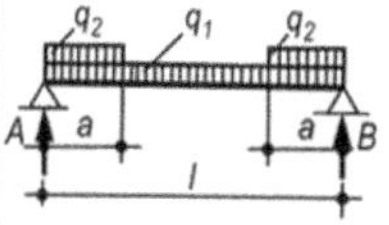	$A = B = \frac{q_1 \cdot l}{2} + q_2 \cdot a$ $= \frac{F_{q1}}{2} + F_{q_2}$	$M = \frac{q_1 \cdot l^2}{8} + \frac{q_2 \cdot a^2}{2}$ $= \frac{F_{q1} \cdot l}{8} + \frac{F_{q2} \cdot a}{2}$
10	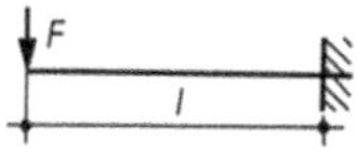	$A = F$	$M = -F \cdot l$
11	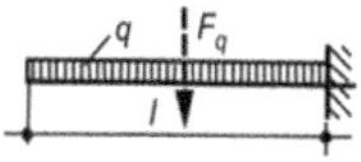	$A = q \cdot l$	$M = -\frac{q \cdot l^2}{2} = -\frac{F_q \cdot l}{2}$

Ergebnisse der Übungen

1. Beispiele: Mauerpfeiler, Stahl- und Betonstütze, Holzbalken, Stahlträger und Stahlbetonbalken
2. Winddruck auf einen hohen Blechschornstein: Gleichgewicht durch die Zugkräfte der Spannseile. Belastung eines Deckenbalkens: Balken wird gebogen; der Belastung des Balkens wird durch den Widerstand des Mauerwerks unter den Auflagern (durch Auflagerdrücke) das Gleichgewicht gehalten.
3. ≈ 6,50 kN/m² Eigenlast + 4,00 kN/m² Nutzlast = 10,50 kN/m²
4. ≈ 0,70 kN/m Eigenlast 1,60 kN/m Nutzlast
5. 197,50 kN/m² < 294 kN/m²
6. 305 kN/m² > 252 kN/m² Fundament vergrößern, z. B. auf 90 cm × 90 cm
7. $b \sim 60$ cm
8. Fußplatte 25 × 25 cm Fundament 90 × 90 cm
9. Auflagerlänge > 14,26 cm Untermauerungslänge > 28,52 cm Untermauerungshöhe > 24,70 cm
10. Auflagerlänge > 22,52 cm Untermauerungslänge > 43,64 cm Untermauerungshöhe > 38,27 cm
11. Pfeiler 49 × 49 cm; Fundament 1,25 × 1,25 × 1,00 m
12. 36,50 cm × 36,50 cm
13. $h_{ef} = 1{,}92$ m
14. $h_{ef} = 2{,}06$ m, zul $\sigma_D = 1{,}41$ MN/m²
15. zul $\sigma_D = 1{,}71$ MN/m²
16. $b \geq 35{,}70$ mm
17. U80 mit $A = 11{,}00$ cm²
18. $F_d = 193$ kN ($F_k = 138$ kN)
19. $d = 20{,}30$ cm ≈ 22 cm
20. 2 × U100
21. 24,90 cm ≈ 26 cm
22. 44 cm ausgeführt 49 cm
23. 76 cm
24. 33 cm
25. a) Brechstange, Beißzange, Schraubenschlüssel, Rundstahlbiegemaschine u. a.
    b) Türklinken, Nussknacker, Hebel an Fenstern u. a.
26. a) 0,94 kN b) 1,04 kN
    c) 5,94 kN d) 2,14 kN
27. a) 6,63 kN b) 3,76 kN c) 25,33 kN
28. a) $A = 46{,}20$ kN $B = 43{,}80$ kN
    b) $A = 3{,}38$ kN $B = 8{,}02$ kN
    c) $A = B = 20$ kN
    d) $A = B = 20$ kN
    e) $A = B = 60$ kN
    f) $A = B = 25{,}10$ kN
29. Der Pfeilerquerschnitt genügt.
30. a) $A = 13{,}26$ kN $B = 10{,}74$ kN
    b) $A = 26{,}47$ kN $B = 25{,}33$ kN
    c) $A = 19{,}91$ kN $B = 37{,}49$ kN
31. a) $A = 21{,}67$ kN $B = 24{,}33$ kN
    b) $A = 21{,}15$ kN $B = 11{,}65$ kN
    c) $A = 40{,}64$ kN $B = 14{,}56$ kN
32. $g_d + q_d = 19{,}05$ kN/ m²
    $A = 39{,}29$ kN $B = 86{,}44$ kN
33. $R = 551{,}25$ kN $e = 96{,}53$ cm von der linken Fundamentkante

H. Herrmann und W. Krings, *Kleine Baustatik*,
https://doi.org/10.1007/978-3-658-30219-1

34. 0,426 m von der linken Kante und 1,463 m von der Unterkante

35. e = 39,29 cm von der linken Steinkante; Kippsicherheit genügt nicht.

36. e = 84,32 cm von der linken Steinkante; Kippsicherheit vorhanden.

37. a) $M = -1{,}20$ kNm
b) $M = -17{,}475$ kNm
c) $M = -4{,}354$ kNm

38. vgl. Tabellen **12.**21 und **12.**22

39. S10/S235 **5.**35b 8/10 **5.**35c I140
5.36a 8/12 **5.**36b 20/26 oder I 160
5.36c 10/20 oder I 100

40. a) M_d = 12,54 kNm, 16/22 cm
b) M_d = 33,04 kNm, 20/30 cm
c) M_d = 17,45 kNm, 14/26 cm

41. a) M_d = 16,80 kNm, 12/24 cm
b) M_d = 121,91 kNm, 20/50 cm

42. a) M_{max} = 4,385 kNm
b) M_{max} = 10,35 kNm
c) M_{max} = 27,91 kNm

43. a) M_{max} = 49,10 kNm
b) M_{max} = 29,95 kNm
c) M_{max} = 33,45 kNm

44. a) M_d = 19,65 kNm I 120
b) M_d = 55,05 kNm I 180
c) M_d = 53,85 kNm IPE 200

45. M_d = 23,63 kNm IPE 160

46. $M_d \approx$ 65,60 kNm IPE 240

47. M_d = 26,18 kNm 22/26

48. M_d = 141 kNm I 300

49. a) 10/16 cm
b) M_d = 34 kNm
c) 2 × I 160
d) 2 × I 80
e) Festigkeitsgruppe 12 in Mörtelgruppe II
f) Fundament 60/80 cm

50. a) R_v = 44,80 kN
b) e_y = 0,0446 m
c) W_y = 0,0267 m³
d) σ_{links} = 187 kN/m² < 200
σ_{rechts} = 37 kN/m² < 200
e) b' = 0,311 m A' = 0,311 m²
f) σ_0 = 144 kN/m² < 200

51. a) G_1 = 17,52 kN; G_2 = 11,52 kN
b) W = 1,26 kN
c) M_k = 1,701 kNm
d) M_s = 3,197 kNm
e) η_k = 1,88 > 1,50 (kippsicher)
f) M = 2,457 kNm
g) R_v = 29,04 kN
h) e_y = 0,0846 m < $b_y/6$ = 0,133m
i) σ_{links} = 59,33 kN/m²
σ_{rechts} = 13,27 kN/m²
k) b' = 0,63 m
l) σ_0 = 46,04 kN/m²

52. –

53. 48,36 kN; α = 71,9°

54. R = 28,40 kN
Der Pfeiler kippt nicht. Aber eine Kippsicherheit von $\eta_k \cdot \frac{M_s}{M_k} \geq 1{,}5$ ist nicht gegeben!

55. R = 267,71 kN; α = 53,3°

56. –

57. F = 42,43 kN

58. R = 45,61 kN

59. G = 288 kN; R = 415,52 kN

60. G = 17,64 kN; R = 20,75 kN

61. G = 16,43 kN; W = 1,50 kN
Die Mauer ist standsicher.

62. S_1 = 19,72 kN (Zug);
S_2 = –34,48 kN (Druck)

63. $S_1 = S_2$ = 9,17 kN
z. B. Querschnitt 25 × 25 cm

64. Z = 31,55 kN; S = 36,51 kN

65. $G_1 = 68$ kN $G_2 = 74$ kN
$G_3 = 68$ kN $G_4 = 62$ kN
$R_{ges} = 272$ kN

66. $G_1 = 180$ kN $G_2 = 48$ kN
$R_{ges} = 288$ kN

67. $R_{ges} = 28$ kN

68. –

69. $K_1 = 12{,}80$ kN $K_2 = 27{,}20$ kN

70. $S_1 = 152{,}50$ kN $S_2 = 127{,}50$ kN

71. a) $A = 33{,}67$ kN $B = 36{,}33$ kN
$M_d = 50{,}86$ kNm 16/38 cm
b) $A = 56{,}60$ kN $B = 40{,}40$ kN
$M_d = 84{,}84$ kNm 20/42 cm

72. $B = 90$ kN $M = 230$ kNm

73. $A = 8{,}73$ kN $B = 6{,}79$ kN
$M = 10{,}50$ kNm

74. a) $A = 2{,}37$ kN $B = 16{,}63$ kN
$M_d = 6{,}72$ kNm 10/20
b) $A = 34{,}16$ kN $B = 15{,}84$ kN
$M_d = 19{,}88$ kNm 20/24

75. vgl. Tabellen! d) 2485 cm^4

76. $k_c = 0{,}702$ 18/18

77. $k_c = 0{,}23$ Ø 16

78. $\chi = 0{,}219$ S355 IPE 240
$\chi = 0{,}365$ Quadratrohr 100/5

79. $\Phi = 0{,}82$ $b = 20$ cm
Fundament 0,85 × 0,85 × 0,50 m

80. a) 36,50 cm × 36,50 cm
b) $\Phi = 0{,}75$ Stütze 20 cm × 20 cm
c) $k_c = 0{,}676$ Ø 20 cm
d) $k_c = 0{,}702$ 18 cm × 18 cm

81. $O_1 = O_4 = -29{,}80$ kN
$O_2 = O_3 = -24{,}90$ kN
$U_1 = U_3 = +24{,}60$ kN
$D_1 = D_4 = -6{,}60$ kN
$D_2 = D_3 = +12{,}10$ kN
$U_2 = +14{,}10$ kN

82. $O_1 = 33{,}50$ kN $O_2 = 19{,}10$ kN
$U_1 = U_2 = -18{,}4$ kN
$V_1 = -24{,}40$ kN
$D = -18{,}40$ kN
$B = 31{,}10$ kN $A = 52{,}30$ kN

83. $M_d \approx 15{,}00$ kNm; R335A

84. $M_d \approx 21{,}10$ kNm R424A

85. $M_d \approx 16{,}60$ kNm R335A

86. $M_d \approx 24{,}90$ kNm R424A

87. $h = 16$ cm, $d = 11{,}5$ cm
$M_d \approx 10{,}50$ kNm; R257A

88. $M_d \approx 68{,}60$ kNm 3 Ø 16

89. $M_d \approx 105{,}20$ kNm 4 Ø 14

90. $M_d \approx 102{,}60$ kNm 4 Ø 16

91. Jeweils 2-schnittige Bügel:
a) $V_d \approx 66{,}20$ kN Ø 8/23,00 cm
b) $V_d \approx 70{,}10$ kN Ø 6/17,00 cm
c) $V_d \approx 77{,}20$ kN Ø 8/22,00 cm

Sachwortverzeichnis

H. Herrmann und W. Krings, *Kleine Baustatik*,
https://doi.org/10.1007/978-3-658-30219-1